基础有机化学学习指导

主编　丁　姣

郑州大学出版社

图书在版编目(CIP)数据

基础有机化学学习指导 / 丁姣主编. — 郑州 : 郑州大学出版社, 2022. 2(2022.5 重印)
ISBN 978-7-5645-8243-2

Ⅰ. ①基… Ⅱ. ①丁… Ⅲ. ①有机化学 - 高等学校 - 教学参考资料
Ⅳ. ①O62

中国版本图书馆 CIP 数据核字(2021)第 208780 号

基础有机化学学习指导
JICHU YOUJI HUAXUE XUEXI ZHIDAO

策划编辑	袁翠红	封面设计	苏永生
责任编辑	王莲霞	版式设计	凌 青
责任校对	李 蕊	责任监制	凌 青 李瑞卿

出版发行	郑州大学出版社	地 址	郑州市大学路 40 号(450052)
出 版 人	孙保营	网 址	http://www.zzup.cn
经 销	全国新华书店	发行电话	0371-66966070
印 刷	河南文华印务有限公司		
开 本	787 mm×1 092 mm 1 / 16		
印 张	13	字 数	308 千字
版 次	2022 年 2 月第 1 版	印 次	2022 年 5 月第 2 次印刷

书 号	ISBN 978-7-5645-8243-2	定 价	39.00 元

名

单

主　编　丁　姣

副主编　吴跃华　吴连英　于　雷

编　委　丁　姣　吴跃华　吴连英

于　雷　陈循军　黄启章

杨富杰　何　明　阎　杰

程杏安　舒绪刚　张　浦

主　审　蒋旭红

有机化学是化学学科及相关学科（如生命科学、环境科学、食品科学、农业科学等多学科）本科生的一门主要基础课。学生通过有机化学的学习，可以为以后学习有关专业基础课、专业课，继续深造，以及将来从事科研、教学、生产奠定必要而坚实的基础。但是，有机化学课程内容多，理论性强，而教学学时少，教学进度快，学生普遍反映有机化学难懂、难记、难学，难以把握学习的重点和难点，解题时备感困难，对有机化学学习产生了畏惧心理。因此，编者编写了《基础有机化学学习指导》这本书，一方面为了帮助学生总结、消化吸收理论知识，另一方面通过大量的练习题帮助学生学以致用，同时检验学生的学习情况。

本书各章的编写内容主要分为四部分。第一部分为学习要求，这部分简要总结了各章需要掌握、理解和了解的知识点，有助于学生迅速抓住学习重点和难点。第二部分为重点总结，这部分比较详细地总结了各章所涉及的重要基本概念、基础知识和化学反应，有助于学生有针对性的复习和学习。第三部分为练习题，这部分练习题按照有机化学的主要题型分类，包括命名和根据名称写结构、选择、化学反应、鉴别、合成、推导结构式六种题型。通过大量习题的“实战”，有助于学生进一步理解和领会有机化学课程的教学要求，达到举一反三、触类旁通的目的。第四部分为参考答案，参考答案独立置于二维码中，方便学生自测，达到检验自身学习情况、有效提高学习效果的目的。本书获得仲恺农业工程学院2020年度“十三五”规划教材建设项目立项。全书主要由基础有机化学课程教学团队成员——丁姣、吴跃华、吴连英、于雷、陈循军、黄启章、杨富杰、何明等编写。全书由蒋旭红负责主审。在编写过程中还得到了阎杰、程杏安、舒绪刚、张浦等老师的帮助和大力支持。同时，编写过程中参考了宋光泉、陈睿、王新爱等老师前期编写的教材《新编有机化学解题指南》。感谢前辈们多年的积累，以及各位编者和学校、学院的鼎力支持，在此表示衷心的感谢！

尽管编委们在编写时精雕细琢，但限于编者水平有限，书中可能尚有不足之处，恳请读者不吝赐教。

意见反馈邮箱：Email：chj.ding@163.com。

编者

2021 年 11 月

目录

第1章 绪 论

【学习要求】

(1)了解有机化学的定义及其发展。有机化合物简称为有机物,有机物都含有碳元素,多数含有氢元素。

(2)掌握有机化合物的特点。有机化合物和无机化合物之间没有绝对的界限,但是,两者之间在结构和性质上仍然存在很大的差别。

(3)掌握有机化合物的分子结构与性质之间的关系是有机化学的核心内容,而学习共价键的理论则是了解有机化合物结构特点的重点。因此,本章重点介绍了碳原子杂化轨道的类型(sp^3、sp^2 和 sp)、价键理论、共价键的断裂方式(均裂和异裂)、构造式的表示方法。

(4)掌握有机化学中的酸碱概念。重点学习布朗斯特酸碱质子理论和路易斯酸碱电子理论。

【重点总结】

1. 有机化学的产生和发展

1828 年,德国化学家维勒合成尿素,突破了生命力的束缚,打破了无机物和有机物绝对分明的界限;开创了有机化学的新纪元。

有机化合物是指碳氢化合物及其衍生物。有机化学是研究有机化合物的组成、制备、结构、性能、应用,以及有关理论、变化规律和方法的科学,其主要分支包括有机合成化学、天然有机化学、生物有机化学、元素有机化学、物理有机化学、有机分析化学等。

2. 有机化合物的特性

①数量庞大,结构复杂;②热稳定性差,易燃烧;③熔点和沸点低;④难溶于水;⑤反应速度慢,且副反应多;⑥反应产物复杂。

3. 有机化合物中的共价键

大多数有机物分子是由碳原子与其他原子以共价键结合的化合物。碳原子杂化轨道的类型有 sp^3、sp^2 和 sp 三种。按能量递增的顺序排列:$sp<sp^2<sp^3$;按电负性递减的顺序排列:$sp>sp^2>sp^3$。

(1)共价键的类型。有单键和重键两种。单键是指由一对电子形成的共价键;双键或三键是指两个原子共用两对或三对电子对构成的共价键。按照成键轨道的方向不同,共价键又可分为 σ 键和 π 键。

(2)共价键的形成条件。①两个原子都有未成对电子,且自旋相反;②原子轨道重叠(电子匹配);③形成共价键(定域键)。

(3)共价键的性质。①键长。同类化合物相同共价键的键长接近相等;碳和同族元素的键长随原子序数的增加而增加;相同共价键的键长随中心原子的杂化状态不同而不同;相同的原子成键时,单键>双键>三键。②键角。键角的大小随着分子结构的不同而有所变化,反映了分子的空间结构。③键能。双原子分子的键能和键解离能数值相等;多原子分子如 CH_4 的键能为相同键的平均解离能;一般相同类型的化学键的键长越长,键能越小。④键的极性。用偶极矩表示,方向从正电荷指向负电荷;多原子分子的偶极矩是分子中各键的偶极矩的矢量和。

(4)共价键的断裂。有均裂和异裂两种。均裂指的是成键电子平均分给两个原子或原子团;异裂指的是成键电子在一个碎片上,生成碳正离子(亲电试剂)或碳负离子(亲核试剂)。

4. 构造式的表示方法

(1)折线式。

	化学式	缩写式	折线式
丁烷	C_4H_{10}	$CH_3CH_2CH_2CH_3$	／＼／
丙醇	C_3H_8O	$CH_3CH_2CH_2OH$	／＼／OH

(2)点电子式(Lewis 结构式)。

甲烷:$H:\overset{H}{\underset{H}{\ddot{\underset{..}{C}}}}:H$;乙烯:$H:\overset{H}{\ddot{C}}::\overset{H}{\ddot{C}}:H$;乙炔:$H:C\vdots\vdots C:H$

(3)价键式(Kekulè 结构式)。

乙烷:$H-\overset{H}{\underset{H}{\overset{|}{\underset{|}{C}}}}-\overset{H}{\underset{H}{\overset{|}{\underset{|}{C}}}}-H$;乙烯:$H-\overset{H}{\overset{|}{C}}=\overset{H}{\overset{|}{C}}-H$;乙炔:$H-C\equiv C-H$

(4)透视式与投影式。

二氯甲烷:Cl—C(H)(H)—Cl(透视式)、$Cl-\overset{H}{\underset{Cl}{+}}-H$(投影式)、$Cl-\overset{H}{\underset{H}{+}}-Cl$(投影式)

5. 有机化学中的酸碱概念

布朗斯特酸碱质子理论:凡能给出质子的分子或离子称为酸(proton donor),凡能接受质子的分子或离子称为碱(proton acceptor)。如下例子所示:

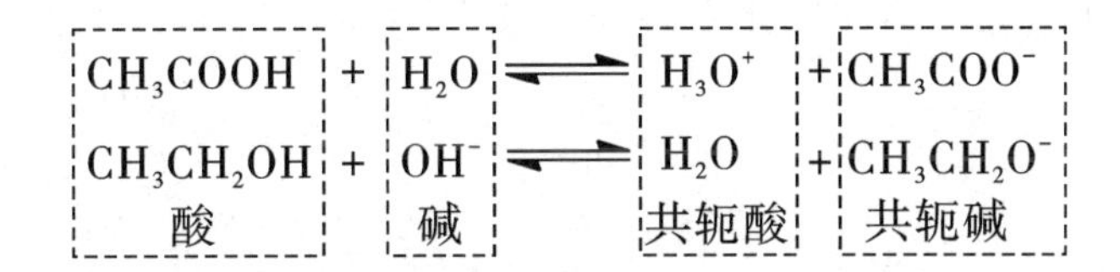

路易斯酸碱电子理论：凡能接受电子对的物质称为酸，凡能给出电子对的物质称为碱。如下例子所示：

$$CH_3\overset{+}{C}HCH_3 + :OH^- \longrightarrow CH_3\underset{}{\overset{OH}{\overset{|}{C}}}HCH_3$$

酸（亲电试剂）　碱（亲核试剂）

【练习题】

一、选择题

1. 根据现代的观点，有机化合物应该是（　　）

A. 来自动植物的化合物

B. 含碳的化合物

C. 来自自然界的化合物

D. 人工合成的化合物

2. 以下哪种物质不属于生命体内常见的有机物种类（　　）

A. 烷烃　　B. 核苷酸　　C. 蛋白质　　D. 糖类

3. 1828 年维勒（F. Wohler）合成尿素时，他用的是（　　）

A. 碳酸铵　　B. 草酸铵　　C. 醋酸铵　　D. 氰酸铵

4. 下列性质中不属于有机物通性的是（　　）

A. 易溶于水　　B. 熔点不高于 400 ℃

C. 反应时间长，副产物多　　D. 易燃

5. 通常有机物分子中发生化学反应的主要部分是（　　）

A. C—C 键　　B. 官能团　　C. 氢键　　D. 碳原子

6. 有机物的结构特点之一就是多数有机物都以（　　）结合

A. 离子键　　B. 配位键　　C. 共价键　　D. 非极性键

7. 根据 Pauli 不相容原理，一个分子轨道可以容纳最多（　　）个电子

A. 1　　B. 2　　C. 3　　D. 4

8. 按能量递增的顺序排列正确的是（　　）

A. $s<p<sp<sp^2<sp^3$　　B. $s<sp<sp^2<sp^3<p$

C. $s<p<sp^3<sp^2<sp$　　D. $p<sp^3<sp^2<sp<s$

9. 按电负性排序正确的是（　　）

A. $sp^3>sp>sp^2$　　B. $sp^3>sp^2>sp$

C. $sp>sp^2>sp^3$　　D. $sp^2>sp>sp^3$

10. 下列化合物不包含哪个杂化方式(　　)

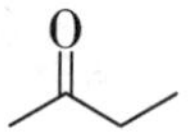

$CH_3COCH_2CH_3$（结构式）

A. sp^2　　B. sp　　C. sp^3　　D. 无

11. 甲胺分子一般以三角锥形存在,其中氮原子是以哪种轨道参与成键的(　　)

A. 2p 轨道　　B. sp^3 杂化轨道　　C. 2s 轨道　　D. sp^2 杂化轨道

12. 下列化合物中,分子内不存在以 sp 杂化方式成键的原子的物质有(　　)

A. 1,3-丁二烯　　B. 丙二烯　　C. 丙炔　　D. 乙腈

13. 下列说法正确的是(　　)

A. 苯酚中的氧原子是 sp^3 杂化　　B. 苯胺中的氮原子是 sp^2 杂化

C. 甲醇中的氧原子是 sp^2 杂化　　D. 甲胺中的氮原子是 sp^2 杂化

14. 乙烯酮中,不存在(　　)

A. C sp^2 杂化轨道　　B. C sp^3 杂化轨道　　C. C sp 杂化轨道　　D. O sp^2 杂化轨道

15. 下列结构式属于点电子式的是(　　)

A.  （键线式）　　B. 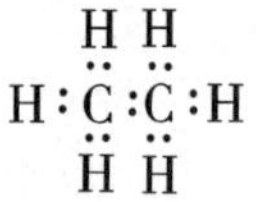 $\begin{array}{c}H\ \ H\\ H:\ddot{C}:\ddot{C}:H\\ H\ \ H\end{array}$　　C. $CH_3CH_2CH_3$　　D. 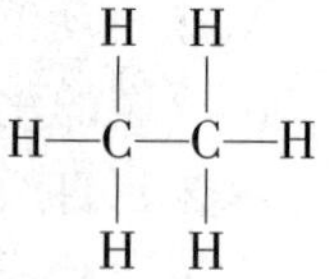 $\begin{array}{c}H\ \ \ H\\ |\ \ \ \ |\\ H—C—C—H\\ |\ \ \ \ |\\ H\ \ \ H\end{array}$

16. 有机化学研究的基本对象是(　　)

A. 离子化合物　　B. 含氧化合物　　C. 含氮化合物　　D. 含碳化合物

17. 甲烷中的碳原子是 sp^3 杂化,下列用 * 表示的碳原子的杂化和甲烷中的碳原子杂化状态一致的是(　　)

A. $H_2C═C^*HCH_3$　　B. $H_2^*C═CHCH_3$　　C. $H^*C≡CH$　　D. $H_3C—C^*H_2CH_3$

18. 下列共价键中极性最强的是(　　)

A. C—H　　B. C—O　　C. C—N　　D. H—O

19. 以下几种共价键中,极性最强的是(　　)

A. C—O　　B. C—C　　C. C—Cl　　D. C—H

20. 下列溶剂中最易溶解离子型化合物的是(　　)

A. 正庚烷　　B. 水　　C. 石油醚　　D. 氯仿

21. 通常有机物分子中发生化学反应的主要结构部位是(　　)

A. σ 键　　B. 所有氢原子　　C. 所有碳原子　　D. 官能团

22. 共价键成键的两个 p 轨道的方向恰好与联结两个原子的轴垂直,这种以“肩并肩”方式重叠的键称为(　　)

A. σ 键　　B. π 键　　C. 离子键　　D. 氢键

23. 根据所学知识,判断水、甲醇、甲醚和乙醚分子氧中心的键角(包括∠HOH、∠HOC、∠COC)大小,键角最大的是(　　)

A. 甲醇　　B. 甲醚　　C. 水　　D. 乙醚

24. 相同的原子成键时,以下键长顺序正确的是(　　)

A. 单键>双键>三键　　B. 三键>双键>单键

C. 双键>单键>三键　　D. 单键>三键>双键

25. 乙烷、乙烯、乙炔和苯分子的碳碳键键长大小不同,它们的长短顺序为(　　)

A. 乙烷 > 乙烯 > 乙炔 > 苯　　B. 乙烷 < 乙烯 < 苯 < 乙炔

C. 乙烷 < 苯 < 乙烯 < 乙炔　　D. 乙烷 > 苯 > 乙烯 > 乙炔

26. 四种卤素原子可以与碳形成碳卤键,它们的键能大小却差别很大,其中键能最高的键是(　　)

A. 碳氟键　　B. 碳氯键　　C. 碳溴键　　D. 碳碘键

27. 下列化合物中偶极矩最大的是(　　)

A. $HC{\equiv}CCl$　　B. $H_2C{=}CHCl$　　C. $(H_3C)(Cl)C{=}C(Cl)(CH_3)$（$H_3C$、Cl 与 Cl、$CH_3$ 分别处于 C=C 两端，两个 Cl 呈反式）　　D. CH_3CH_2Cl

28. 根据共价键的极性大小,判断下列氯代烃的酸性强弱:三氯甲烷、二氯甲烷、氯甲烷、甲烷(　　)

A. 三氯甲烷>二氯甲烷>氯甲烷>甲烷

B. 三氯甲烷>氯甲烷>二氯甲烷>甲烷

C. 三氯甲烷 < 二氯甲烷 < 氯甲烷 < 甲烷

D. 氯甲烷>二氯甲烷>三氯甲烷>甲烷

29. 根据布朗斯特酸碱质子理论,酸的酸性越强,其共轭碱碱性(　　)

A. 越弱　　B. 越强

C. 和共轭酸酸性没有关系　　D. 不变

30. 下列化合物属于路易斯碱的化合物是(　　)

A. $AlCl_3$　　B. $FeBr_3$　　C. NH_3　　D. BF_3

31. 下列不属于有机反应中常见的中间体的是(　　)

A. 碳正离子　　B. 碳负离子　　C. 碳自由基　　D. 石墨烯

32. 有机化合物的共价键发生均裂时产生(　　)

A. 自由基　　B. 正离子

C. 负离子　　D. 自由基和正碳离子

33. 有机化合物的共价键发生异裂时产生(　　)

A. 自由基　　B. 自由基和负碳离子

C. 正碳离子或负碳离子　　D. 自由基和正碳离子

34. 卤代烃在溶液中发生分解,产生烃基正离子和卤素负离子,该反应过程被称为(　　)

A. 均裂反应　　B. 异裂反应　　C. 取代反应　　D. 加成反应

35. 下列试剂中,不能作为亲核试剂的是(　　)

A. Cl^+　　B. H_2O　　C. Cl^-　　D. CH_3OH

36. B、C、H、N、O 等 5 种元素的电负性由大到小排序正确的为(　　)

A. O>N>H>B>C　　B. N>O>C>H>B　　C. O>N>C>H>B　　D. N>O>C>B>H

37. 下列哪种化合物的酸性最强(　　)

A. CH_3COOH　　B. CH_3OCH_2COOH

C. FCH_2COOH　　D. $(CH_3)_2\overset{+}{N}CH_2COOH$

38. 判断下列反应中哪个是路易斯酸(　　)

$$H_2O + (CH_3)_2CHO^{\ominus} \rightleftharpoons HO^{\ominus} + (CH_3)_2CHOH$$

A. 氢氧根负离子　　B. 烷氧基负离子　　C. 无　　D. 水

39. 乙酸可以在水中发生电离,形成醋酸根离子和质子。根据 Bronsted 酸碱理论,该电离过程中,(　　)是碱

A. 乙酸　　B. 无　　C. 醋酸根离子　　D. 质子

40. 醚一般不溶于水,但可以溶于浓硫酸,该过程中发生的化学反应是酸碱反应,其中(　　)是碱

A. 硫酸根　　B. 烷氧基离子　　C. 硫酸　　D. 醚

41. 下列化合物中,哪个属于路易斯(Lewis)碱(　　)

A. CN^-　　B. $AlCl_3$　　C. $CH_3\overset{+}{C}H_2$　　D. R_4N

42. 下列化合物中,哪个属于 Lewis 酸(　　)

A. Br^-　　B. NH_4^+　　C. $(C_2H_5)_2O$　　D. NH_3

43. 下列化合物中,哪个属于 Lewis 酸(　　)

A. CN^-　　B. $AlCl_3$　　C. $(C_2H_5)_2\ddot{N}H$　　D. I^-

参考答案

第 2 章　饱和烃

【学习要求】

(1)掌握烷烃系统命名法(IUPAC)与普通命名法,次序规则。

(2)掌握烷烃物理性质及其变化规律,甲烷、乙烷的分子结构,卤代反应及其反应机理,环己烷的一元、二元取代物的优势构象。

(3)掌握单环、螺环、桥环烷烃的命名。

(4)掌握环烷烃的结构与化学性质的关系及其重要化学反应。

【重点总结】

一、烷烃

1. 烷烃的命名

(1)普通命名法。一般只适用于简单、含碳较少的烷烃,基本原则如下:

① 根据分子中碳原子的数目称“某烷”。碳原子数在十以内时,用天干字甲、乙、丙、丁、戊、己、庚、辛、壬、癸表示,如 C_6H_{14} 为己烷;碳原子数在十个以上时,则以十一、十二、十三……表示,如 $C_{12}H_{26}$ 为十二烷、$C_{25}H_{52}$ 为二十五烷。

② 为区别异构体,常把直链烷烃称“正”某烷,在链端第二个碳原子上连有一个甲基支链的称为“异”某烷,在链端第二个碳原子上连有两个甲基支链的称为“新”某烷。例如:

$CH_3—CH_2—CH_2—CH_2—CH_3$　　正戊烷

$CH_3—CH(CH_3)—CH_2—CH_3$　　异戊烷

$CH_3—C(CH_3)_2—CH_3$　　新戊烷

(2)烷基的命名。烷烃分子中去掉一个氢原子形成的一价基团叫烷基。常见的烷基有:

$CH_3—$ 甲基　　$CH_3CH_2—$ 乙基　　$CH_3CH_2CH_2—$ 丙基　　$CH_3\underset{|}{C}HCH_3$ 异丙基

$CH_3CH_2CH_2CH_2—$ 丁基　　$CH_3CH_2\underset{|}{C}HCH_3$ 仲丁基　　$CH_3\underset{CH_3}{\underset{|}{C}H}CH_2—$ 异丁基　　$H_3C—\overset{CH_3}{\overset{|}{\underset{CH_3}{\underset{|}{C}}}}—$ 叔丁基

(3)系统命名法。

步骤 1:选主链,称某烷。

原则:①长——选择最长的碳链为主链。

CH3　　CH2—CH3
CH2—CH2—CH — C — CH2—CH — CH3
CH3　　CH2　　CH3
CH3

主链最长为9个碳

②多——当碳链等长时,选择支链多的链作为主链。

CH3
CH3—CH — CH2 —CH2—CH — CH2—CH3　→ a ×
→ b √
CH3—CH — CH3

选a有2个支链，选b有3个支链

步骤 2:编碳号,定支链。

原则:①近——选择离支链近的一端为碳链起点,依次给主链碳原子编序号。

②小——支链的序号之和最小。

CH3　　　　　　　　　　　CH3　CH3
1　2　3　4　5　6　7　8　9　×
CH3—C — CH2—CH2—CH2—CH2— C — CH — CH3
9　8　7　6　5　4　3　2　1　√
CH3　　　　　　　　　　　CH3

从左至右编号,甲基在 2,2,7,7,8 号碳上,和为 26;

从右至左编号,甲基在 2,3,3,8,8 号碳上,和为 24。

③简——两取代基距离 1 号碳等距离时,从简单取代基开始编号。

1　2　3　4　5　6　√
CH3—CH2—CH — CH — CH2—CH3
6　5　4　3　2　1　×
CH3　CH2—CH3

从左至右编号,甲基(简单)在 3 号碳(乙基在 4 号碳);

从右至左编号,乙基(复杂)在 3 号碳(甲基在 4 号碳)。

步骤3:写名称。

原则:取代基,写前面;注位置,连短线;不同基,简在前;相同基,合并写。

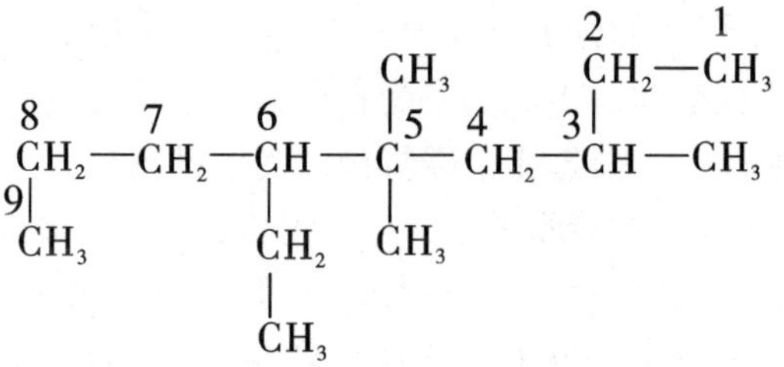

```
                                  2      1
                     CH3          CH2—CH3
 8     7     6       |5    4     3|
 CH2—CH2—CH — C — CH2—CH—CH3
9|           |       |
 CH3         CH2     CH3
             |
             CH3
```

3，5，5-三甲基-6-乙基壬烷

注意:相同基团的序号间用“,”隔开,不同基团之间用“-”隔开;不同取代基列出的先后顺序见“次序规则”,较优基团后列出。

如果烷基结构比较复杂,支链也要从与主链相连的碳原子开始编号,并列出支链所连的基团,如:

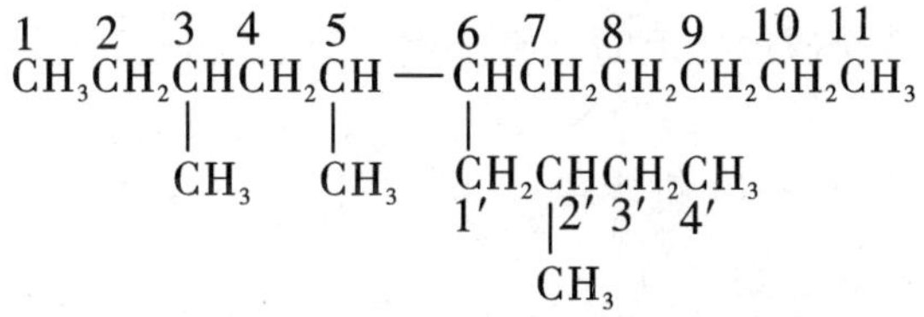

```
 1   2   3  4    5     6  7    8    9    10   11
 CH3CH2CHCH2CH — CHCH2CH2CH2CH2CH3
         |       |     |
         CH3     CH3   CH2CHCH2CH3
                       1'  |2' 3'  4'
                           CH3
```

3，5-二甲基-6-(2′-甲基丁基)十一烷

(4)次序规则:次序规则是指各种取代基按先后顺序排列的规则。

①先比较取代基或官能团的第一个原子,其原子序数大的为“较优基团”;对于同位素,质量数大的为“较优基团”。

②第一个原子相同时,则外推比较与该原子所连的原子,最大者为“较优基团”,若还是相同,继续外推。

③取代基中有重键时,将其看作连接两个或三个相同的原子。

(5)碳原子的类型:

与1个碳原子直接相连的碳原子称为伯碳原子(一级或1°);

与2个碳原子直接相连的碳原子称为仲碳原子(二级或2°);

与3个碳原子直接相连的碳原子称为叔碳原子(三级或3°);

与4个碳原子直接相连的碳原子称为季碳原子(四级或4°)。

例如:如下结构的烷烃分子中C-1为伯碳原子(一级或1°);C-2为仲碳原子(二级或2°);C-3为叔碳原子(或三级或3°);C-4为季碳原子(四级或4°)。

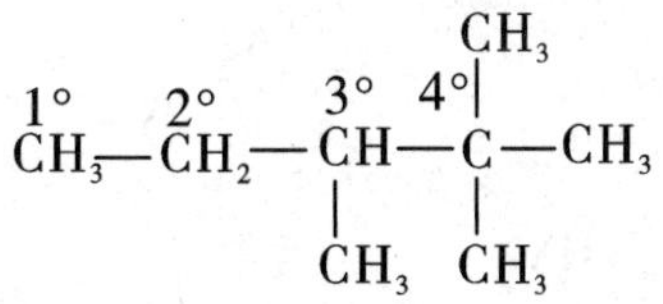

```
                          CH3
 1°     2°       3°    4°|
 CH3—CH2— CH — C —CH3
                 |       |
                 CH3     CH3
```

与此相对应,连接在伯、仲、叔碳原子上的氢原子分别称为伯氢原子(1°H)、仲氢原子

(2°H)、叔氢原子(3°H)。

2. 烷烃的分子结构

(1)烷烃的结构。链烷烃的分子通式为 C_nH_{2n+2}。在烷烃分子中,碳原子的杂化方式是 sp^3 杂化,空间构型为四面体。甲烷分子为正四面体结构,碳原子位于正四面体中心,4 个氢原子位于正四面体的 4 个顶点,4 个碳氢键之间的键角(H—C—H)都是 109.5°。

(2)烷烃的构象。烷烃中的碳原子以 sp^3 杂化轨道与另一碳原子或氢原子沿轨道对称轴方向"头碰头"重叠形式形成 C—C σ 键或 C—H σ 键。由于 σ 键可以绕键轴自由旋转,所以对于 2 个碳以上的烷烃,C—C σ 键的旋转会产生不同的分子形象,即原子或基团在空间的相对位置不同。这种通过 σ 键旋转所产生的不同形象的分子,成为构象异构。

①乙烷的构象。乙烷有重叠式和交叉式两种极端构象,在这两种极端构象之间还有无数种构象。

在重叠式构象中,2 个碳原子上的氢原子对应重叠,相距最近,氢原子之间有排斥力,因而能量最高,是最不稳定的构象。

在交叉式构象中,2 个碳原子上的氢原子相距最远,相互间的排斥力最小,因而能量最低,是最稳定的构象。

②正丁烷的构象(绕 C_2—C_3 键旋转)。正丁烷有对位交叉式、部分重叠式、邻位交叉式和全重叠式 4 种典型的构象。

稳定性:对位交叉式>邻位交叉式>部分重叠式>全重叠式。

优势构象:对位交叉式。

3. 烷烃的物理性质

(1)物理状态。在常温常压下,直链烷烃中 1 ~ 4 个碳原子的是气体;5 ~ 16 个碳原子的是液体;17 个及以上碳原子的是蜡状固体。

(2)沸点。直链烷烃的沸点随碳原子数的增加而升高;碳原子数相同时,支链越多,沸点越低。

(3)熔点。烷烃的熔点随相对分子质量增加而升高。熔点还与固体晶格中的排序有关,分子对称性高,排列比较紧密整齐,分子与分子间引力大,熔点就高。

(4)溶解度。根据相似相溶原理,烷烃溶于 CCl_4、乙醚等低极性有机溶剂,不溶于水等极性溶剂。

(5)密度。烷烃的密度随相对分子质量增加而增加。

4. 烷烃的化学性质

(1)卤代反应。

$$R—H + X_2 \xrightarrow[(h\nu)]{\triangle} R—X + HX$$

反应机理:

$X_2 \longrightarrow 2X\cdot$ 链引发

$2X\cdot + R—H \longrightarrow R\cdot + HX$
$R\cdot + X_2 \longrightarrow R—X + X\cdot$
⋮
} 链增长

$R\cdot + X\cdot \longrightarrow R—X$
$R\cdot + R\cdot \longrightarrow R—R$　链终止
$X\cdot + X\cdot \longrightarrow X_2$

反应特点与规律:

①自由基链式反应,可发生多卤代反应。

②卤素的反应活性:氟代反应剧烈,碘代反应可逆,所以应用较多的是氯代和溴代。氯代反应比溴代反应快,但溴代比氯代反应选择性高。

③中间体碳自由基的稳定性:3°R · >2°R · >1°R · >CH_3 · 。

中间体越稳定,则对应的反应物越活泼,所以,有烷烃中氢原子的反应活性:3°H>2°H>1°H>CH_4。

(2)氧化反应。烷烃燃烧完全氧化生成 CO_2 和 H_2O,并放出大量的热,烷烃主要用作燃料。高级烷烃在特殊的催化剂作用下,部分氧化得到羧酸。

(3)裂化反应。在隔绝空气的高温下使烷烃分子发生裂解的过程叫裂化。烷烃裂化过程复杂,碳原子数越多,裂化产物也越复杂,裂化时碳链可以在分子中任何部分断裂,生成相对分子质量较小的烷烃、烯烃、环烃、芳烃等。

二、环烷烃

1. 环烷烃的分类

按成环碳原子数目可分为小环(含 3 ~4 个碳原子)、普通环(含 5 ~7 个碳原子)、中环(含 8 ~11 个碳原子)和大环(含 12 及以上个碳原子);按分子中碳环的数目还可分为单环、二环和多环脂环烃。

2. 异构现象

C_5H_{10}的同分异构体有:

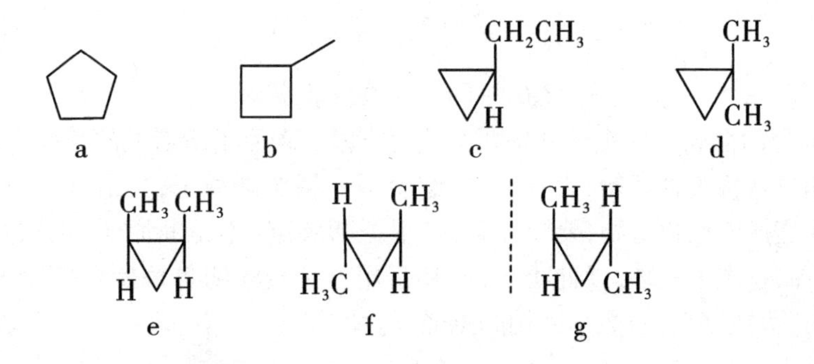

其中,a、b、c、d、e 的异构是因环大小不同、侧链长短不同、侧链位置不同而引起的,属于碳架异构体;e 和 f、e 和 g 的异构是因环碳原子单键不能自由旋转而引起的,属于顺反异构(e 为顺式,f、g 为反式);f 和 g 互为镜像,不能重叠,属于旋光异构(见第 6 章 旋光异构)。

除此之外,C_5H_{10}的同分异构体还有链单烯烃(见第 3 章 不饱和烃)。

3. 环烷烃的命名

(1)单环烷烃的命名。

规则1:未取代的单环烷烃与烷烃相似,前面加一个“环”字即可。

规则2:有多个取代基的环烷烃,按照“次序规则”从连有最小基团的环碳原子开始编号,并使取代基的位次尽可能小。例如:

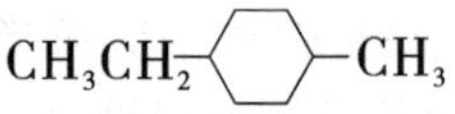

CH_3CH_2—⬡—CH_3

1-甲基-4-乙基环己烷

规则3:分子内有大环和小环时,应以大环为母体,小环为取代基。例如:

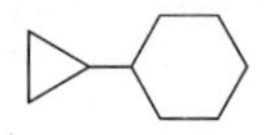

环丙基环己烷

规则4:环上带的支链不易命名时,可将环作为取代基。例如:

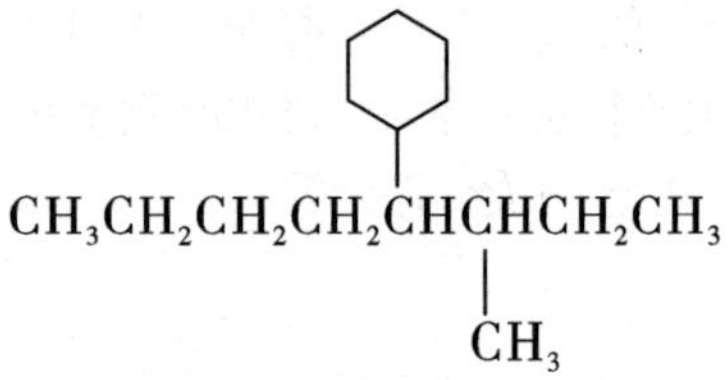

$CH_3CH_2CH_2CH_2CHCHCH_2CH_3$ (with CH_3 on C-3)

3-甲基-4-环己基辛烷

(2)螺环烃的命名。两个环共用一个碳原子所形成的环称为螺环。

规则:编号从小环开始,经过螺原子到大环,按编号上的碳原子总数命名“螺某烷”;螺后面用方括号注明两环中除了螺原子以外的碳原子个数,小数字在前,数字间用圆点分开。例如:

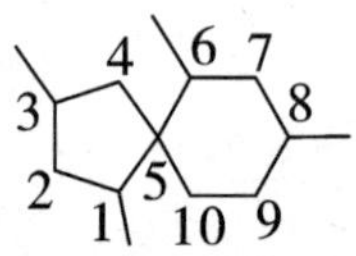

1,3,6,8-四甲基螺[4.5]癸烷

(3)桥环烃的命名。两个环共用两个或两个以上碳原子所形成的环称为桥环。

规则:编号从桥头碳开始,大环在先,编至另一桥头碳原子,再沿次长桥编至开始桥头;将桥环烃变成链型化合物,要断裂碳链,根据断碳链(不是断原子)的次数确定环数,断两次为二环,三次为三环,以此类推;某环后用方括号注明各桥所含碳原子数(桥头碳原子不计入),大数字在前,数字间用圆点隔开。例如:

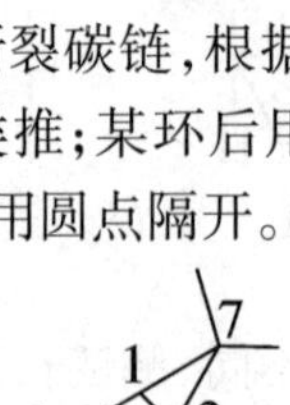

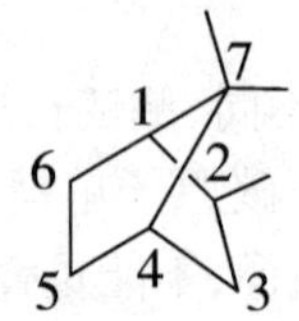

2,7,7-三甲基双环[2.2.1]庚烷

4. 环烷烃的分子结构

(1)环烷烃的结构。单环烷烃的通式为 C_nH_{2n},构成碳环的碳原子都是饱和碳原子,

碳原子的杂化方式是 sp^3 杂化。小环烷烃分子的张力较大，主要是由角张力和扭转张力以及非键作用力导致的。环丙烷是平面形结构，成环碳原子间的 σ 键是“弯曲”的，环张力最大，分子的内能高，化学性质活泼，易发生开环反应。

（2）环己烷的构象。环己烷中六个碳原子构成的六元环可发生翻转，从而在空间形成各种构象，其中最典型的是椅式和船式两种极限构象。椅式构象较稳定，是优势构象。

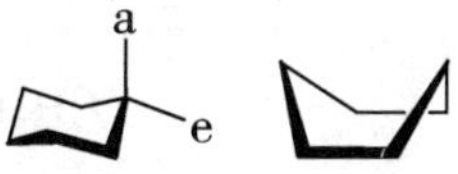

a　e

椅式　船式

取代环己烷的取代基一般处于椅式构象的平伏键（e 键）时较处于直立键（a 键）时稳定。所以，多元取代环己烷的稳定性有如下规律：①环己烷的多元取代物最稳定的构象是 e 取代基最多的构象；②环己烷的环上有不同取代基时，较大的取代基在 e 键上的构象最稳定。

5. 环烷烃的物理性质

常温常压下，环丙烷、环丁烷为气体，环戊烷至环十一烷是液体，其他高级环烷烃为固体。环烷烃的沸点、熔点和相对密度均比相应的烷烃高一些，不溶于水，易溶于有机溶剂。

6. 环烷烃的化学性质

环烷烃的化学性质与链烷烃相似，可以发生自由基取代反应，对氧化剂、还原剂、酸、碱等都比较稳定。但三元环和四元环因为环张力较大，结构不稳定，容易和一些试剂作用而开环。

（1）加成反应。

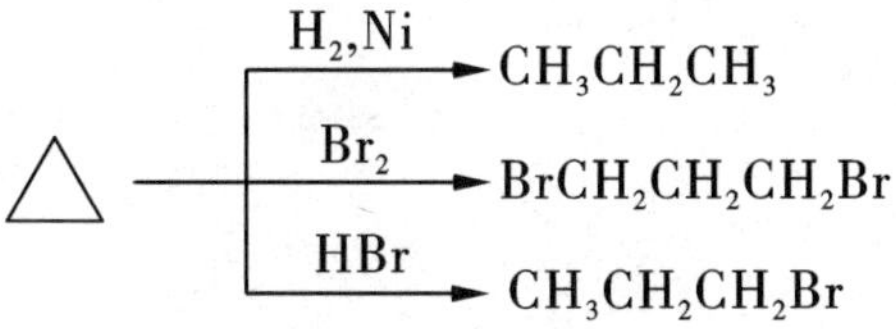

$$\triangle \xrightarrow{H_2,Ni} CH_3CH_2CH_3$$

$$\triangle \xrightarrow{Br_2} BrCH_2CH_2CH_2Br$$

$$\triangle \xrightarrow{HBr} CH_3CH_2CH_2Br$$

当连有烷基的环丙烷与卤化氢加成时，反应遵循“马氏规则”，即开环后氢原子加到含氢最多的碳原子上，卤原子加到含氢最少的碳原子上。

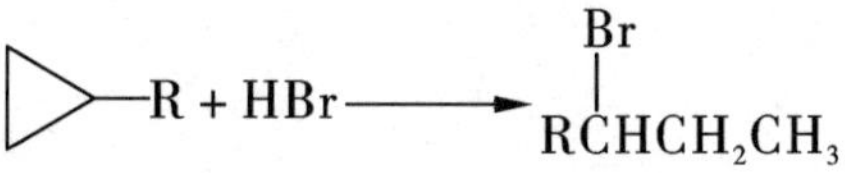

$$\triangleright\!-R + HBr \longrightarrow R\overset{Br}{\overset{|}{C}}HCH_2CH_3$$

注意：环丙烷能使 Br_2 褪色，但不能被酸性高锰酸钾溶液氧化，利用这一特性可以区分环烷烃和其他活泼的烃（如烯烃、炔烃等）。

（2）取代反应。

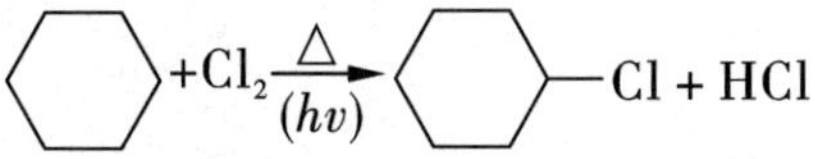

$$\text{环己烷} + Cl_2 \xrightarrow[(h\nu)]{\triangle} \text{环己基}-Cl + HCl$$

【练习题】

一、命名或写出结构式

1. 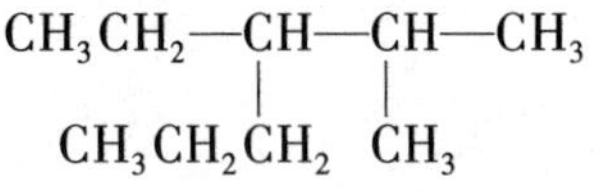 $$\begin{array}{l} CH_3CH_2—\underset{\displaystyle CH_3CH_2CH_2}{\underset{|}{CH}}—\underset{\displaystyle CH_3}{\underset{|}{CH}}—CH_3 \end{array}$$

2. $$\begin{array}{ccccc} CH_3CH_2 & & & & CH_2CH_2CH_3 \\ & \diagdown & & \diagup & \\ & CH & — & CH & \\ & \diagup & & \diagdown & \\ CH_3CH_2 & & & & CH_3 \end{array}$$

3. $$CH_3CH_2CH_2—\underset{\displaystyle \underset{\displaystyle CH_3}{\underset{|}{CH_3—CH}}}{\underset{|}{CH}}—CH_2—\underset{\displaystyle \underset{\displaystyle \underset{\displaystyle CH_3}{\underset{|}{CH_2}}}{\underset{|}{CH_2}}}{\underset{|}{CH}}—CH_2CH_2CH_2CH_3$$

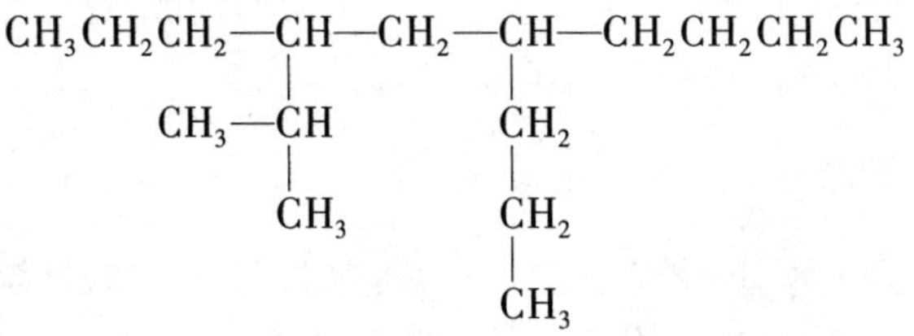

4. 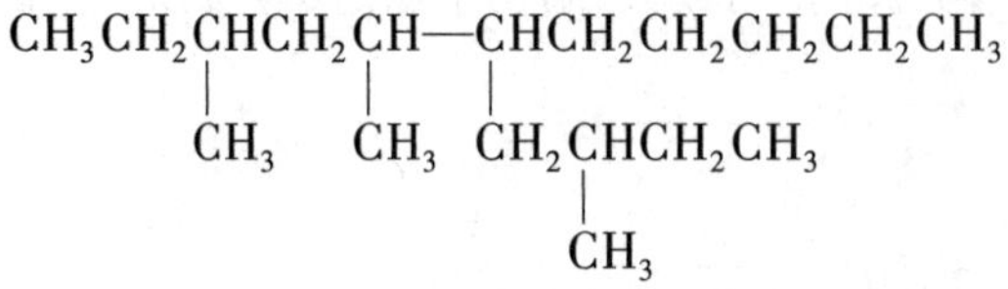 $$CH_3CH_2\underset{\displaystyle CH_3}{\underset{|}{C}}HCH_2\underset{\displaystyle CH_3}{\underset{|}{C}}H—\underset{\displaystyle CH_2\underset{\displaystyle CH_3}{\underset{|}{C}}HCH_2CH_3}{\underset{|}{C}}HCH_2CH_2CH_2CH_2CH_3$$

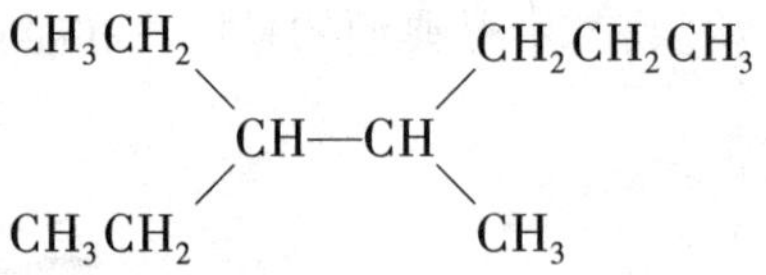

5.

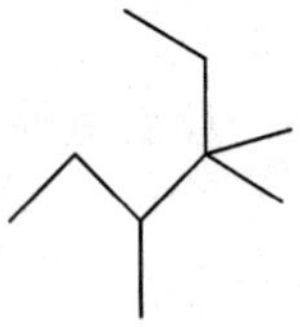

6. 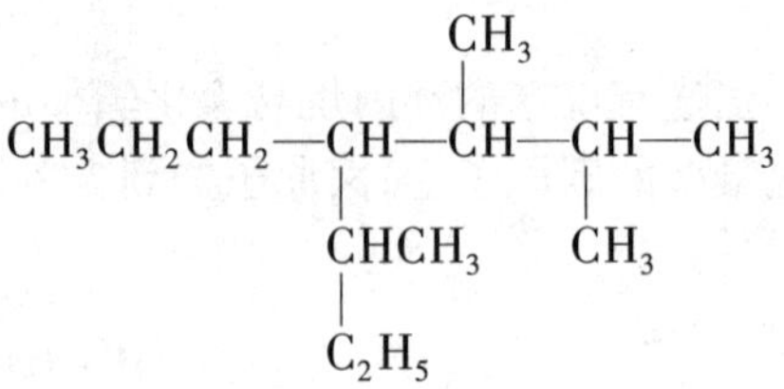 $$CH_3CH_2CH_2—\underset{\displaystyle \underset{\displaystyle C_2H_5}{\underset{|}{CHCH_3}}}{\underset{|}{CH}}—\overset{\displaystyle CH_3}{\overset{|}{CH}}—\underset{\displaystyle CH_3}{\underset{|}{CH}}—CH_3$$

7. 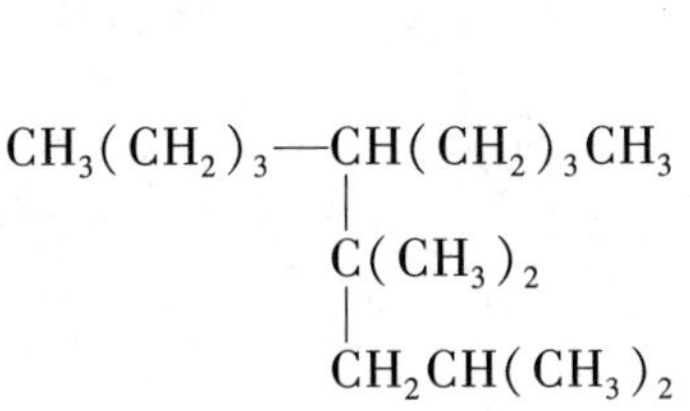 $CH_3(CH_2)_3—CH(CH_2)_3CH_3$
$\quad\quad\quad\quad\quad\quad\quad|$
$\quad\quad\quad\quad\quad\quad\quad C(CH_3)_2$
$\quad\quad\quad\quad\quad\quad\quad|$
$\quad\quad\quad\quad\quad\quad\quad CH_2CH(CH_3)_2$

8. 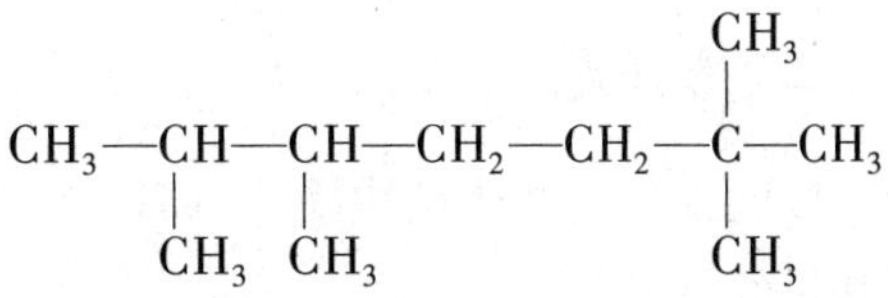 $CH_3—CH—CH—CH_2—CH_2—C(CH_3)_2—CH_3$（2 位、3 位 CH 上各连一个 CH_3）

9. 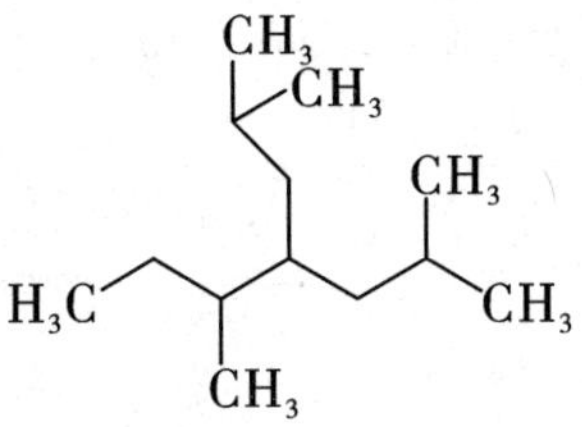
CH_3 CH_3
CH_3
H_3C CH_3
CH_3

10. 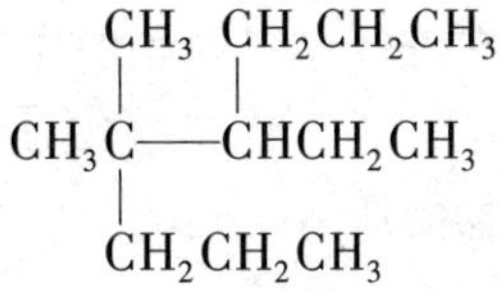 $CH_3C(CH_3)(CH_2CH_2CH_3)—CH(CH_2CH_2CH_3)CH_2CH_3$

11. 2-甲基-3-环丙基庚烷

12. 1,1-二甲基-3-氯环庚烷

13. 1-乙基-4-正己基环辛烷

14. 2,7,7-三甲基二环[2.2.1]庚烷

15. 8-甲基二环[4.3.0]壬烷

16. 1-甲基-6-乙基螺[3.5]壬烷

17. 1,3,7-三甲基螺[4.4]壬烷

18. 2,2,5-三甲基-3,4-二乙基己烷

19. 2,4-二甲基-5-异丙基壬烷

20. 1,2-二甲基-3-叔丁基环己烷

二、选择题

1. 已知下列两个结构简式：CH_3—CH_3 和 CH_3—，两式中均有短线“—”，这两条短线所表示的意义是(　　)

A. 都表示一对共用电子对

B. 都表示一个共价单键

C. 前者表示一对共用电子对，后者表示一个未成对电子

D. 前者表示分子内只有一个共价单键，后者表示该基团内无共价单键

2. 烷烃的系统命名分四个部分：①主链名称；②取代基名称；③取代基位置；④取代基数目。这四部分在烷烃命名规则的先后顺序为(　　)

A. ①②③④　　B. ③④②①　　C. ③④①②　　D. ①③④②

3. 下列有机物的命名正确的是(　　)

A. 2-乙基丁烷　　B. 2,2-二甲基丁烷

C. 3,3-二甲基丁烷　　D. 2,3,3-三甲基丁烷

4.  与  之间的相互关系是(　　)

A. 对映异构体　　B. 非对映异构体

C. 顺反异构体　　D. 构象异构体

5. $CH_3CH_2CH_2CH_3$ 和 $(CH_3)_3CH$ 是什么异构体(　　)

A. 碳架异构　　B. 位置异构　　C. 官能团异构　　D. 互变异构

6. 下列烷烃：a. $CH_3(CH_2)_4CH_3$；b. $CH_3(CH_2)_3CH_3$；c. $(CH_3)_2CHCH_2CH_3$；d. $(CH_3)_4C$，沸点高低次序是(　　)

A. a>b>c>d　　B. d>c>b>a　　C. b>c>d>a　　D. a>d>c>b

7. 光照下，烷烃卤代反应的机理是通过哪一种中间体进行的(　　)

A. 碳正离子　　B. 碳负离子

C. 自由基　　D. 协同反应，无中间体

8. 在下列哪种条件下能发生甲烷氯化反应(　　)

A. 甲烷与氯气在室温下混合　　B. 先将氯气用光照射再迅速与甲烷混合

C. 甲烷用光照射，在黑暗中与氯气混合　　D. 甲烷与氯气均在黑暗中混合

9. 二甲基环丙烷有几种异构体(包括顺反异构)(　　)

A. 2 种　　B. 3 种　　C. 4 种　　D. 5 种

10. 下列环烷烃中加氢开环最容易的是(　　)

A. 环丙烷　　B. 环丁烷　　C. 环戊烷　　D. 环己烷

11. 三元环张力很大，甲基环丙烷与 5% $KMnO_4$ 水溶液或 Br_2/CCl_4 反应，现象是(　　)

A. $KMnO_4$ 和 Br_2 都褪色　　B. $KMnO_4$ 褪色，Br_2 不褪色

C. $KMnO_4$ 和 Br_2 都不褪色　　D. $KMnO_4$ 不褪色，Br_2 褪色

12. 甲基环戊烷在光照下一元溴化的主产物是(　　)

A. 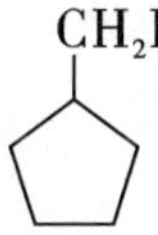 CH_2Br　B. 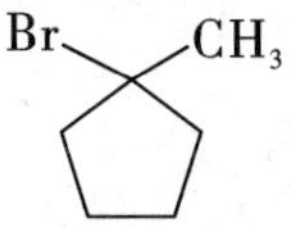 Br CH_3　C. 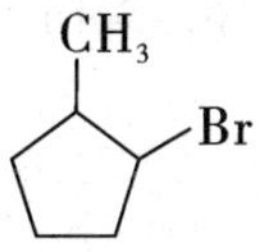 CH_3 Br　D. 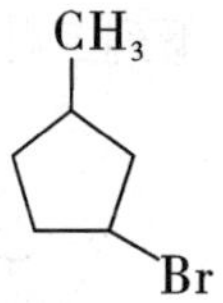 CH_3 Br

13. 反-1,4-二甲基环己烷的最稳定构象是(　　)

A. 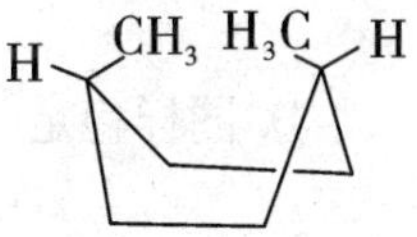 H CH_3 H_3C H　　B. 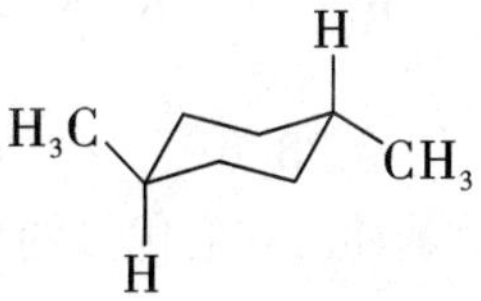 H_3C H CH_3 H

C. 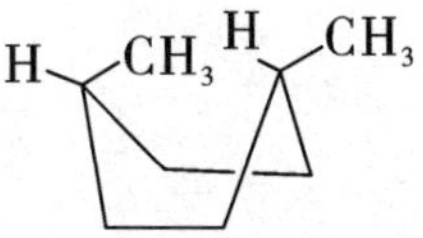 H CH_3 H CH_3　　D. 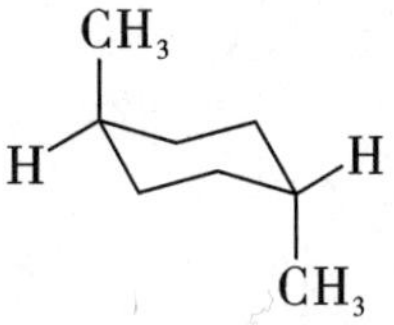 CH_3 H H CH_3

14. 鉴别丙烷与环丙烷,可用的试剂为(　　)

A. 酸性 $KMnO_4$ 溶液　　B. $Br_2(CCl_4)$

C. $FeCl_3$　　D. 浓 HNO_3

15. 对于环己烷椅式构象中的 a 键和 e 键,以下叙述中错误的是(　　)

A. a 键也称竖键

B. 取代环己烷中,大原子团处于 e 键的构象为优势构象

C. 取代基不同,大原子团在 e 键的构象最不稳定

D. 取代基相同,e 键最多的构象最稳定

16. 下列化合物中,含有季碳原子的是(　　)

A. 2-甲基丁烷　　B. 3-甲基戊烷

C. 2,2-二甲基丁烷　　D. 2,3-二甲基丁烷

17. 分别比较下列两组化合物的熔点高低:(1)新戊烷(a)和异戊烷(b);(2)正辛烷(c)和2,2,3,3-四甲基丁烷(d)。正确的是(　　)

A. $a>b, c>d$　　B. $a>b, c<d$　　C. $a<b, c<d$　　D. $a<b, c>d$

18. 下列化合物沸点最高的是(　　)

A. 辛烷　　B. 己烷

C. 2,2,3,3-四甲基丁烷　　D. 3-甲基庚烷

19. 下列四种自由基按稳定性由大到小的排列次序是(　　)

a. $CH_3CH_2CH_2CH_2\cdot$　　b. $CH_3\cdot$　　c. $CH_3\dot{C}HCH_2CH_3$　　d. $(CH_3)_3C\cdot$

A. $a>b>c>d$　　B. $b>a>c>d$　　C. $d>c>b>a$　　D. $d>c>a>b$

20. 丁烷的下列四种构象中,最稳定的是(　　)

A. 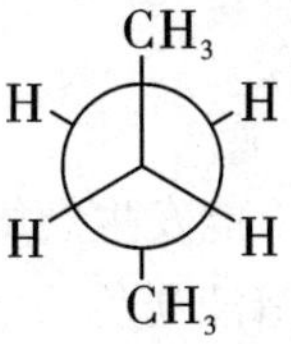 CH_3 H H H H CH_3　　B. 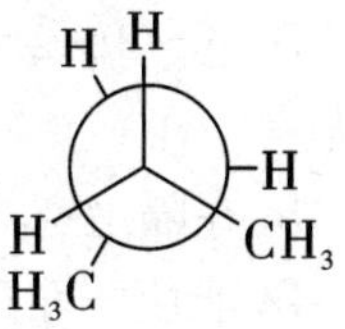 H H H H H_3C CH_3　　C. 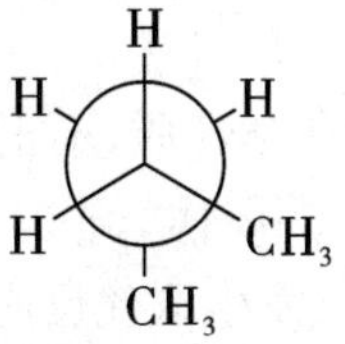 H H H H CH_3 CH_3　　D. 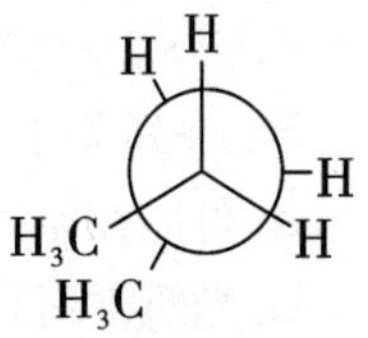 H H H H H_3C H_3C

21. 下列三种1,2-二溴环己烷构象中,最稳定的是(　　)

a. 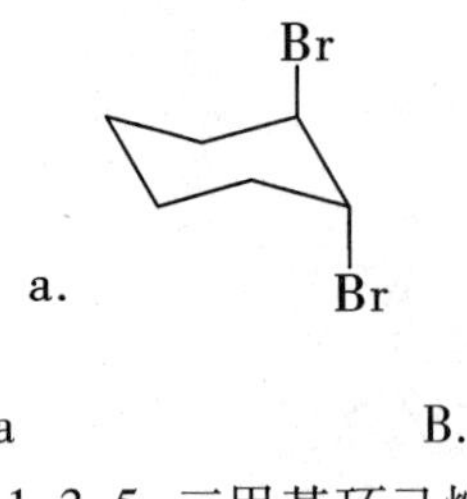

b. 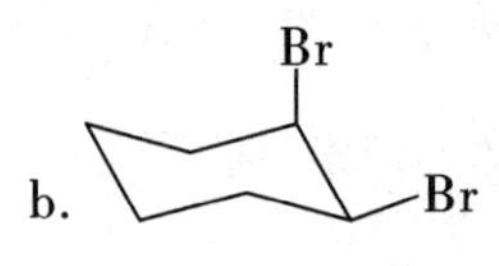

c. 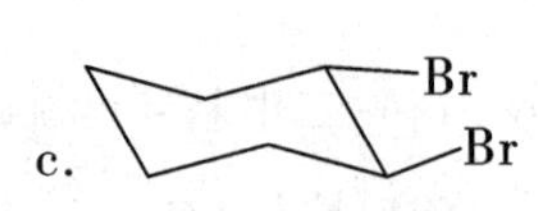

A. a　　B. b　　C. c　　D. 同样稳定

22. 1,3,5-三甲基环己烷的优势构象是(　　)

A. 

B.

C. 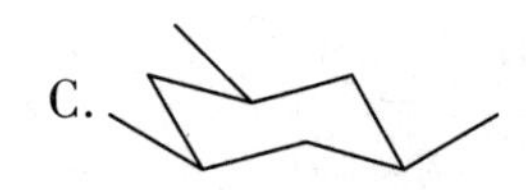

D.

23. 1-甲基-3-异丙基环己烷的4种椅式构象如下,其相对稳定性排序正确的是(　　)

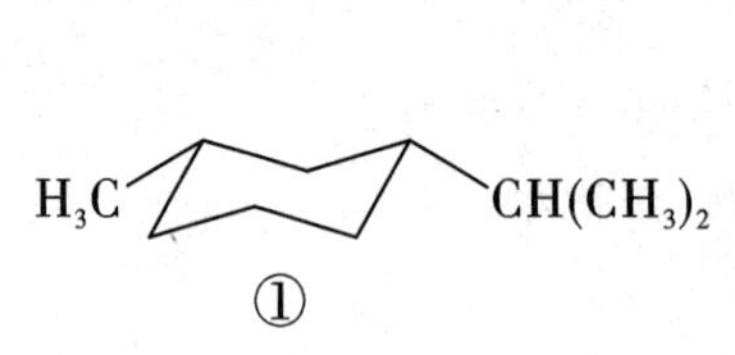

①

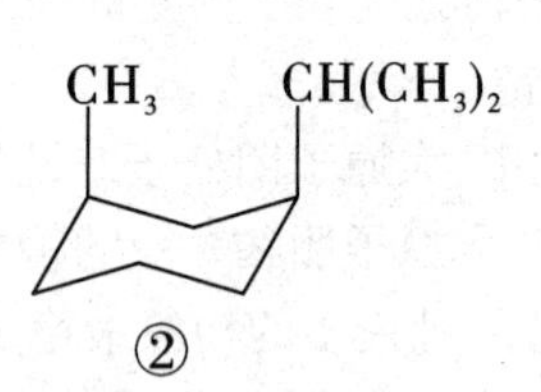

②

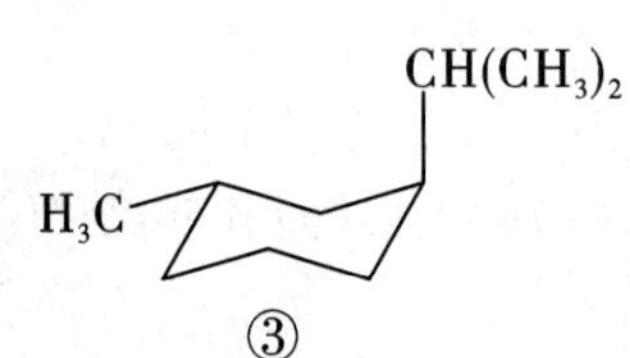

③

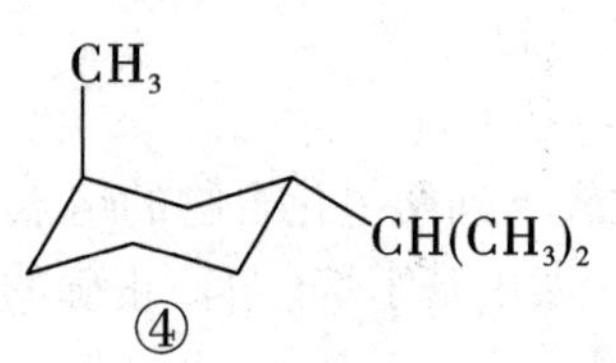

④

A. ①>④>③>②　　B. ②>③>④>①

C. ①>③>④>②　　D. ②>④>③>①

24. 按照优先次序规则,下列基团中最优先的是(　　)

A. —CH_2Cl　　B. —CH_2OH　　C. —CH(OH)CH_3　　D. —CHO

25. 按照次序规则,下列基团排序正确的是(　　)。

①—CH_2CH_2OH　　②—$CH_2CH{=}CH_2$　　③—CH_2Cl　　④—$CHCl_2$

A. ④>③>①>②　　B. ②>①>③>④

C. ①>②>④>③　　D. ④>③>②>①

26. 下列关于烷烃的化学性质,不正确的是(　　)

A. 可以在空气或氧气中燃烧　　B. 在隔绝空气的高温下能发生裂解

C. 光照下可以与氯气发生取代反应　　D. 能使酸性高锰酸钾溶液褪色

27. 烷烃的特征反应是(　　)

A. 取代反应　　B. 消除反应　　C. 氧化反应　　D. 聚合反应

28. 根据系统命名法,化合物 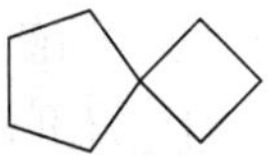 的名称是(　　)

A. 环戊基环丁烷　　B. 环丁基环戊烷

C. 螺[3.4]辛烷　　D. 双环[4.3]辛烷

29. 下列烷烃中,有叔氢原子的是(　　)

A. 正戊烷　　B. 异戊烷

C. 2-甲基戊烷　　D. 2,2-二甲基戊烷

30. 烷烃中,C 原子的杂化方式及空间构型是(　　)

A. sp^2,平行四边形　　B. sp^3,四面体

C. sp^3,平行四边形　　D. sp^2,四面体

31. 环丙烷具有下列哪种性质(　　)

A. 有张力,难发生开环加成　　B. 无张力,易发生开环加成

C. 有张力,易发生开环加成　　D. 无张力,难发生开环加成

32. 下列取代环己烷化合物中,结构最稳定的是(　　)

A. 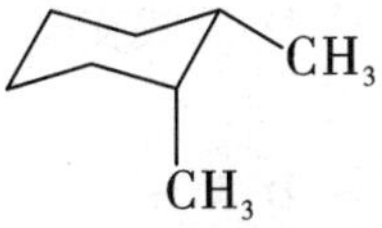 CH_3 CH_3　　B.  CH_3 CH_3

C. 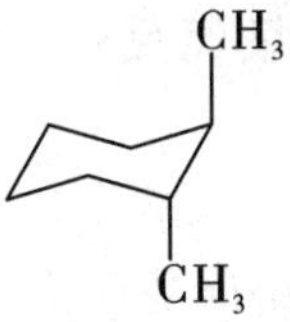 CH_3 CH_3　　D. 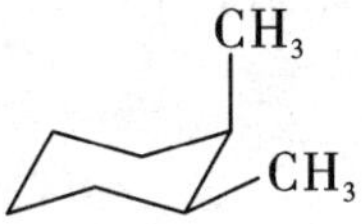 CH_3 CH_3

33. 在有机物的同分异构中,构象异构属于(　　)

A. 结构异构　　B. 碳链异构　　C. 互变异构　　D. 立体异构

34. $CH_3CH_2CH_2CH_2CH_3$ 和$(CH_3)_4C$ 是什么异构体(　　)

A. 碳架异构　　B. 位置异构　　C. 官能团异构　　D. 互变异构

35. 烷烃分子中,σ 键之间的夹角一般接近于(　　)

A. 109.5°　　B. 120°　　C. 180°　　D. 90°

36. 下列烷烃中,沸点最高的是(　　)

A. 新戊烷　　B. 异戊烷　　C. 正己烷　　D. 正辛烷

37. 下列烷烃中,沸点最低的是(　　)

A. 新戊烷　　B. 异戊烷　　C. 正己烷　　D. 正辛烷

38. 乙烷具有不同构象的原因是(　　)

A. 碳原子 sp^3 杂化　　B. 碳碳单键可以自由旋转

C. 该分子具有 Newman 投影式　　D. 只有碳和氢两种元素组成

39. 下列化合物含有伯、仲、叔氢的是(　　)

A. 2,2,4,4-四甲基戊烷　　B. 2,3,4-三甲基戊烷

C. 2,2,4-三甲基戊烷　　D. 正庚烷

40. 下列哪些不是自由基反应的特征(　　)

A. 酸碱对反应有明显的催化作用　　B. 光、热、过氧化物使反应加速

C. 氧、酚等对反应有明显的抑制作用　　D. 溶剂极性变化对反应影响很小

41. 石油醚是实验室中常用的有机溶剂,它的主要成分是(　　)

A. 一定沸程的烷烃混合物　　B. 一定沸程的芳烃混合物

C. 醚类混合物　　D. 烷烃和醚的混合物

42. 自由基反应中的化学键发生(　　)

A. 异裂　　B. 均裂

C. 不断裂　　D. 既不是异裂也不是均裂

43. 引起烷烃构象异构的原因是(　　)

A. 分子中双键旋转受阻

B. 分子中的单双键共轭

C. 分子中有双键

D. 分子中的两个碳原子绕碳碳单键做相对旋转

44. $ClCH_2CH_2Br$ 中最稳定的构象是(　　)

A. 顺式交叉　　B. 部分重叠　　C. 全重叠　　D. 反式交叉

45. 异己烷进行氯化,其一氯产物有(　　)种

A. 2　　B. 3　　C. 4　　D. 5

46. 将甲烷先用光照射,再在黑暗中和氯气混合,不能发生氯代反应,其原因是(　　)

A. 未加入催化剂　　B. 未增加压强

C. 加入氯气量不足　　D. 反应体系中没有氯游离基

47. C_3H_8 分子中两个氢原子被氯原子取代,可能的同分异构体有(　　)

A. 3 种　　B. 4 种　　C. 5 种　　D. 6 种

48. 某气态烃在密闭容器种与氧气混合完全燃烧,若燃烧前后容器压强保持不变(120°),则气态烃为(　　)

A. C_2H_6　　B. C_2H_4　　C. C_2H_2　　D. C_3H_8

49. 下列条件下,反应物中最易被溴代的 H 原子为(　　)

$$(CH_3)_2CHCH_2CH_3 \xrightarrow[Br_2]{h\nu}$$

A. 伯氢原子　　B. 仲氢原子　　C. 叔氢原子　　D. 没有差别

50. 正丁烷的构象数有(　　)

A. 1 个　　B. 4 个　　C. 2 个　　D. 无数个

三、完成下列反应方程式

1. $CH_3CH_2\overset{\overset{\large CH_3}{|}}{C}HCH_3 + Br_2 \xrightarrow{光照}$ (　　　　　　)

2. (cyclopentane) + Cl_2 $\xrightarrow{300\ ℃}$ (　　　　　　)

3. (methylcyclohexane) $-CH_3$ + Br_2 $\xrightarrow{光照}$ (　　　　　　)

4. (cyclobutane) + Br_2 $\xrightarrow{\triangle}$ (　　　　　　)

5. H_3C CH_3 (1,1-dimethylcyclopropane) + HBr $\longrightarrow$ (　　　　　　)

6. (structure) + HBr $\longrightarrow$ (　　　　　　)

7. (structure) $\xrightarrow[CCl_4]{Br_2}$ (　　　　　　)

8. (structure) $\xrightarrow{H_2/Ni}$ (　　　　　　)

9. (structure) $\xrightarrow{HI}$ (　　　　　　)

10. (structure) $\xrightarrow{H_2/Ni}$ (　　　　　　)

11. (structure) $\xrightarrow{Br_2/h\nu}$ (　　　　　　)

12. (structure) $\xrightarrow{Br_2/h\nu}$ (　　　　　　)

13. (structure) $\xrightarrow{Br_2/CCl_4}$ (　　　　　　)

14. (structure) $\xrightarrow{Br_2/h\nu}$ (　　　　　　)

15. (structure) $\xrightarrow{H_2/Ni}$ (　　　　　　)

16. (structure) $\xrightarrow{H_2/Ni}$ (　　　　　　)

17. (structure) $\xrightarrow{Br_2/CCl_4}$ (　　　　　　)

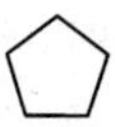

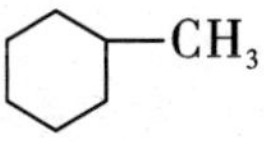

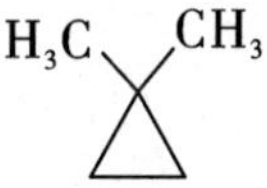

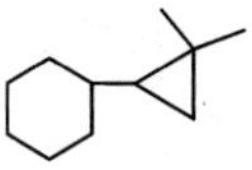

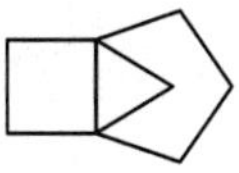

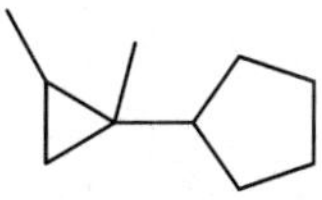

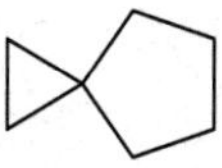

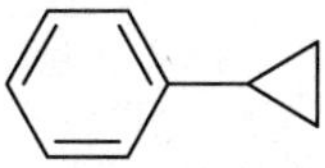

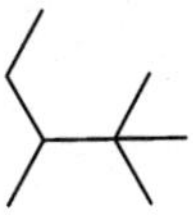

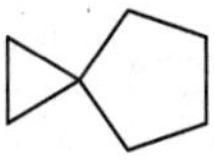

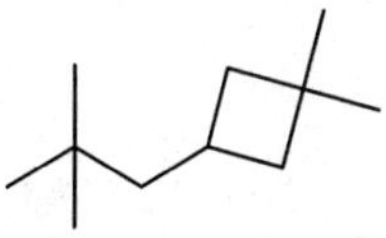

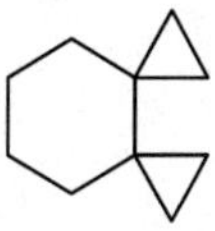

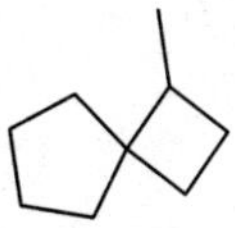

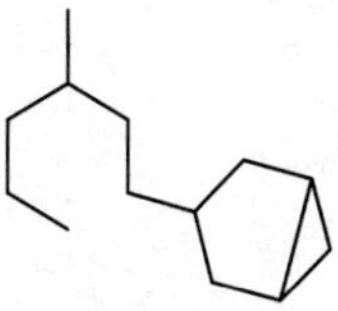

18. 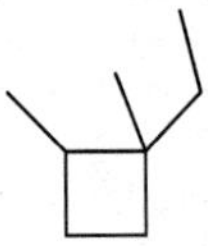 $\xrightarrow{H_2/Ni}$ (　　　　　　) $\xrightarrow{Br_2/h\nu}$ (　　　　　　)

19. 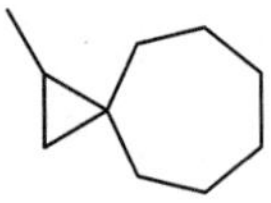 $\xrightarrow{HBr}$ (　　　　　　) $\xrightarrow{Cl_2/h\nu}$ (　　　　　　)

20. 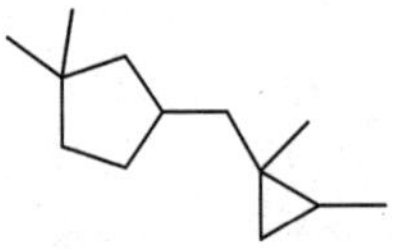 $\xrightarrow{HI}$ (　　　　　　) $\xrightarrow{Cl_2/h\nu}$ (　　　　　　)

四、完成下列转化(无机试剂任选)

1.  $\longrightarrow$

2. 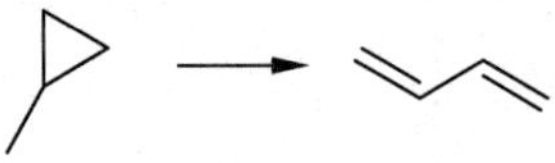 $\longrightarrow$

3. 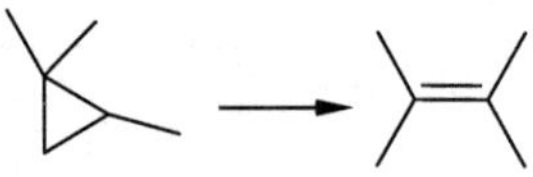 $\longrightarrow$

4. 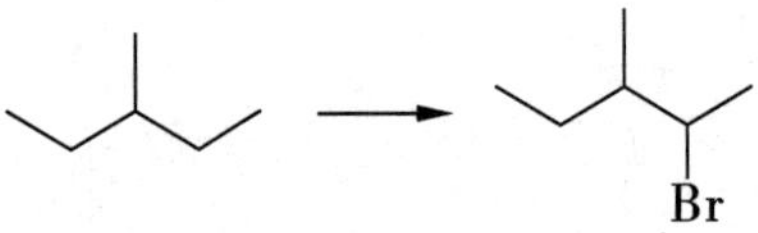 $\longrightarrow$ Br

5. 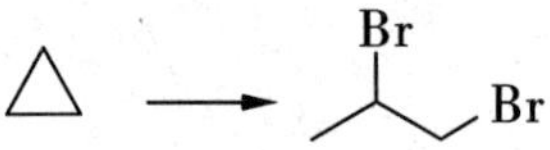 $\longrightarrow$ Br Br

6. $\longrightarrow$ Cl

7. 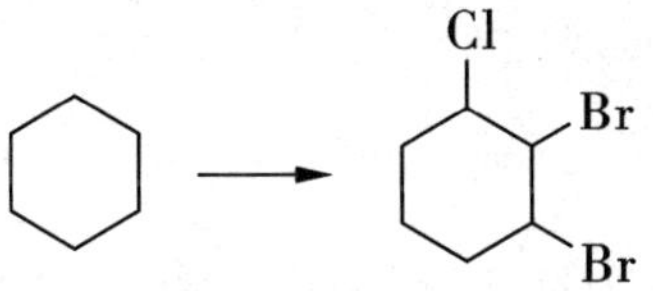 Cl Br Br

8. 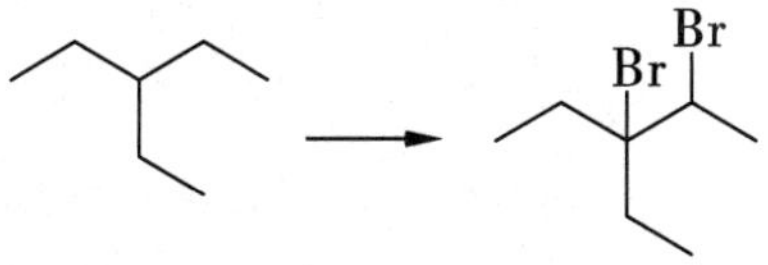 Br Br

9. 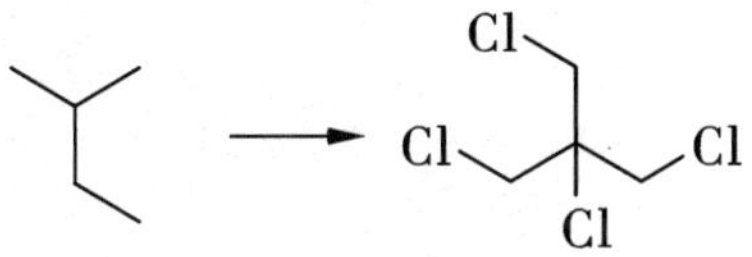 Cl Cl Cl Cl

10. 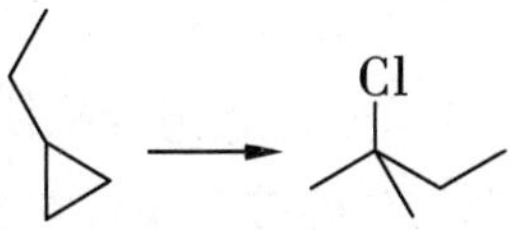 Cl

五、用简单的化学方法区别下列各组化合物

1. 乙基环丙烷、甲基环丁烷、环戊烷

2. 1,2-二甲基环丙烷、2,2,3-三甲基丁烷、甲基环丁烷

3. 1,2-二甲基环丙烷、2,3-二甲基-2-戊烯、环己烷

4. 2-甲基庚烷、环戊烯、乙基环丙烷

5. 1,2,3-三甲基环丙烷、1,3-二甲基环丁烷、甲基环戊烷

6. 1,3-二甲基环己烷、1-甲基-2-乙基环丙烷、环己烯

7. 1-甲基-2-乙基环丁烷、1,2-二甲基-3-乙基环丙烷、2-甲基环丁烯

8. 2-己烯、环己烷、螺[2.3]己烷

9. 环戊二烯、螺[2.4]庚烷、1,2-二甲基环丁烷

10. 环己烯、苯、1-甲基螺[2.4]庚烷

六、推导结构

1. 分子式为C_5H_{12}的烷烃根据碳原子的排列不同,有 A、B、C 三种构造异构体。其中,A 的一元溴代产物可以有三种,B 的一元溴代产物可以有四种,C 的二元溴代产物只可能有两种。根据以上溴代反应的特点,分别推测出 A、B、C 的构造式。

2. A、B、C、D、E 五个烷烃的相对分子质量均为 86,当它们分别发生氯代反应时,A 只得两种一氯代物,B、C 可得三种一氯代物,D 可得四种一氯代物,E 可得五种一氯代物,C 分子中有伯、仲、季三种碳原子。分别写出 A、B、C、D、E 的构造式。

3. 某烷烃A的相对分子质量为114，在光照条件下与氯气反应，仅生成一种一氯化物，试推断其结构。

4. 某环烷烃A的分子式为C_5H_{10}，在光照条件下和溴反应有三种一溴化物。A可以使溴水褪色。试推测A的可能的结构。

5. 某环烷烃A的分子式为C_6H_{12}，在光照条件下和溴反应有四种一溴化物。试推测A的可能的结构，并写出四种一溴代物。

参考答案

第 3 章　不饱和烃

【学习要求】

(1)掌握烯烃、炔烃的命名规则,烯烃的顺反异构及 *Z/E* 命名法。

(2)了解烯烃、炔烃、共轭二烯烃的分子结构。

(3)掌握诱导效应、共轭效应两种电子效应及其对有机反应的影响。

(4)掌握烯烃的亲电加成反应、氧化反应、α-H 的反应,共轭二烯烃的亲电加成反应、D-A 反应,炔烃的酸性、亲电加成反应、亲核加成反应和氧化反应。

【重点总结】

一、烯烃

1. 烯烃的命名

烯烃一般都采用系统命名法,其原则和烷烃相似。

(1)选择含有双键的最长碳链作为母体,称为某烯。

(2)从靠近双键的一端开始,进行编号。

(3)双键的位次采用两个双键碳原子编号较小的位次。

(4)将取代基的位次、数目及名称、双键位次写在某烯之前。

例如:

$$\begin{array}{l} CH_3—\underset{\large |}{C}=CH—\underset{\large |}{CH}—\underset{\large |}{CH}—CH_3 \\ \quad\ CH_3—CH_2 \qquad\ CH_3\ \ CH_3 \end{array}$$

3,5,6-三甲基-3-庚烯

注意区分并熟记下面几种常见的烯基:

$CH_2=CH—$	$CH_3—CH=CH—$	$CH_2=CH—CH_2—$	$CH_2=\underset{\large CH_3}{\underset{\large \vert}{C}}—$
乙烯基	丙烯基	烯丙基	异丙烯基

2. 烯烃的分子结构

烯烃的分子中含有 C═C 双键，分子通式为 C_nH_{2n}。在烯烃分子中，碳原子的杂化方式是 sp^2 杂化，空间构型为平面三角形。每个双键碳原子分别用三个 sp^2 杂化轨道中的一个进行“头碰头”相互重叠，形成 C—C σ 键，剩余的两个 sp^2 杂化轨道分别与其他碳原子或氢原子结合形成 σ 键，五个 σ 键在同一个平面上。而每个碳上未杂化的 p 轨道垂直于该平面，并相互平行“肩并肩”重叠，形成 π 键。所以 C═C 双键是由一个 σ 键和一个 π 键组成的。

烯烃的顺反异构：π 键不能自由旋转，所以当双键碳上分别连有不同的原子或基团时，会出现两种不同的空间排列，构成顺反异构。

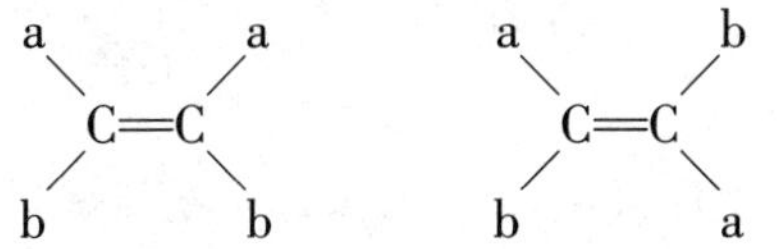

```
a       a        a       b
 \     /          \     /
  C═C              C═C
 /     \          /     \
b       b        b       a
```

顺式（cis）　　　反式（trans）

一般地，当两个双键碳连有四个不同的原子或基团时，两种异构体不能以顺反区分。此时，分别对每个碳连接的原子或基团按照“次序规则”进行比较，以 *Z* 型和 *E* 型区分两种异构体。

假设取代基优先次序：a>b，c>d，则有：

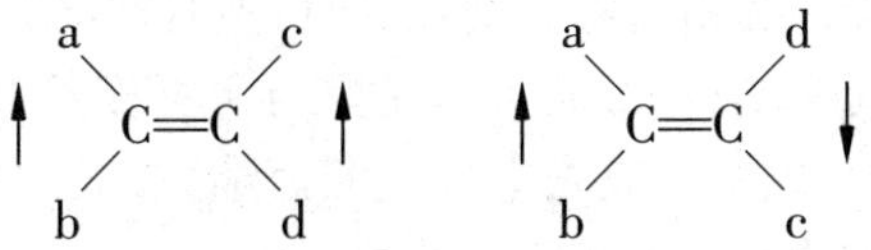

```
   a       c           a       d
    \     /             \     /
 ↑   C═C   ↑         ↑   C═C   ↓
    /     \             /     \
   b       d           b       c
```

Z 型　　　*E* 型

即较优基团在双键同一侧的为 *Z* 型，在不同侧的为 *E* 型。在对烯烃进行命名时，有顺反异构时需在名称前把 *Z*、*E* 写在括号里放在化合物名称的最前面。

3. 烯烃的化学性质

（1）加成反应。烯烃与烷烃所不同的是烯烃中含有 π 键。由于 π 键电子云分布于键轴上下，受原子核的束缚力弱，易受反应试剂的进攻，结果 π 键断裂，结合两个原子或基团，形成两个 σ 键，发生典型的加成反应。

①催化加氢。

$$R{-}CH{=}CH_2 + H_2 \xrightarrow{\text{Pt或Pd或Ni}} RCH_2CH_3$$

烯烃催化加氢是一类放热反应，每一个双键加氢放出的热量成为烯烃的氢化热。可以利用氢化热值来判断烯烃的稳定性。氢化热值大，稳定性差；氢化热值小，稳定性好。

②亲电加成。

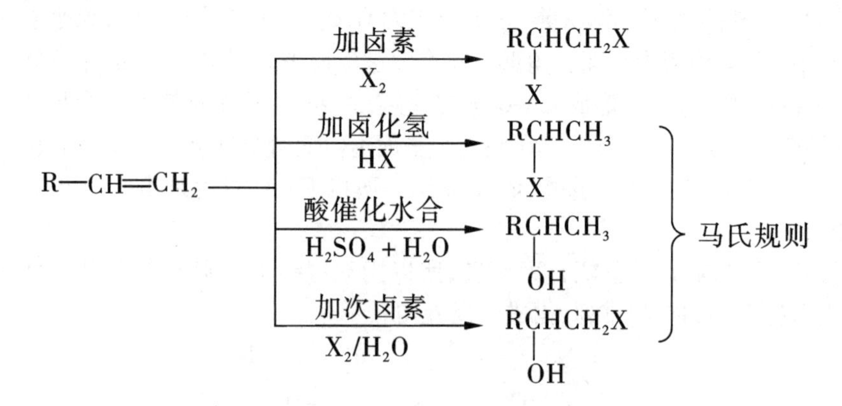

a. 与卤素的加成。活性次序：F_2>Cl_2>Br_2>I_2。氟与烯烃反应太猛烈，往往使碳链断裂，碘与烯烃一般难以发生反应，所以常用的加卤素的反应是与氯和溴的加成。

溴水或溴的 CCl_4 溶液与烯烃反应时，溴的颜色消失，在实验室里常用此反应来检验烯烃。

b. 与卤化氢的加成。活性次序：HI>HBr>HCl(与其酸性强弱有关)。

利用该反应，可以制备卤代烃。

马氏规则：当不对称烯烃和不对称试剂加成时，不对称试剂中负电荷一端总是和含氢较少的双键碳连接，正电荷一端(一般是 H^+)主要与含氢较多的双键碳原子连接。

c. 酸催化水合。烯烃与硫酸加成先生成硫酸氢酯，加成的取向也服从马氏规则。硫酸氢酯是一种无机酸酯，它能水解生成相应的醇。例如：

$$CH_3CH{=}CH_2 + H{-}OSO_2OH \longrightarrow CH_3\underset{\displaystyle OSO_2OH}{\underset{|}{CH}}{-}\overset{\displaystyle H}{\overset{|}{CH_2}}$$

$$CH_3\underset{\displaystyle OSO_2OH}{\underset{|}{CH}}{-}CH_3 + H_2O \longrightarrow CH_3\underset{\displaystyle OH}{\underset{|}{CH}}{-}CH_3 + H_2SO_4$$

d. 与次卤酸的加成。由于次卤酸分子 X—OH 中，氧的电负性大于卤素，所以根据马氏规则，带部分单位正电荷的 X 加在含氢多的双键碳上，带部分单位负电荷的 OH 加在含氢少的双键碳上。

③自由基加成。

$$R{-}CH{=}CH_2 + HBr \xrightarrow{\text{过氧化物}} R{-}CH_2{-}CH_2Br \quad \text{反马氏规则}$$

在过氧化物存在下，HBr 与不对称烯烃的加成产物不符合马氏规则，反应为自由基机理，称为 HBr 的过氧化物效应，其他卤代烃无此现象。

(2)氧化反应。C═C 双键的活泼性还表现为容易被氧化。双键被酸性高锰酸钾或 O_3+Zn/H_2O 氧化后，π 键和 σ 键都会断裂，不同结构的烯烃被氧化后的产物如下：

$$\left.\begin{matrix}\text{甲醛} & \mathrm{H_2C{=}O} \\ \text{醛} & \mathrm{RHC{=}O} \\ \text{酮} & \mathrm{R_2C{=}O}\end{matrix}\right\} \xleftarrow[(2)\mathrm{Zn/H_2O}]{(1)\mathrm{O_3}} \left\{\begin{matrix}\mathrm{H_2C{=}} \\ \mathrm{RHC{=}} \\ \mathrm{R_2C{=}}\end{matrix}\right\} \xrightarrow[\mathrm{H^+}]{\mathrm{KMnO_4}} \left\{\begin{matrix}\mathrm{CO_2 + H_2O} & \\ \mathrm{R(HO)C{=}O} & \text{羧酸} \\ \mathrm{R_2C{=}O} & \text{酮}\end{matrix}\right.$$

利用烯烃被不同氧化剂氧化后的反应产物,可以推断出原来未知烯烃的结构。

(3)α-H 的反应。和官能团直接相连的碳原子称为 α-C 原子,α-C 原子上的氢称为 α-H 原子。α-H 原子受官能团 C═C 的影响最大,表现出一定的活泼性。

$$\mathrm{R{-}CH_2{-}CH{=}CH_2} \xrightarrow[\text{高温}]{\mathrm{X_2(Cl_2,Br_2)}} \mathrm{R{-}\underset{\underset{X}{|}}{CH}{-}CH{=}CH_2 + HX}$$

自由基卤代反应

(4)聚合反应

$$\mathrm{R{-}CH{=}CH_2} \xrightarrow[\text{聚合}]{\text{引发剂}} \mathrm{\{\underset{\underset{R}{|}}{CH}{-}CH_2\}_{\mathit{n}}}$$

4.烯烃与 HX 的亲电加成反应机理

(1)诱导效应。在分子中引入一个原子或官能团后,可使分子中电子云密度分布发生变化,这种变化不仅发生在直接相连部分,而且沿着分子链影响整个分子的电子云密度分布。这种因某一原子或官能团的电负性,而引起分子中 σ 键电子云分布发生变化,进而引起分子性质发生变化的效应叫作诱导效应,简称 I 效应。

诱导效应分为两种,一种是吸电子的诱导效应,用-I 表示,常见的具有-I 效应的基团有$—N^+R_3$、$—NO_2$、—CN、—F、—Cl、—Br、—I、—COOH、$—OCH_3$、—OH、$—C_6H_5$ 等;一种是给电子的诱导效应,用+I 表示,常见的具有+I 效应的基团有$—C(CH_3)_3$、$—CH(CH_3)_2$、$—C_2H_5$、$—CH_3$ 等。

诱导效应的本质是单键 σ 电子云的偏移,它的作用是沿着碳链传递,距离近,影响大,随着距离的增大,影响减小,一般超过三个单键距离即可视为没有影响。例如:

$$\mathrm{CH_3\overset{\delta\delta\delta^+}{CH_2}} \longrightarrow \mathrm{\overset{\delta\delta^+}{CH_2}} \longrightarrow \mathrm{\overset{\delta^+}{CH_2}} \longrightarrow \mathrm{\overset{\delta^-}{Cl}}$$

其中,“$\longrightarrow$”表示极性键,箭头便是电子偏移的方向。

(2)与 HX 的加成机理。

第一步:$\mathrm{R{-}CH{=}CH_2 + HX \xrightarrow{\text{慢}} R{-}\overset{+}{C}H_2{-}CH_3 + X^-}$

第二步：$R—\overset{+}{C}H_2—CH_3 + X^- \xrightarrow{快} R—\underset{X}{\underset{|}{C}H}—CH_3$

反应是分步进行的，生成碳正离子的反应速率慢，是反应速率控制步骤。

由于烷基具有+I效应，碳正离子连接的烷基越多，正电荷越分散，碳正离子也就越稳定，所以各类碳正离子的稳定性排序为：

$$R_3\overset{+}{C}>R_2\overset{+}{C}H>R\overset{+}{C}H_2>\overset{+}{C}H_3$$

因此，反应主产物遵循马氏规则，其实质是反应向着生成较为稳定的活性中间体——碳正离子的方向进行（反应的第一步 H^+ 先加到含氢多的双键碳上，形成更稳定的碳正离子）。

而且，与 HX 加成时，中间体碳正离子可以通过氢原子迁移重排，生成更稳定的碳正离子。例如：

$$CH_3\overset{CH_3}{\overset{|}{C}}HCH=CH_2 \xrightarrow{HCl} CH_3\overset{CH_3}{\overset{|}{C}}H\overset{+}{C}HCH_3 \longrightarrow CH_3\overset{CH_3}{\overset{|}{\underset{+}{C}}}CH_2CH_3 \xrightarrow{Cl^-} CH_3\overset{CH_3}{\overset{|}{\underset{Cl}{\underset{|}{C}}}}CH_2CH_3$$

二、二烯烃

1. 二烯烃的分类和命名

根据两个双键的相对位置，可以把二烯烃分为三类：

①累积二烯烃，两个双键连在同一个碳原子上，如 $CH_2=C=CH_2$（丙二烯）。累积二烯烃不稳定。

②共轭二烯烃，两个双键被一个单键隔开，如 $CH_2=CH—CH=CH_2$（1,3-丁二烯）。共轭二烯烃的结构和性质较为特殊。

③隔离二烯烃，两个双键被两个或两个以上的单键隔开，如 $CH_2=CH—CH_2—CH=CH_2$（1,4-戊二烯）。隔离二烯烃的性质与一般单烯烃相似。

二烯烃的命名：和单烯烃相似，碳原子编号从离双键最近的一端开始，双键的数目用汉字数字表示，位次用阿拉伯数字表示。

2. 共轭二烯烃的分子结构

1,3-丁二烯中的四个碳原子均为 sp^2 杂化，处于同一平面内，每个碳原子各有一个 p 轨道垂直于该平面，且平行重叠，在 C_1 和 C_2 及 C_3 和 C_4 之间形成两个 π 键，但 C_2 及 C_3 之间的 p 轨道也有一定程度重叠，它们之间不是一个单纯的 σ 键，而是具有部分双键的性质。这样就形成了 4 轨道 4 电子的大 π 键。

π 键电子不再局限于某两个原子之间，而是可以发生离域，在整个共轭的大 π 键体系中运动。这种离域大 π 键更容易极化，亲电反应活性高于独立的 π 键。同时，共轭二烯烃的键长也趋于平均化。

3. 共轭效应

在分子、离子或自由基中,能够形成轨道或 p 轨道离域的体系,成为共轭体系。在共轭体系中,由于轨道的相互交盖,产生电子离域,导致共轭体系中的电子云密度分布发生变化,对分子的理化性质产生影响,称为共轭效应。

常见的共轭体系有以下几种类型:

①π-π 共轭体系,如:C═C—C═C、C═C—C═O,C═C—N═O

②p-π 共轭体系,如:C═C—Cl、C═C—OR(Cl、O 等 p 轨道上有孤对电子)

③σ-π 超共轭,如:C═C—CH_3(π 键和 C—H σ 键)

共轭体系的特点:①键长平均化;②轨道交盖电子离域,形成离域大 π 键;③体系内能低,稳定性高;④作为反应物时,往往有较高的化学反应活性。

在 π-π 共轭体系中,共轭链上可形成交替的部分正负电荷,如:

$$CH_3—\overset{\delta^+}{C}H═\overset{\delta^-}{C}H—\overset{\delta^+}{C}H═\overset{\delta^-}{C}H—\overset{\delta^+}{C}H═\overset{\delta^-}{C}H_2$$

共轭效应分为两大类:在共轭体系中,位于共轭链上的原子或基团,能够使与之相互作用的对方的电子云密度增大的,具有给电子共轭效应(记为+C);反之具有吸电子共轭效应(记为-C)。

例如,在化合物 CH_3—CH═CH—CH═O 中,—CH═O 对—CH═CH 有-C 效应,反之,—CH═CH 对—CH═O 有+C 效应,而—CH_3 对—CH═CH—CH═O 有+C 效应(超共轭)。

4. 共轭二烯烃的化学性质

(1)亲电加成反应。

$$>C═C(|)—C(|)═C< + Br_2 \xrightarrow{1,2-加成} >C(Br)—CH(Br)—C(|)═C<$$

$$>C═C(|)—C(|)═C< + Br_2 \xrightarrow{1,4-加成} >C(Br)—C(|)═C(|)—C(Br)<$$

$$CH_2═C(CH_3)—CH═CH_2 + HBr \xrightarrow{1,2-加成} CH_3—C(Br)(CH_3)—CH═CH_2$$

$$CH_2═C(CH_3)—CH═CH_2 + HBr \xrightarrow{1,4-加成} CH_3—C(CH_3)═CH—CH_2Br$$

反应机理为亲电加成机理,在较低的反应温度下,以 1,2-加成为主,生成动力学控制的产物;在较高的反应温度下,以 1,4-加成为主,生成热力学控制的产物。

(2)双烯合成反应(Diels-Alder 反应,简称 D-A 反应)。

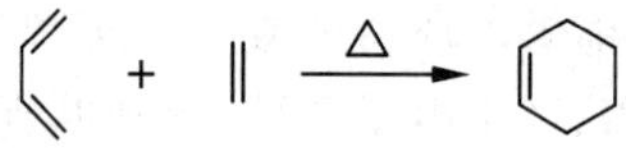

$$\text{双烯体} + \text{亲双烯体} \xrightarrow{\triangle} \text{环己烯}$$

双烯体　亲双烯体

双烯体上连有给电子基或亲双烯体上连有吸电子基时,双烯合成反应更容易进行。例如:

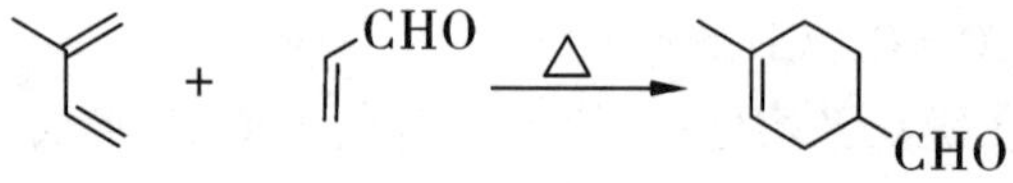

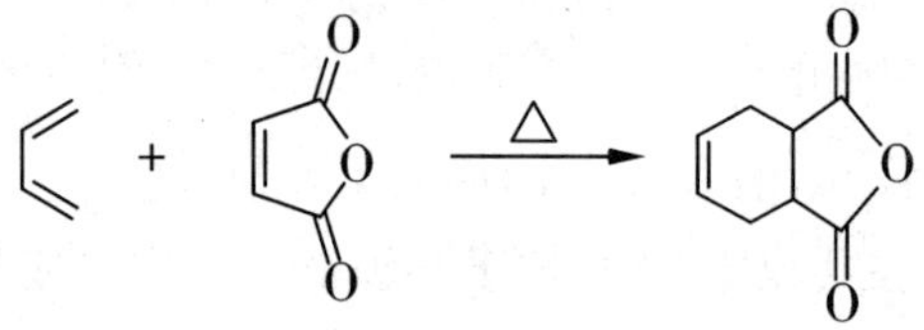

$$\text{2-甲基-1,3-丁二烯} + CH_2{=}CH{-}CHO \xrightarrow{\triangle} \text{4-甲基-3-环己烯甲醛 (CHO)}$$

$$\text{1,3-丁二烯} + \text{顺丁烯二酸酐} \xrightarrow{\triangle} \text{四氢邻苯二甲酸酐}$$

D-A 反应是一步完成的,在反应过程中没有中间体生成,旧键断裂和新键生成同时完成,这种相互协调一步完成反应的过程称为协同反应。

三、炔烃

1. 炔烃的命名

炔烃的命名一般采用系统命名法,规则与烯烃相似。取含三键最长的链作为主链,编号从距三键最近一端开始。若分子中同时含双键和三键,选择含双键和三键最长的链为母体,编号使两者位次之和最小,若有选择,应使双键的位次较小。例如:

$CH_3CH_2C{\equiv}CCH(C_2H_5)CH_3$　　5-甲基-3-庚炔

$CH_2{=}CH{-}CH_2{-}C{\equiv}CH$　　1-戊烯-4-炔

2. 炔烃的结构

炔烃分子中含有碳碳三键,形成三键的两个碳原子是 sp 杂化,分子构型为直线型,两个碳原子间形成一个 $C_{sp}{-}C_{sp}$ σ 键后,每个碳原子上还剩余两个相互垂直的未杂化的 p 轨道,四个 p 轨道两两平行重叠,“肩并肩”形成两个 π 键。所以碳碳三键是由一个 σ 键和两个 π 键组成的。

3. 炔烃的化学性质

(1)炔氢的反应(酸性)。

$$R{-}C{\equiv}CH \xrightarrow{Ag(NH_3)_2NO_3} R{-}C{\equiv}CAg \quad \text{白色沉淀}$$

$$R{-}C{\equiv}CH \xrightarrow{Cu(NH_3)_2Cl} R{-}C{\equiv}CCu \quad \text{红棕色沉淀}$$

(以上两个反应:鉴别端炔烃)

$$R{-}C{\equiv}CH \xrightarrow{Na\text{-}NH_3(l)} R{-}C{\equiv}CNa \xrightarrow{1^\circ RX} R{-}C{\equiv}C{-}R'$$

(合成较高级炔烃)

(2)催化加氢反应。炔烃比烯烃更容易催化加氢，当用 Pt、Pd 等催化时，反应往往难以停留在烯烃阶段，而是直接生成烷烃。

$$R—C≡C—R' + H_2 \xrightarrow{\text{Pt或Pd}} R—HC═CH—R' \xrightarrow{\text{Pt或Pd}} R—CH_2—CH_2—R'$$

选用适当的催化剂，可以使炔烃加氢停留在生成烯烃的阶段。

$$R—C≡C—R' + H_2 \xrightarrow[\text{喹啉}]{Pd/CaCO_3} \text{(cis) } R—CH═CH—R'$$

(Lindlar 催化剂)

(3)亲电加成反应

三键的键能较双键大，sp 杂化的碳原子的电负性较 sp^2 杂化的碳原子大，所以炔烃中的 π 键比烯烃中的 π 键较难极化，亲电加成反应炔烃较烯烃难。

①与卤素的加成。

$$R—C≡C—R' \xrightarrow{Br_2} \underset{R}{\overset{Br}{}}C═C\underset{Br}{\overset{R'}{}} \xrightarrow[\text{过量}]{Br_2} R—\underset{Br}{\overset{Br}{C}}—\underset{Br}{\overset{Br}{C}}—R'$$

a. 此反应也可以用于炔烃的鉴别，但因为炔烃活性不如烯烃，烯烃可使溴水立即褪色，炔烃则需要几分钟后才褪色。而且，当分子中同时存在非共轭的双键和三键时，卤素先在双键上加成。

b. Cl_2 也可以与炔烃加成，但需要 $FeCl_3$ 等作催化剂。

c. 加成一分子卤素后，生成的烯烃中，每个双键碳都连有一个卤原子，卤原子的吸电子作用使双键 π 电子的密度分散，进一步反应的活泼性减弱，故炔烃与卤素的亲电加成可以停留在烯烃阶段。若卤素过量，则可反应到底。

②与 HX 加成。

$$R—C≡CH \xrightarrow{HX} R—\underset{X}{C}═CH_2 \xrightarrow[\text{过量}]{HBr} R—\underset{X}{\overset{X}{C}}—CH_3$$

a. 反应也是分两步进行的，选择适当条件可以控制在第一步。

b. 加成产物符合马氏规则，有过氧化物存在时，产物则是反马氏产物。

c. 烯炔加 HX 时，反应也是先在双键上进行。

③与 H_2O 加成。炔烃与一分子水加成后生成烯醇，烯醇不稳定，重排生成醛或者酮。

$$R—C≡CH + H_2O \xrightarrow[H_2SO_4]{HgSO_4} [\ R—\underset{OH}{C}═CH_2\ ] \xrightarrow{\text{重排}} R—\underset{O}{C}═CH_3$$

(4)亲核加成反应。炔烃和烯烃最大的区别就是炔烃可以进行亲核加成反应。

亲核试剂是指依靠自己的未共用电子对与反应物生成新键的试剂，通常为路易斯碱，常见的有 H_2O、HCN、ROH、RCOOH、OH^-、$RCOO^-$等。

$$HC\equiv CH \begin{cases} \xrightarrow[HCN]{CN^-} CH_2=CH-CN & \text{丙烯腈} \\ \xrightarrow[CH_3OH]{CH_3O^-} CH_2=CH-O-CH_3 & \text{甲基乙烯基醚} \\ \xrightarrow[(CH_3COO)_2Zn]{CH_3COOH} CH_2=CH-O-\overset{O}{\overset{\|}{C}}-CH_3 & \text{醋酸乙烯酯} \end{cases}$$

(5)氧化反应。炔烃能使酸性 $KMnO_4$ 溶液褪色,可用这一反应鉴别炔烃的存在。炔烃结构不同,所得的氧化产物也不同,可利用氧化反应推断原炔烃的结构。

$$\left.\begin{matrix} HC\equiv \\ RC\equiv \end{matrix}\right\} \xrightarrow[H^+]{KMnO_4} \begin{cases} CO_2 \\ RCOOH \end{cases}$$

【练习题】

一、命名或写出结构式

1. $CH_3CH_2\underset{\underset{CH_2}{\|}}{C}-\underset{\underset{CH_3}{|}}{CH}CH_3$

2. $CH_3CH=CHCH(CH_3)_2$

3. $CH_3CH_2\overset{\overset{CH_2CH_3}{|}}{C}=CHCH_3$

4. $H_3C-\overset{\overset{CH_3CH_2C=CH_2}{|}}{CH}-C(CH_3)_3$

5. (环己烯环,双键碳上连 $-CH_3$,相邻碳上连 CH_3)

6. $\underset{CH_3}{\overset{H}{>}}C=C\underset{CH(CH_3)_2}{\overset{CH_2CH_2CH_3}{<}}$

7. (苯环 $-CH_2$ 与 H 连于同一双键碳) $C=C$ (另一碳连 H 与 CH_3)

8. $H_3C-\overset{\overset{CH_3}{|}}{CH}$ 与 H 连于双键碳 $C=C$,另一碳连 H 与 CH_3

9. 3-乙基-2,4-己二烯　　　10. 3-叔丁基-2,4-己二烯

11. 5-甲基-1,3-环己二烯　　　12. 3,3-二甲基戊炔

13. 2,2,5-三甲基-3-己炔　　　14. (*Z*)-3-戊烯-1-炔

15. 3-异丁基-4-己烯-1-炔

二、选择题

1. 下列化合物中有顺反异构体的是(　　)

A. 1-丁烯　　B. 3-甲基-2-戊烯　　C. 1-戊烯　　D. 3-乙基-2-戊烯

2. 下列自由基稳定性最大的是(　　)

A. $\cdot CH_2CH_3$　　B. $\cdot CH(CH_3)_2$　　C. $\cdot CH_3$　　D. $\cdot C(CH_3)_3$

3. 下列自由基按稳定性排序正确的是(　　)

a. $CH_2{=}CH{-}\dot{C}H_2$　　b. $CH_3{-}CH{-}\dot{C}H_2$　　c. $CH_3{-}\dot{C}H{-}CH_3$

A. $a>b>c$　　B. $a>c>b$　　C. $c>b>a$　　D. $b>a>c$

4. 某烯烃用酸性高锰酸钾溶液氧化后得到$(CH_3)_2C{=}O$ 和 CO_2,该烯烃为(　　)

A. $CH_3CH{=}CH_2$　　B. $(CH_3)_2C{=}CHCH_3$

C. $(CH_3)_2C{=}C(CH_3)_2$　　D. $(CH_3)_2C{=}CH_2$

5. 烯烃的特征反应是(　　)

A. 亲电加成反应　　B. 亲核加成反应

C. 自由基取代反应　　D. 氧化反应

6. 三种杂化态碳原子中,电负性最大的是(　　)

A. sp　　B. sp^1　　C. sp^2　　D. 三种一样大

7. 乙烯分子中,碳原子的杂化轨道类型及空间构型分别为(　　)

A. sp^2,线形　　B. sp^2,平面三角形

C. sp,线形　　D. sp,平面三角形

8. 乙炔分子中,碳原子的杂化轨道类型及空间构型分别为(　　)

A. sp^2,线形　　　　B. sp^2,平面三角形

C. sp,线形　　　　D. sp,平面三角形

9. 卤化氢与烯烃发生加成反应时的活泼性顺序是(　　)

A. HF>HCl>HBr>HI　　　　B. HI>HBr>HCl>HF

C. HCl>HBr>HI>HF　　　　D. HI>HCl>HBr>HF

10. 卤素与烯烃发生加成反应时最活泼的是(　　)

A. F_2　　B. Cl_2　　C. Br_2　　D. I_2

11. 下列化合物能与氯化亚铜的氨溶液反应生成红棕色沉淀的是(　　)

A. 1-丁烯　　B. 2-丁烯　　C. 1-丁炔　　D. 2-丁炔

12. 能鉴别出环丙烷和丙烯的试剂是(　　)

A. $FeCl_3$ 溶液　　　　B. Br_2 的 CCl_4 溶液

C. $AgNO_3$ 的氨溶液　　　　D. 酸性高锰酸钾溶液

13. 下列烯烃发生亲电加成反应最活泼的是(　　)

A. $CH_3CH=CHCH_3$　　　　B. $CH_3CH=CH_2$

C. $CH_2=CHCF_3$　　　　D. $CH_2=CHCl$

14. 某烃与氢气反应后能生成 $(CH_3)_2CHCH_2CH_3$,则该烃不可能是(　　)

A. 2-甲基-2-丁烯　　　　B. 2-甲基-2-丁炔

C. 2-甲基-1,3-丁二烯　　　　D. 3-甲基-1-丁炔

15. 不对称烯烃与卤化氢等极性试剂进行加成时,加成反应应遵守(　　)

A. 次序规则　　B. 马氏规则　　C. 休克尔规则　　D. 扎伊采夫规则

16. 烯烃与卤素在高温或光照下进行反应,卤素进攻的主要位置是(　　)

A. 双键碳原子　　　　B. 双键的 α-C 原子

C. 双键的 β-C 原子　　　　D. 叔碳原子

17. $(CH_3)_2C=CH_2$ 与 HCl 加成时的主要产物是(　　)

A. $(CH_3)_2CHCH_2Cl$　　　　B. $(CH_3)_2CClCH_3$

C. $CH_3CH_2CH_2CH_2Cl$　　　　D. $CH_3CHClCH_2CH_3$

18. $CF_3CH=CH_2$ 与 HBr 加成时的主要产物是(　　)

A. $CF_3CH_2CH_2Br$

B. $CF_3CHBrCH_3$

C. $CF_3CH_2CH_2Br$ 与 $CF_3CHBrCH_3$ 相差不多

D. 不能反应

19. 下列化合物中,有顺反异构的是(　　)

A. $CHCl=CHCl$　　B. $CH_2=CCl_2$　　C. 1-戊烯　　D. 2-甲基-2-丁烯

20. 除去乙烷中混有的少量乙烯,最好的方法是(　　)

A. 通入氢气　　　　B. 点燃

C. 通入酸性高锰酸钾溶液　　　　D. 通入溴水

21.  与 $CH_2=CH-COOH$ 的加成产物是(　　)

A. 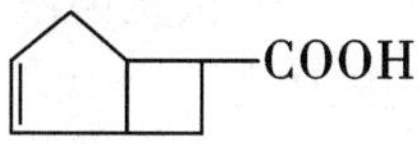 —COOH　　B. 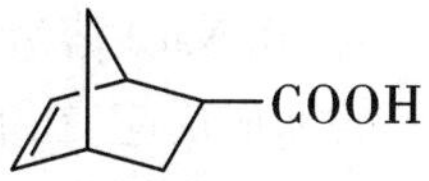 —COOH

C. 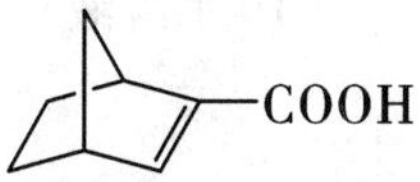 —COOH　　D. 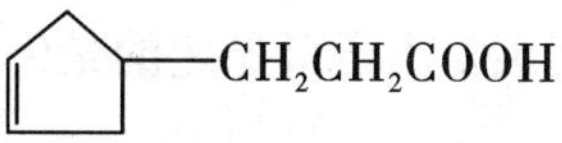 —CH_2CH_2COOH

22. 烯烃的亲电加成反应是通过(　　)历程来进行的

A. 碳正离子　　B. 自由基　　C. 溴负离子　　D. 碳负离子

23. 既能使 $KMnO_4$ 溶液褪色,又能使溴的四氯化碳溶液褪色的化合物为(　　)

A. 乙烷　　B. 环丙烷　　C. 环己烯　　D. 环己烷

24. 烯烃的特征反应是(　　)

A. 亲电加成　　B. 亲核加成　　C. 亲电取代　　D. 亲核取代

25. 下列物质最容易与金属钠反应的是(　　)

A. 乙烷　　B. 乙烯　　C. 乙炔　　D. 前三种一样

26. 马氏规则应用于(　　)

A. 自由基的稳定性　　B. 离子型反应

C. 不对称烯烃的亲电加成反应　　D. 自由基的取代反应

27. 下列化合物中,最稳定的是(　　)

A. 1,2-戊二烯　　B. 1,3-戊二烯　　C. 1,4-戊二烯　　D. 前三种一样

28. 下列化合物中的碳原子为 sp 杂化的是(　　)

A. 乙烷　　B. 乙烯　　C. 乙炔　　D. 苯

29. 下列化合物中,最容易与金属钠反应的是(　　)

A. 乙烷　　B. 乙烯　　C. 乙炔　　D. 苯

30. 乙炔与 HCN 加成的反应历程是(　　)

A. 自由基加成　　B. 亲核加成　　C. 亲电加成　　D. 协同反应

31. 下列化合物中,氢化热最小的是(　　)

A. (E)-2-丁烯　　B. (Z)-2-丁烯　　C. 1-丁烯　　D. 异丁烯

32. 下列化合物中碳原子杂化轨道为 sp^2 的有(　　)

A. 乙烷　　B. 乙烯　　C. 环己烷　　D. 乙炔

33. 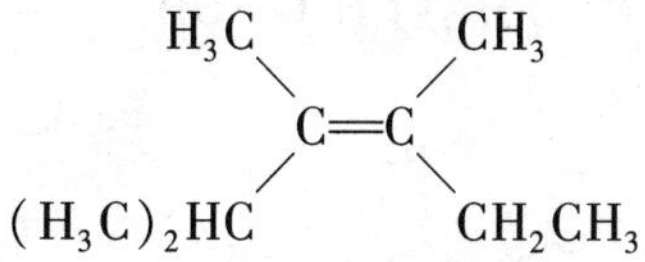 H_3C、CH_3 / C═C / $(H_3C)_2HC$、CH_2CH_3 的 Z、E 及顺、反命名是(　　)

A. Z,顺　　B. E,顺　　C. Z,反　　D. E,反

34. 下列化合物中有顺反异构的是(　　)

A. 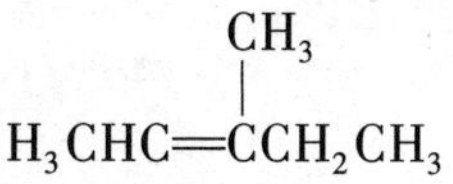 $H_3CHC{=}C(CH_3)CH_2CH_3$　　B. $H_3CHC{=}CH_2$

C. $H_3CH_2CHC{=}CCl_2$　　D. $H_3CH_2CHC{=}C(CH_3)_2$

35. 用化学法区别乙烷和乙烯,可选用的试剂有(　　)

A. 溴水　　B. NaCl 溶液　　C. KI 溶液　　D. 银氨溶液

36. 丙烯和 HBr 的加成反应,在下列哪个条件下可以得到 1-溴丙烷(　　)

A. 氯化钠溶液　　B. 丙酮溶液　　C. 过氧化物　　D. 水溶液

37. 下列碳正离子最稳定的是(　　)

A. $(H_3C)_2C{=}CH\overset{\oplus}{C}H_2$　　B. $CH_3\overset{\oplus}{C}HCH_3$

C. $H_2C{=}CH\overset{\oplus}{C}H_2$　　D. 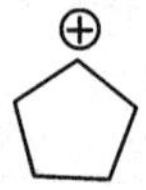 环戊基碳正离子(⊕)

38. 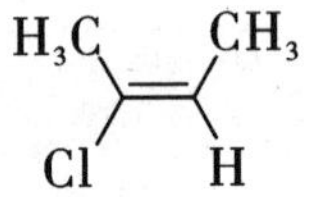 $H_3C(Cl)C{=}C(H)CH_3$ 的名称是(　　)

A. 顺-3-氯-2-丁烯　　B. 反-2-氯-2-丁烯

C. (*Z*)-2-氯-2-丁烯　　D. (*E*)-2-氯-2-丁烯

39. 下列试剂不与环己烯发生反应的是(　　)

A. Cl_2, H_2O　　B. NaOH, H_2O

C. O_3,然后 Zn, H_2O　　D. OsO_4,然后 Na_2SO_3

40. 丙烯和 HBrO 反应的主要产物是(　　)

A. 1-溴-2-丙醇　　B. 2-溴-2-丙醇

C. 2-溴-1-丙醇　　D. 3-溴-1-丙醇

41. 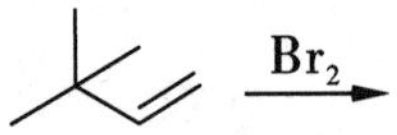 3,3-二甲基-1-丁烯 $\xrightarrow{Br_2}$ 反应主要生成(　　)

A.  Br-CH₂CH₂C(CH₃)₂CH₂CH₂-Br (骨架式)　　B. 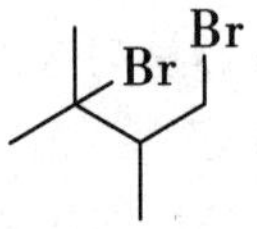 (骨架式,含两个 Br)

C. 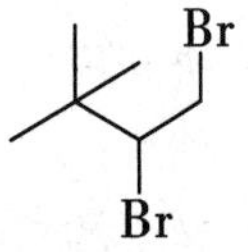 (CH₃)₃C-CHBr-CH₂Br (骨架式)　　D. 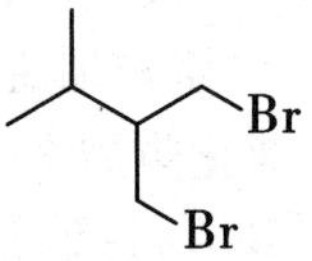 (骨架式,含两个 Br)

42. 由 1-丁烯制备 1,2-丁二醇的合适试剂是(　　)

A. OsO_4　　B. O_3,然后 Zn, H_2O

C. 过氧乙酸　　D. B_2H_6,然后 H_2O_2/OH^-

43. 1-己烯在光照下发生溴代反应的主要产物是(　　)

A. 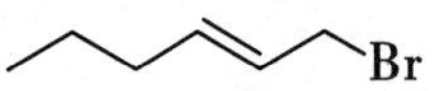 (骨架式,烯丙位 Br)　　B. 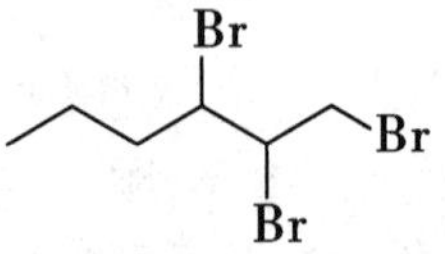 (骨架式,三个 Br)

C. 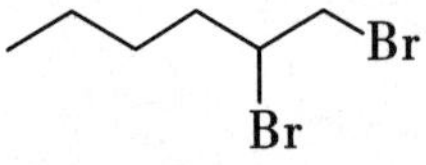 (骨架式,1,2-二溴)　　D. 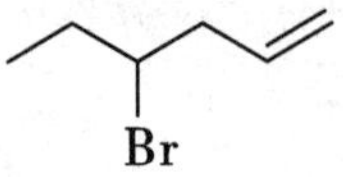 (骨架式,Br 与双键)

44. 下列试剂与环己烯反应得到顺式邻二醇的是(　　)

A. O_3　　B. $KMnO_4/H^+$　　C. $KMnO_4/OH^-$　　D. HClO

45. 反-2-丁烯和溴的加成得到(　　)

A. 外消旋体　　B. 非对映体　　C. 内消旋体　　D. 以上都可能

46. $Ag(NH_3)_2NO_3$ 处理下列化合物,生成白色沉淀的是(　　)

A. 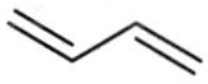　　B. 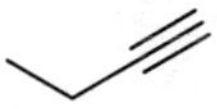　　C. 　　D.

47. 下列化合物,酸性最强的是(　　)

A. 　　B. 　　C. 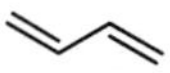　　D.

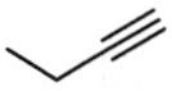

48. 两分子 1,3-丁二烯发生 Diels-Alder 反应的产物是(　　)

A. 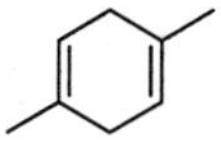　　B. 　　C. 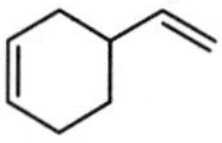　　D.

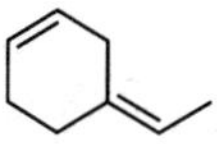

49. 丙炔的硼氢化-氧化产物是(　　)

A. C_2H_5CHO　　B. $(CH_3)_2CO$　　C. $C_2H_5CH_2OH$　　D. $CH_2{=}CHCH_2OH$

50. 炔烃和下列化合物的反应中,哪一种是亲核加成反应(　　)

A. 和水加成　　B. 和 HCl 加成　　C. 和卤素加成　　D. 和甲醇加成

三、完成下列反应方程式

1. $CH_3CH{=}CH_2 + H_2O \xrightarrow{H^+}$ (　　　　)

2. $(CH_3)_2C{=}CHCH_3 \xrightarrow{Br_2,H_2O}$ (　　　　)

3. $CH_3CH_2C(CH_3){=}CH_2 + HCl \longrightarrow$ (　　　　)

4. 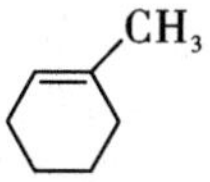 CH_3 + HBr $\longrightarrow$ (　　　　)

5. $CH_3C(CH_3)_2CH{=}CH_2 + HCl \longrightarrow$ (　　　　)

6. $CF_3CH{=}CH_2 + HCl \longrightarrow$ (　　　　)

7. 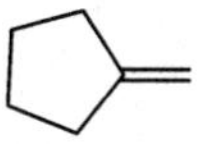 $=CH_2 + HBr \xrightarrow{\text{过氧化物}}$ (　　　　)

8. $CH_3CH(CH_3)CH{=}CH_2 + KMnO_4 \xrightarrow{H^+}$ (　　　　) + (　　　　)

9. 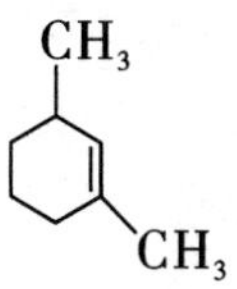 CH_3, CH_3 $+ KMnO_4 \xrightarrow{H^+}$ (　　　　)

10. $CH_3CH_2\overset{\overset{CH_3}{|}}{C}=CHCH_3 \xrightarrow[②H_2O,Zn]{①O_3}$ (　　　　　　) + (　　　　　　)

11. $\overset{CH_3}{}$ $=CH_2$ $\xrightarrow[500\ ^{\circ}C]{Cl_2}$ (　　　　　　) $\xrightarrow[过氧化物]{HBr}$ (　　　　　　)

12. CH_3 + CHO $\longrightarrow$ (　　　　　　)

13. + CN $\longrightarrow$ (　　　　　　)

14. $HC\equiv C-\overset{\overset{CH_3}{|}}{C}=CH-CH_2CH_3 + H_2 \xrightarrow[喹啉]{Pd/CaCO_3}$ (　　　　　　)

15. $CH_2=\overset{\overset{CH_3}{|}}{C}-CH_2-C\equiv CH + Br_2$(适量) $\longrightarrow$ (　　　　　　)

16. $(CH_3)_2CHC\equiv CH + HBr$(过量) $\longrightarrow$ (　　　　　　)

17. $-CH_2CH_2C\equiv CH + H_2O \xrightarrow[H_2SO_4]{HgSO_4}$ (　　　　) $\longrightarrow$ (　　　　)

18. $CH_3\overset{\overset{CH_3}{|}}{C}HCH_2C\equiv CH \xrightarrow{Ag(NH_3)_2^+}$ (　　　　　　)

19. $HC\equiv CH + CH_3\overset{\overset{O}{\|}}{C}-OH \xrightarrow{(CH_3COO)_2Zn}$ (　　　　　　)

20. $CH_3CH_2C\equiv CH \xrightarrow[液NH_3]{Na}$ (　　　　　　) $\xrightarrow{CH_3CH_2Br}$ (　　　　　　)

四、完成下列转化(无机试剂任选)

1. $CH_3CH=CH_2 \longrightarrow \underset{Br}{\underset{|}{CH_2}}-\underset{Br}{\underset{|}{CH}}-\underset{Cl}{\underset{|}{CH_2}}$

2. $CH\equiv CH \longrightarrow ClH_2CH_2-CH_2Cl$

3. $CH_3C\equiv CH \longrightarrow CH_3CH_2CH_2Br$

4. $CH_3C\equiv CH \longrightarrow CH_3\overset{\overset{O}{\|}}{C}CH_3$

5. $CH_3C\equiv CH \longrightarrow CH_3\underset{\underset{Br}{|}}{\overset{\overset{Br}{|}}{C}}CH_3$

6. $HC\equiv CH \longrightarrow$

7. $HC\equiv CH \longrightarrow$

8. 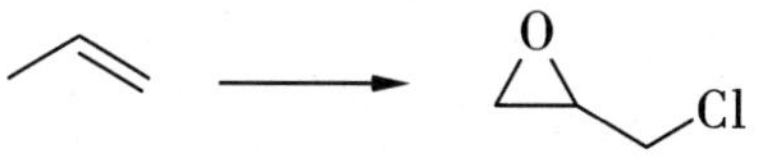 $\longrightarrow$ O Cl

9.  $\longrightarrow$ Br

10. $HC\equiv CH \longrightarrow H_3CH_2C—C\equiv C—CH_3$

五、用简单的化学方法区别下列各组化合物

1. 异丁烯、甲基环己烷、1,2-二甲基环丙烷

2.  、、

3. $(C_2H_5)_2C{=}CHCH_3$、$CH_3(CH_2)_4C{\equiv}CH$、CH_3

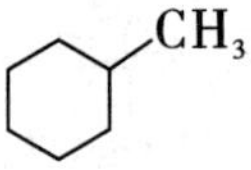

4. 己烷、1-己烯、1-己炔、2-己炔

5. $CH_3(CH_2)_2CH{=}CH_2$、$CH_3(CH_2)_2C{\equiv}CH$、$CH_3CH{=}CHCH{=}CH_2$

6. 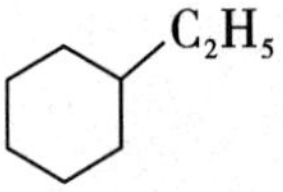 C_2H_5、C_2H_5、$C{\equiv}CH$

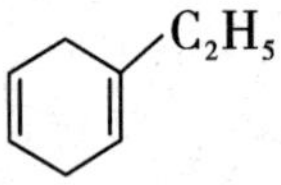

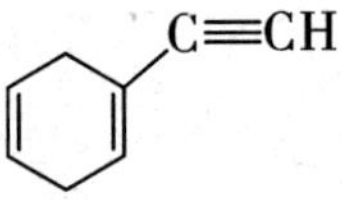

7. 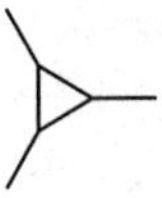 、、

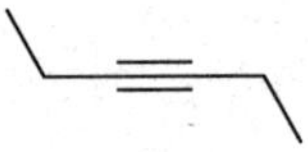

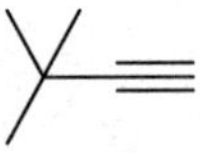

8. 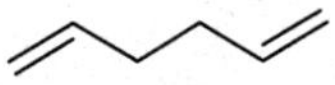 、、

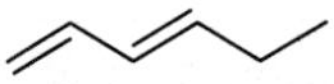

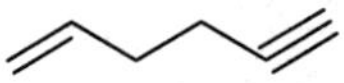

9. 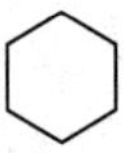 、、

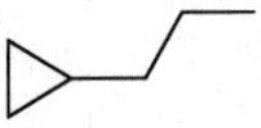

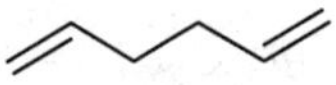

10.  、、

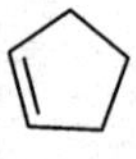

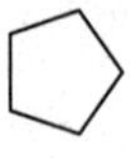

六、推导结构

1. 某化合物 A(C_7H_{10}),用 H_2/Ni 处理后得到化合物 B(C_7H_{14})。A 经臭氧氧化后再用 Zn/H_2O 处理,得到 1 mol 的乙二醛($\overset{O}{\overset{\|}{HC}}—\overset{O}{\overset{\|}{CH}}$)和 1 mol 的 $CH_3\overset{O}{\overset{\|}{C}}CH_2CH_2\overset{O}{\overset{\|}{C}}—H$。写出 A 和 B 的结构式。

2. 分子式为 C_6H_{12}的化合物,能使溴水褪色,能溶于浓硫酸,能催化加氢生成正己烷,用酸性高锰酸钾溶液氧化生成两种不同的羧酸。推测该化合物的结构式。

3. 某化合物的相对分子质量为 82,每摩尔该化合物可吸收 2 mol 的氢,当它和 $AgNH_3^+$ 溶液作用时,没有沉淀生成;当它吸收 1 mol 氢时,产物为 2,3-二甲基-1-丁烯。推测该化合物的结构式。

4. 某化合物 A 的分子式为 C_7H_{14},经酸性 $KMnO_4$ 溶液氧化生成两种化合物 B 和 C,经臭氧氧化还原水解也得到了 B 和 C。写出 A、B、C 的结构式。

5. 两种烃 A 和 B 的分子式均为 C_5H_{10}。A 不能使酸性 $KMnO_4$ 溶液褪色，但能使 Br_2 的 CCl_4 溶液褪色，同时生成 $(CH_3)_2CBrCH_2CH_2Br$。B 经臭氧氧化及锌粉水解后生成丙酮 (CH_3COCH_3) 和一个醛。推断出 A 和 B 的结构式。

6. 化合物 A 的分子式为 C_4H_8，它能使 Br_2/CCl_4 溶液褪色，但不能使酸性高锰酸钾溶液褪色。1 mol A 与 1 mol HBr 作用生成 B，B 也可以从 A 的同分异构体 C 与 HBr 作用得到。C 能使 Br_2 的 CCl_4 溶液褪色，也能使酸性高锰酸钾溶液褪色。试推测 A、B、C 的构造式（C 有两种可能的构造式）。

7. 化合物 A、B、C 是三个分子式均为 C_4H_6 的同分异构体，A 在 Lindlar 催化剂的作用下与氢气反应得到 D，D 能使溴水褪色并生成 E；B 与银氨溶液反应得白色固体化合物 F，F 在干燥的情况下易爆炸；C 在室温下能与顺丁烯二酸酐在苯溶液中发生反应生成 G。推测 A、B、C、D、E、F、G 的结构式。

参考答案

第4章　芳香烃

【学习要求】

(1)掌握单环芳烃的命名和亲电取代反应(卤代、硝化、磺化、傅-克烷基化和酰基化);苯环的加成反应及侧链氧化反应。

(2)掌握两类定位基的定位规律。

(3)了解萘的化学性质及定位规律。

(4)掌握休克尔(Hückel)规则(芳香性判据)。

【重点总结】

含义:具有特殊稳定性的不饱和环状化合物。

结构:一般具有平面或接近平面的环状结构,键长趋于平均化。

性质:一般都难氧化,难加成,易发生亲电取代反应。

1. 苯的基本结构

(1)分子式:C_6H_6 ; 最简式(实验式):CH。

(2)苯分子为平面正六边形结构,键角为120°。

(3)苯分子中碳碳键键长为0.140 nm,是介于单键和双键之间的特殊的化学键。

2. 苯的物理性质

无色、有特殊气味的液体;密度比水小,不溶于水,易溶于有机溶剂;熔、沸点低,易挥发,用冷水冷却,苯凝结成无色晶体;苯有毒。

3. 苯的化学性质

(1)氧化反应。苯较稳定,不能使酸性$KMnO_4$溶液褪色;也不能使溴水褪色,但苯能将溴从溴水中萃取出来。苯可以在空气中燃烧。

$$2C_6H_6 + 15O_2 \xrightarrow{\text{点燃}} 12CO_2 + 6H_2O$$

苯燃烧时发出明亮的带有浓烟的火焰,这是由于苯分子里碳的质量分数很大的缘故。

(2)取代反应

1)卤代反应。苯与溴的反应:在有催化剂存在时,苯与溴发生反应,苯环上的氢原子被溴原子取代,生成溴苯。

苯与溴反应的化学方程式:

$$C_6H_6 + Br_2 \xrightarrow{FeBr_3} C_6H_5Br + HBr$$

2)硝化反应。苯与浓硝酸和浓硫酸的混合物水浴加热至 55～60 ℃,发生反应,苯环上的氢原子被硝基—NO_2,取代,生成硝基苯。

硝基苯,无色,油状液体,苦杏仁味,有毒,密度大于水,难溶于水,易溶于有机溶剂

3)磺化反应。苯与浓硫酸混合加热至 70～80 ℃,发生反应,苯环上的氢原子被—SO_3H 取代,生成苯磺酸。

(3)磺化(苯分子中的 H 原子被磺酸基取代的反应)。

$$C_6H_6 + H_2SO_4 \xrightarrow[\triangle]{70\sim80\ ℃} C_6H_5SO_3H + H_2O$$

—SO_3H 叫磺酸基,苯分子里的氢原子被硫酸分子里的磺酸基所取代的反应叫磺化反应。

(3)加成反应。虽然苯不具有典型的碳碳双键所应有的加成反应的性质,但在特定的条件下,苯仍然能发生加成反应。例如,在有催化剂镍的存在下,苯加热至 180～250 ℃,苯可以与氢气发生加成反应,生成环己烷。

$$C_6H_6 + H_2 \xrightarrow{Ni} C_6H_{12}$$

小结:易取代、难加成、难氧化。

芳香性:环状闭合共轭体系,π 电子高度离域,具有离域能,体系能量低,较稳定。在化学性质上表现为易进行亲电取代反应,不易进行加成反应和氧化反应,这种物理、化学性质称为芳香性。

休克尔规则:一个单环化合物只要具有平面离域体系,它的 π 电子数为 $4n+2$($n=0,1,2,3,\cdots,n$ 整数),就有芳香性(当 $n>7$ 时,有例外)。苯有六个 π 电子,符合 $4n+2$ 规则,六个碳原子在同一平面内,故苯有芳香性。而环丁二烯、环辛四烯的 π 电子数不符合 $4n+2$ 规则,故无芳香性。凡符合休克尔规则的,都具有芳香性。不含苯环的具有芳香性的烃类化合物称作非苯芳烃,非苯芳烃包括一些环多烯和芳香离子等。

【练习题】

一、命名或写出结构式

1. 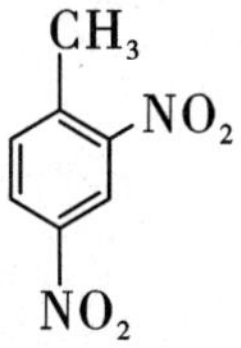 CH_3 NO_2 NO_2

2. H_3C—

3. $CH{=}CH_2$ $CH{=}CH_2$

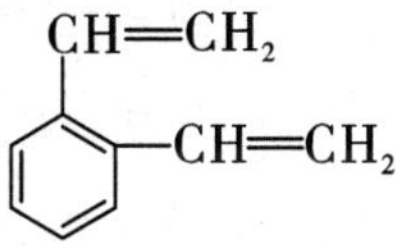

4. 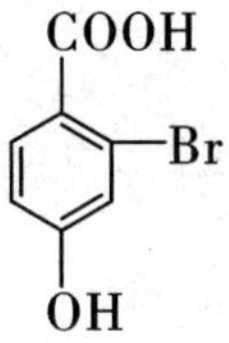 COOH Br OH

5. 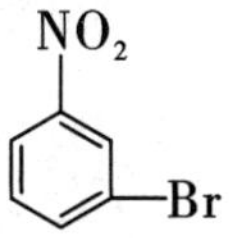 NO_2 Br

6. 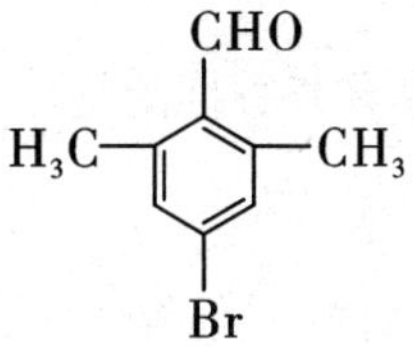 CHO H_3C CH_3 Br

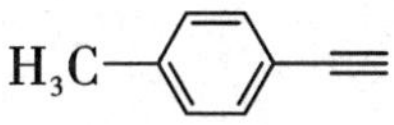

7. 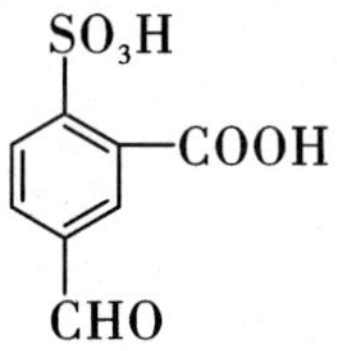 SO_3H COOH CHO

8. 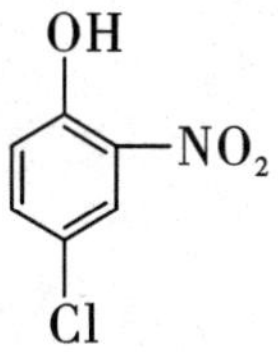 OH NO_2 Cl

9. 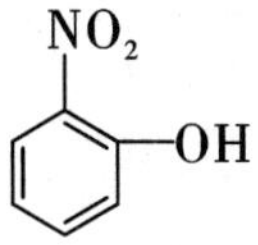 NO_2 OH

10. 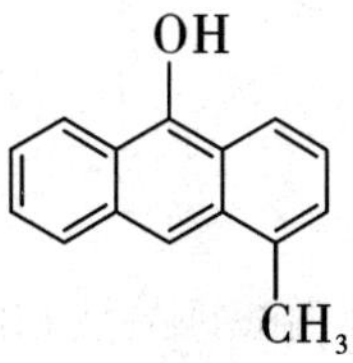 OH CH_3

11. 4-乙基-8-羟基-1-萘磺酸

12. 1,2-二苯基乙烯

13. 邻二甲苯

14. 异丙苯

15. 对甲苯酚

二、选择题

1. 下列物质不具有芳香性的是(　　)

A.

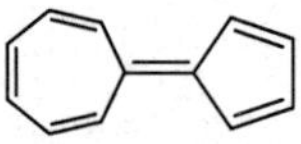

B.

C.

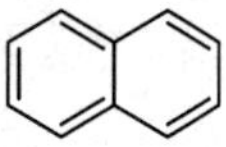

D.

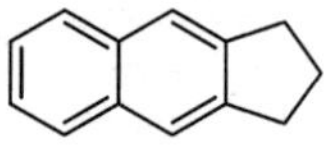

2. 下列化合物不具有芳香性的是(　　)

A.

B.

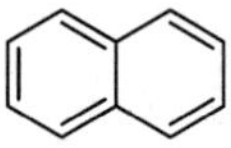

C.

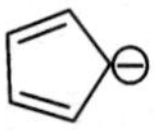

D.

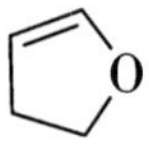

3. 下列化合物不具有芳香性的是(　　)

A.

B.

C.

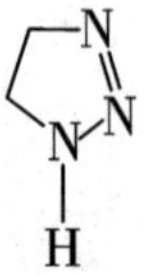

D.

4. 下列化合物具有芳香性的是(　　)

A.

B.

C.

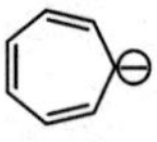

D.

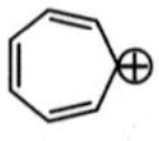

5. 下列烃中,能使高锰酸钾溶液和溴水都褪色的是(　　)

A. $CH_2{=}CH_2$

B.

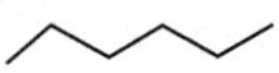

C.　　　　　　　　　　　　D. CH_3

6. 下列各组物质中,不能发生取代反应的是(　　)

A. 苯与氢气　　　　　　　　B. 苯与溴

C. 苯与浓硫酸　　　　　　　D. 苯与浓硝酸

7. 芳烃具有的特殊的化学性质称为芳香性,芳香性是指(　　)

A. 易加成和氧化、难取代　　B. 难加成、易氧化和取代

C. 难氧化、易取代和加成　　D. 易取代、难加成和氧化

8. 下列物质中,苯环上进行硝化反应活泼性最强的是(　　)

A. 苯　　　　　　　　　　　B. 溴苯

C. 硝基苯　　　　　　　　　D. 甲苯

9. 以下物质进行溴代,溴原子进入间位的是(　　)

A. —OH　　　　　　　　　　B. —CH_3

C. —Cl　　　　　　　　　　D. —NO_2

10. 不能与苯发生取代反应的物质是(　　)

A. 溴水　　　　　　　　　　B. 浓硫酸

C. 浓硝酸　　　　　　　　　D. 氢气

11. 能区分苯与甲苯的试剂是(　　)

A. 高锰酸钾溶液　　　　　　B. 溴水

C. 硝酸　　　　　　　　　　D. 硫酸

12. 不属于苯的同系物的是(　　)

A. 甲苯　　　　　　　　　　B. 邻二甲苯

C. 间二甲苯　　　　　　　　D. 氯苯

13. 最简单的稠环芳香烃是(　　)

A. 蒽　　　　　　　　　　　B. 萘

C. 菲　　　　　　　　　　　D. 环戊烷多氢菲

14. 既能用酸性高锰酸钾溶液鉴别,又能用溴的四氯化碳溶液鉴别的一组物质是(　　)

A. 苯与甲苯　　　　　　　　B. 己烷与苯

C. 乙烯与乙炔　　　　　　　D. 乙烯与乙烷

15. 以下哪种物理性质不属于芳香族(　　)

A. 难挥发　　　　　　　　　B. 易溶于有机溶剂

C. 不溶于水　　　　　　　　D. 有毒性

16. 芳烃的卤代反应中,下列哪种物质的反应活性最大(　　)

A. Cl_2　　　　　　　　　　B. Br_2

C. F_2　　　　D. I_2

17. 甲苯与氯气发生反应时,若反应条件为光照或加热,主要生成以下哪种产物(　　)

A. 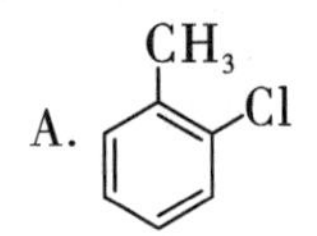

B. CH_2Cl

C. CH_3 Cl

D. CH_3 Cl

18. 若要生成间二硝基苯,需要用到以下哪组硝化剂(　　)

A. HNO_3(浓)/H_2SO_4(浓)　　　　B. HNO_3(稀)/H_2SO_4(浓)

C. HNO_3(浓)/H_2SO_4(稀)　　　　D. HNO_3(发烟)/H_2SO_4(浓)

19. 若要生成硝基苯,需要用到以下哪组硝化剂(　　)

A. HNO_3(浓)/H_2SO_4(浓)　　　　B. HNO_3(稀)/H_2SO_4(浓)

C. HNO_3(浓)/H_2SO_4(稀)　　　　D. HNO_3(发烟)/H_2SO_4(浓)

20. 烷基苯的磺化反应中,以下哪种产物生成量最多(　　)

A. CH_3 SO_3H

B. CH_3 SO_3H

C. SO_3H SO_3H

D. SO_3H

21. 以下哪种物质可进行傅-克烷基化反应(　　)

A. NO_2

B. SO_3H

C. CH_3

D. O C CH_3

22. 以下哪种物质难以被高锰酸钾溶液氧化(　　)

A. CH_3

B. CH_3 CH—CH_3

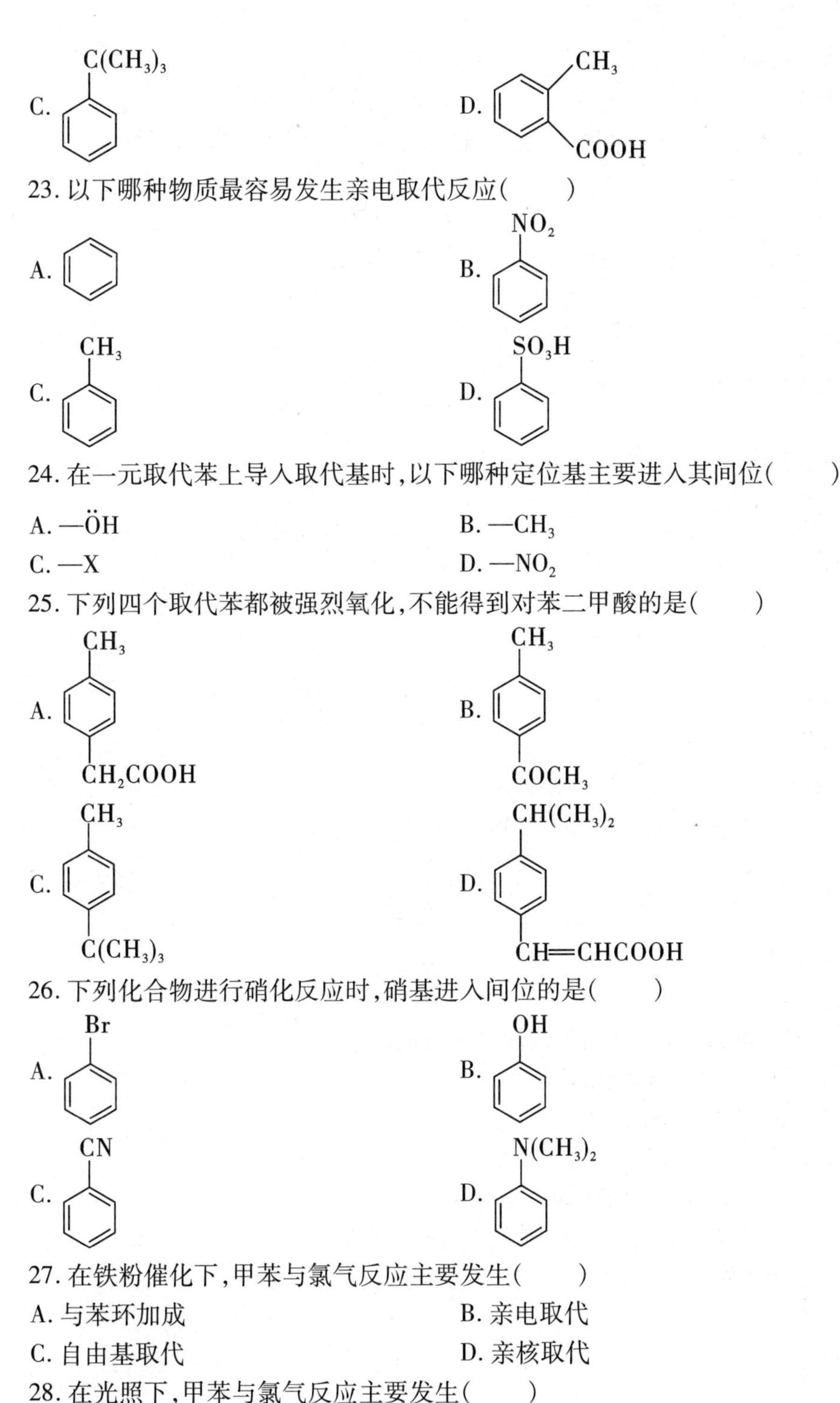

23. 以下哪种物质最容易发生亲电取代反应(　　)

24. 在一元取代苯上导入取代基时,以下哪种定位基主要进入其间位(　　)

A. —$\ddot{O}$H　　B. —CH_3

C. —X　　D. —NO_2

25. 下列四个取代苯都被强烈氧化,不能得到对苯二甲酸的是(　　)

26. 下列化合物进行硝化反应时,硝基进入间位的是(　　)

27. 在铁粉催化下,甲苯与氯气反应主要发生(　　)

A. 与苯环加成　　B. 亲电取代

C. 自由基取代　　D. 亲核取代

28. 在光照下,甲苯与氯气反应主要发生(　　)

A. 与苯环加成　　B. 亲电取代

C. 自由基取代　　D. 亲核取代

29. 苯酚、苯、硝基苯均可发生硝化反应,反应由易到难的次序为(　　)

A. 苯酚>苯>硝基苯　　B. 苯酚>硝基苯>苯

C. 硝基苯>苯>苯酚　　D. 苯>硝基苯>苯酚

30. 当苯环连有下列哪个基团时,进行硝化反应主要得到间位取代产物(　　)

A. —CH_3　　B. —Cl

C. —OCH_3　　D. —COOH

31. 下列化合物与 $AgNO_3$ 的醇溶液反应,活性最大的是(　　)

A. 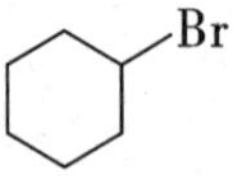 Br　　B. 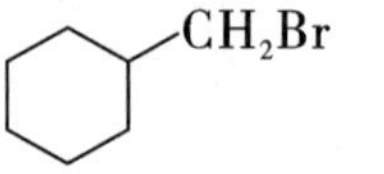 CH_2Br

C. 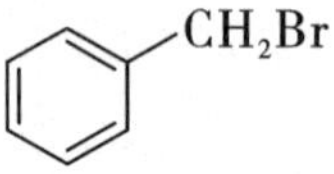 CH_2Br　　D. 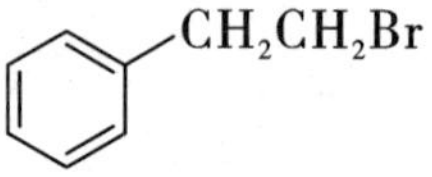 CH_2CH_2Br

32. 下列异构体中,能进行 S_N2 反应,而无 E2 反应的是(　　)

A. 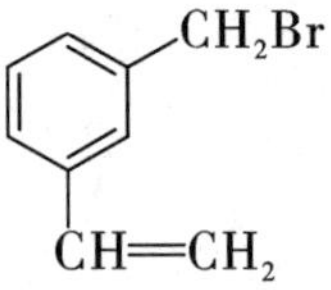 CH_2Br / $CH{=}CH_2$　　B. 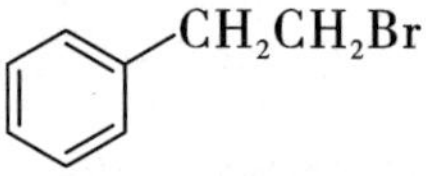 CH_2CH_2Br

C. 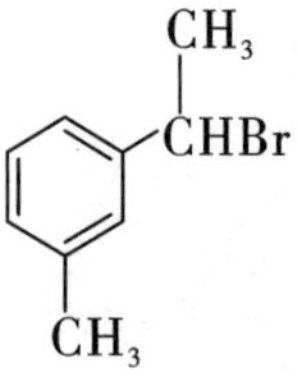 CH_3 / CHBr / CH_3　　D. 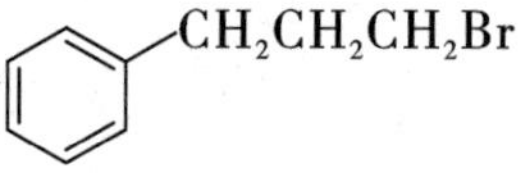 $CH_2CH_2CH_2Br$

33. 在 $FeBr_3$ 存在时,下列化合物与 Br_2 反应最快的是(　　)

A. 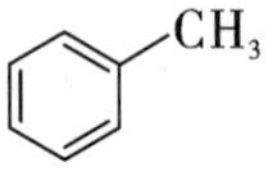 CH_3　　B.

C. 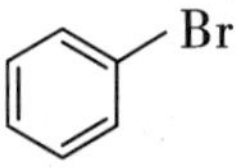 Br　　D. 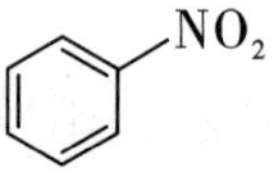 NO_2

34. 下列化合物进行 S_N1 反应的活性,从大到小依次为(　　)

A. 氯甲基苯>对氯甲苯>氯甲基环己烷

B. 氯甲基苯>氯甲基环己烷>对氯甲苯

C 氯甲基环己烷>氯甲基苯>对氯甲苯

D. 氯甲基环己烷>对氯甲苯>氯甲基苯

35. 下列化合物进行硝化反应时,硝基进入间位的是(　　)

A. 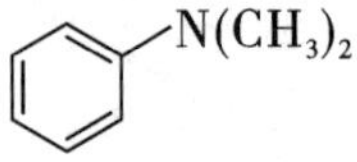 $N(CH_3)_2$　　B. 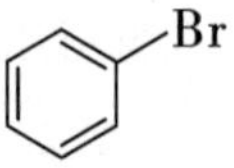 Br

C. 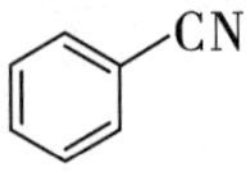 CN　　D. 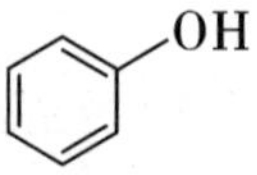 OH

36. 下列化合物能与镁及乙醚生成格氏试剂的是(　　)

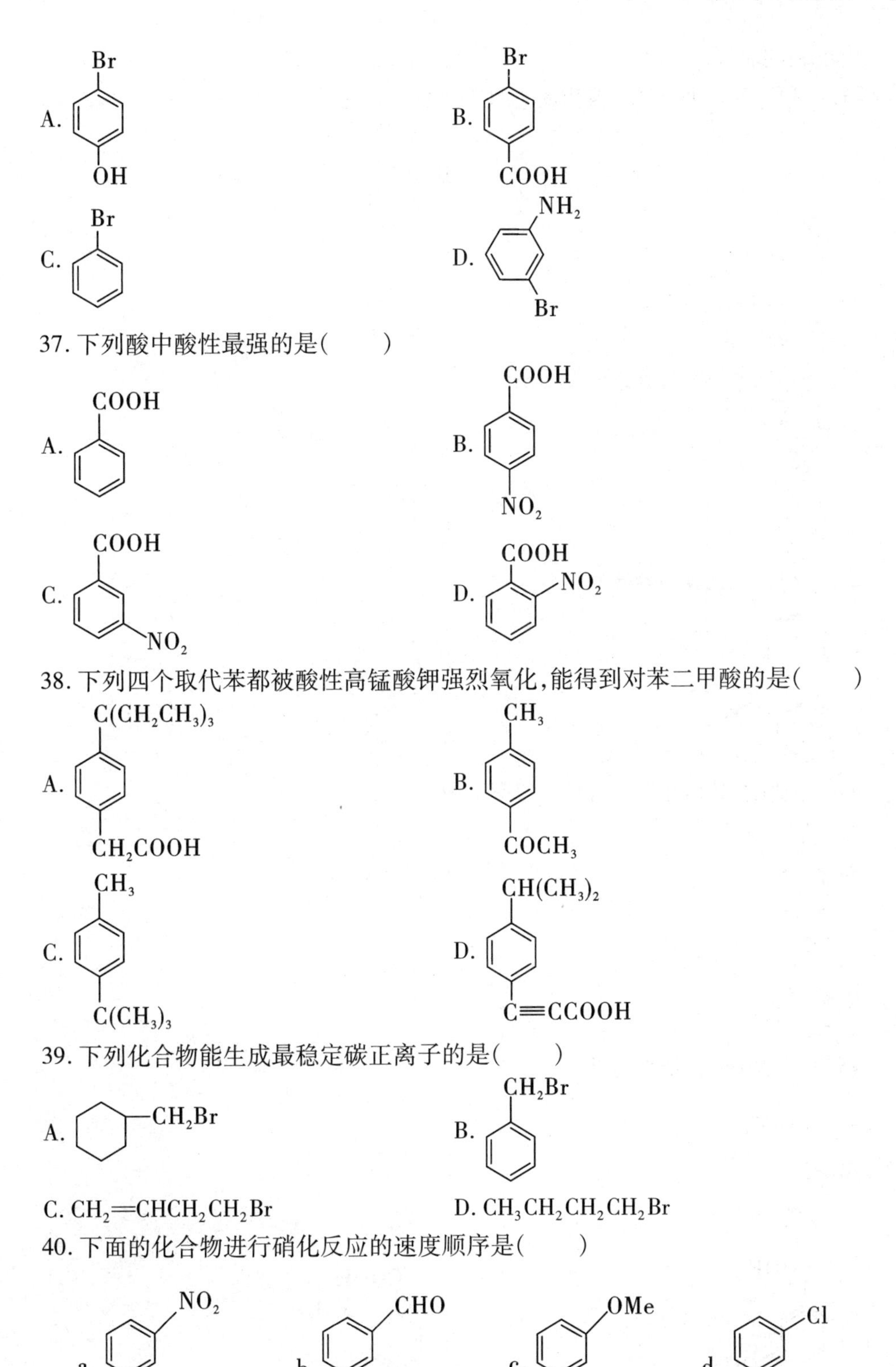

A. 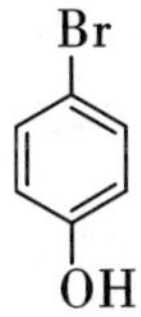

B. 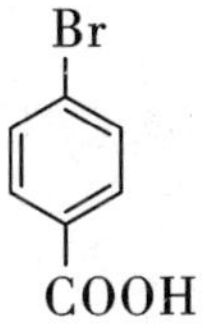

C. 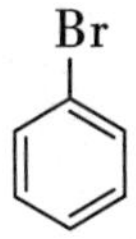

D. 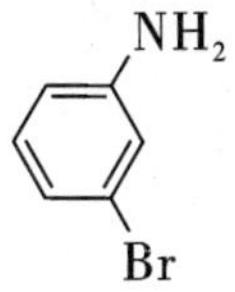

37. 下列酸中酸性最强的是(　　)

A. 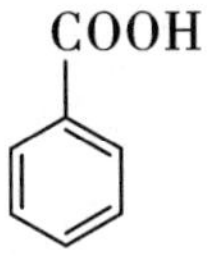

B. 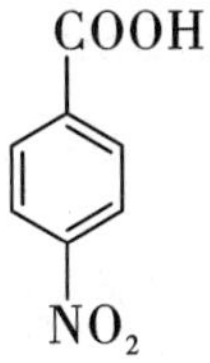

C. 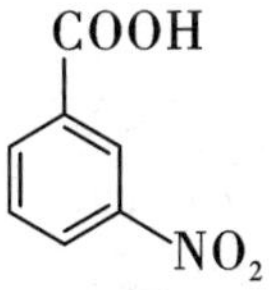

D. 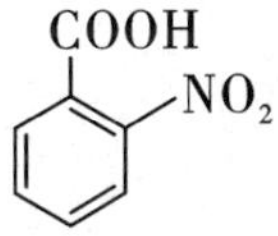

38. 下列四个取代苯都被酸性高锰酸钾强烈氧化,能得到对苯二甲酸的是(　　)

A. 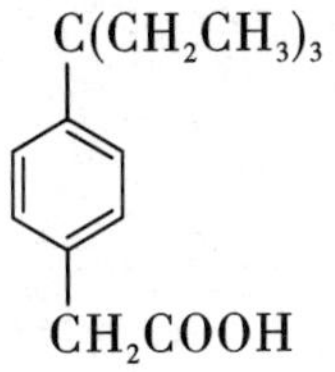

B. 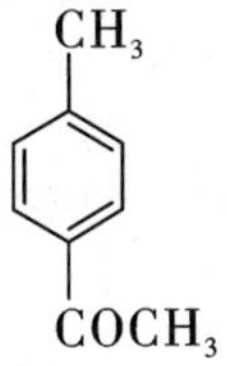

C. 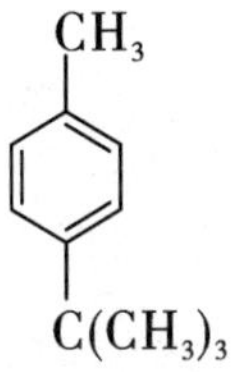

D. 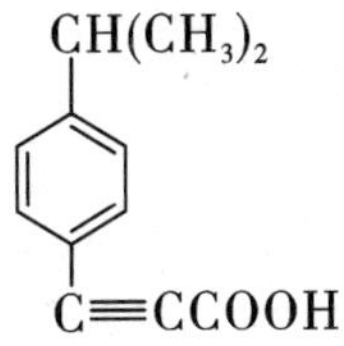

39. 下列化合物能生成最稳定碳正离子的是(　　)

A. 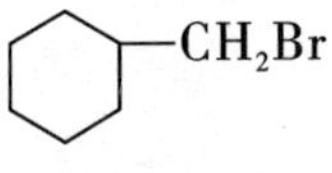

B. 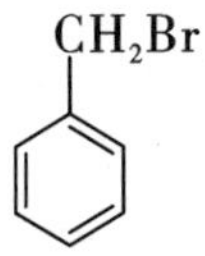

C. CH_2═$CHCH_2CH_2Br$

D. $CH_3CH_2CH_2CH_2Br$

40. 下面的化合物进行硝化反应的速度顺序是(　　)

a. 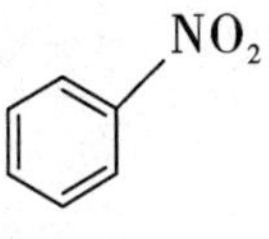

b. 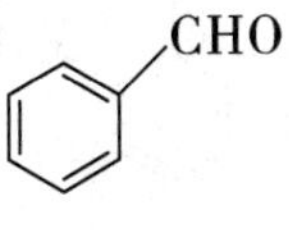

c. 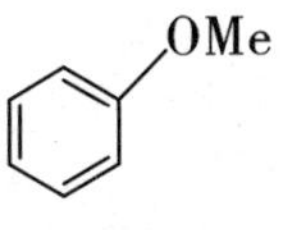

d. 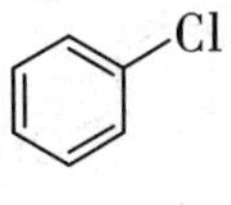

A. c>d>b>a

B. c>b>d>a

C. d>b>c>a　　　　D. d>c>b>a

41. 下列芳香烃进行亲电取代反应的活性最大的是(　　)

A. 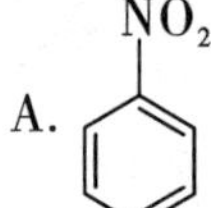

B. OMe

C. 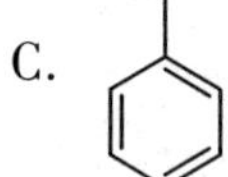

D.

42. 下列化合物不具有芳香性的是(　　)

A. 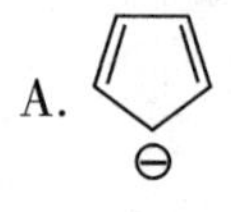

B.

C.

D. S

43. 下列化合物有芳香性的是(　　)

A. 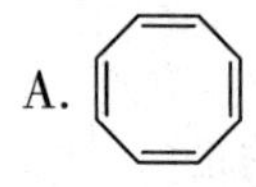

B.

C.

D.

44. 下列化合物卤化反应时反应速率最慢的是(　　)

A. 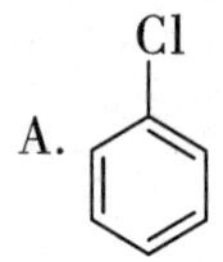

B. 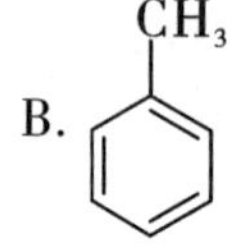

C. NO_2

D.

45. 下列酸中酸性最强的是(　　)

A. 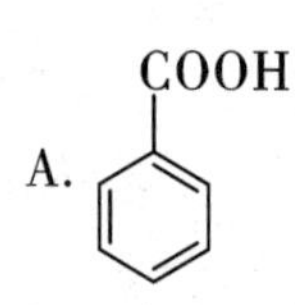

B. 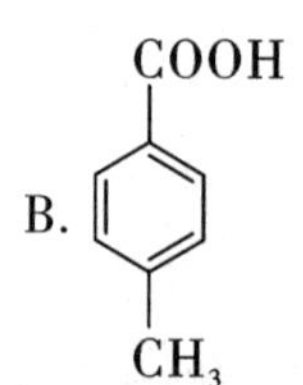

C. COOH, CH_3

D. COOH, CH_3

46. 下列哪些化合物能与 $FeCl_3$ 溶液发生颜色反应(　　)

A. 甲苯　　　　B. 苯酚

C. 2,5-己二酮　　D. 苯乙烯

47. 苯酚可以用下列哪种方法来检验(　　)

A. 加漂白粉溶液　　B. 加 Br_2 水溶液

C. 加酒石酸溶液　　D. 加 $CuSO_4$ 溶液

48. 下列化合物能形成分子内氢键的是(　　)

A. 对硝基苯酚　　B. 邻硝基苯酚

C. 邻甲苯酚　　D. 苯酚

49. 下列化合物酸性最强的是(　　)

A. 苯酚　　B. 2,4-二硝基苯酚

C. 对硝基苯酚　　D. 间硝基苯酚

50. PX 是纺织工业的基础原料,其结构简式为 $H_3C-C_6H_4-CH_3$(对二甲苯),下列关于 PX 的说法正确的是(　　)

A. 属于饱和烃　　B. 其一氯代物有四种

C. 可用于生产对二苯甲酸　　D. 分子中所有原子都处于一个平面

三、完成下列反应方程式

1. $C_6H_5CH_2CH_2CH_3 \xrightarrow[浓H_2SO_4]{浓HNO_3}$ (　　　　) + (　　　　)

2. $p\text{-}CH_3CH_2-C_6H_4-C(CH_3)_3 \xrightarrow{K_2Cr_2O_7/H^+}$ (　　　　)

3. $C_6H_5-CH(CH_3)_2 \xrightarrow[h\nu]{Cl_2}$ (　　　　)

4. $C_6H_6 + CH_3CH_2CH_2Cl \xrightarrow{AlCl_3}$ (　　　　)

5. $C_6H_6 + (CH_3CO)_2O \xrightarrow{AlCl_3}$ (　　　　) + (　　　　)

6. $C_6H_5-CH(CH_3)_2 \xrightarrow[Cl_2]{FeCl_3}$ (　　　　) + (　　　　)

7. $C_6H_6 + Cl_2 \xrightarrow[328\ K]{Fe或FeCl_3}$ (　　　　)

8. $C_6H_6 + HNO_3(浓) \xrightarrow[323\sim328\ K]{H_2SO_4(浓)}$ (　　　　)

9. $C_6H_5NO_2 + HNO_3(发烟) \xrightarrow[368\sim383\ K]{H_2SO_4(浓)}$ (　　　　)

10. CH_3 $\xrightarrow[\text{常温}]{H_2SO_4(\text{浓})}$ (　　　　　　　　)

11. 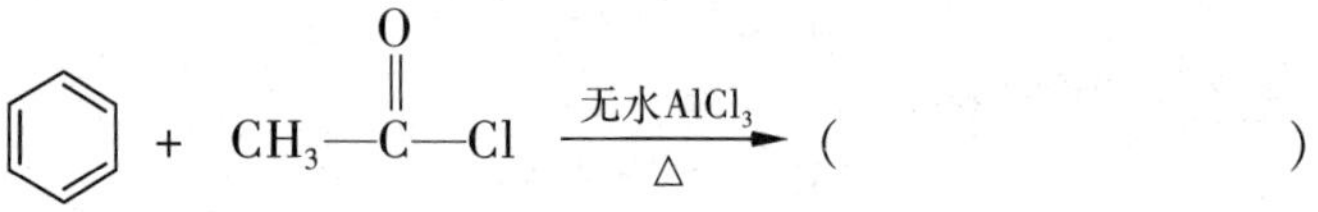 + $CH_3—\overset{O}{\overset{\|}{C}}—Cl$ $\xrightarrow[\triangle]{\text{无水}AlCl_3}$ (　　　　　　　　)

12.  CH_2CH_3 + CH_3Cl $\xrightarrow{\text{无水}AlCl_3}$ (　　　　　　　　)

13. 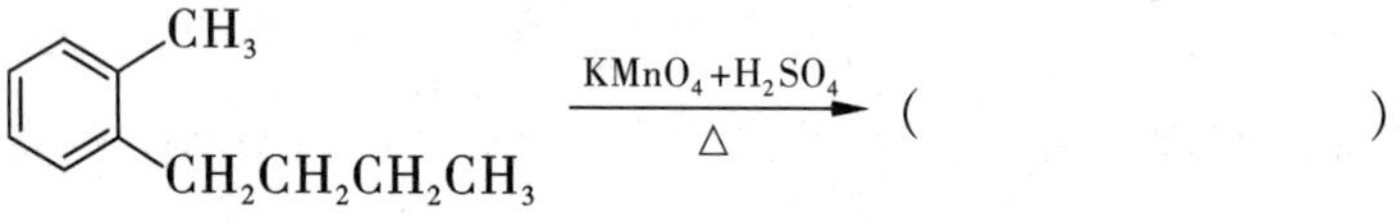 CH_3 $CH_2CH_2CH_2CH_3$ $\xrightarrow[\triangle]{KMnO_4+H_2SO_4}$ (　　　　　　　　)

14. 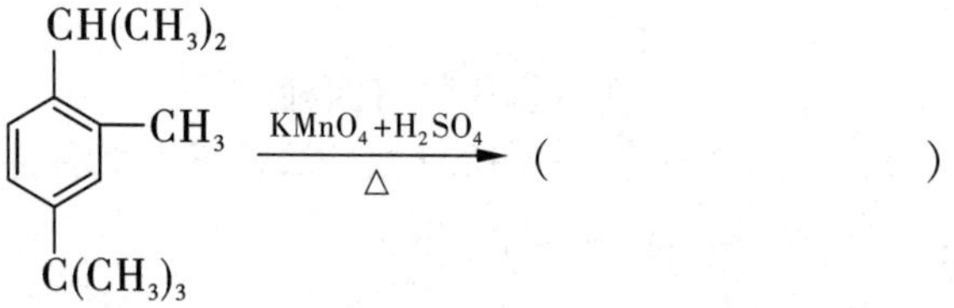 $CH(CH_3)_2$ $—CH_3$ $C(CH_3)_3$ $\xrightarrow[\triangle]{KMnO_4+H_2SO_4}$ (　　　　　　　　)

15. 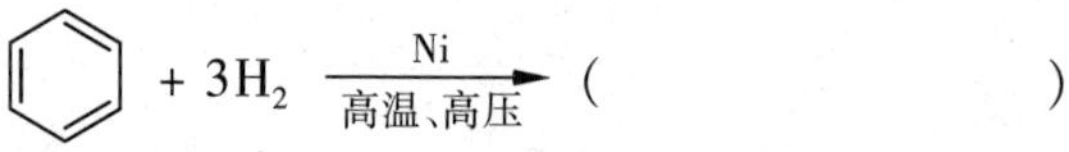 + $3H_2$ $\xrightarrow[\text{高温、高压}]{Ni}$ (　　　　　　　　)

16. 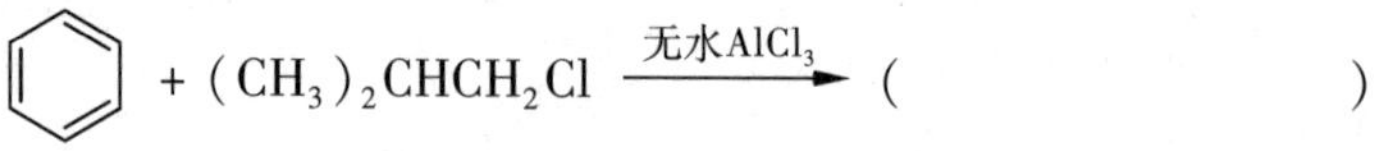 + $(CH_3)_2CHCH_2Cl$ $\xrightarrow{\text{无水}AlCl_3}$ (　　　　　　　　)

17. 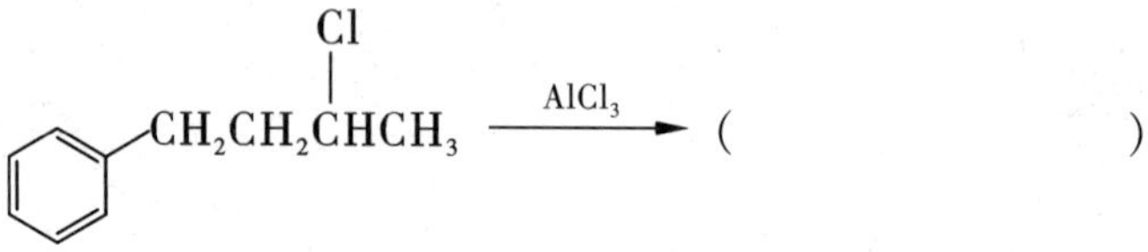 $CH_2CH_2\overset{Cl}{\overset{|}{C}}HCH_3$ $\xrightarrow{AlCl_3}$ (　　　　　　　　)

18. 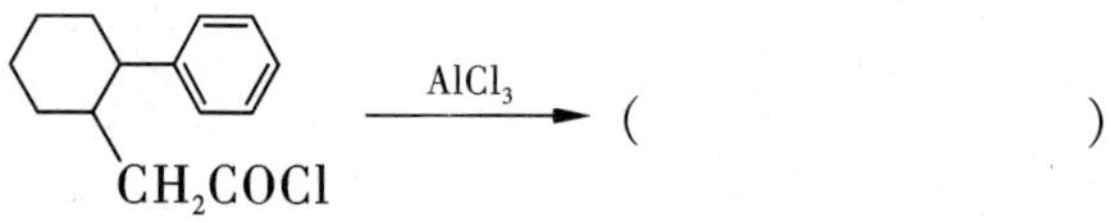 CH_2COCl $\xrightarrow{AlCl_3}$ (　　　　　　　　)

19. 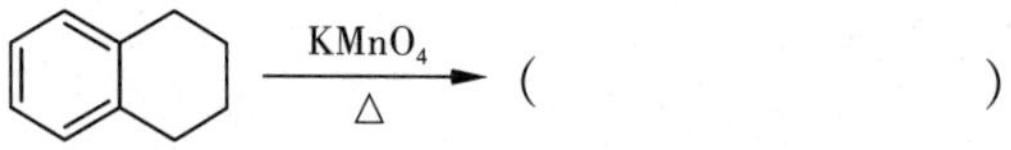 $\xrightarrow[\triangle]{KMnO_4}$ (　　　　　　　　)

20. 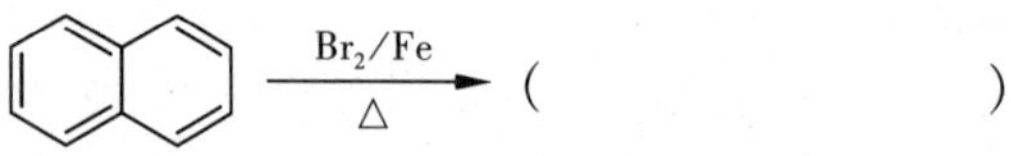 $\xrightarrow[\triangle]{Br_2/Fe}$ (　　　　　　　　)

四、完成下列转化(无机试剂任选)

1. 以甲苯为原料合成:3-硝基-4-溴苯甲酸

2. 以苯为原料合成:4-硝基-2,6-二溴乙苯

3. 以甲苯为原料合成:邻硝基对苯二甲酸

4. 以甲苯为原料合成:4-硝基-2-溴苯甲酸

5. 苯转化为对硝基邻二溴苯

6. 甲苯转化为 3,5-二硝基苯甲酸

7. 甲苯转化为邻硝基甲苯

8. 苯转化为对叔丁基苯甲酸

9. 甲苯转化为邻溴苯甲酸

10. 甲苯转化为 2,6-二溴苯甲酸

五、用简单的化学方法区别下列各组化合物

1.  、、 CH_3

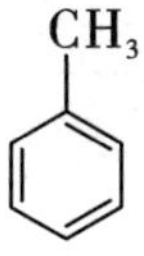

2.  、 $-CH_3$ 、

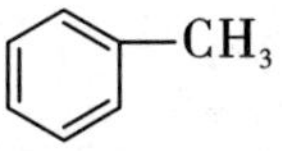

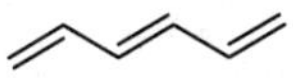

3. $-CH{=}CH_2$ 、 $-C{\equiv}CH$ 、 $-CH_2CH_3$

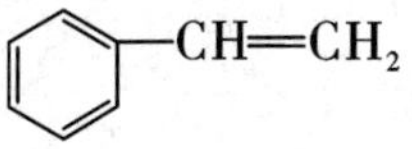

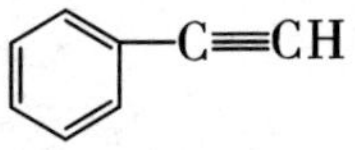

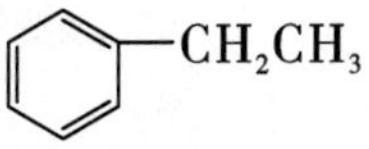

4. 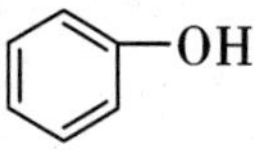 —OH 、 —OH 、

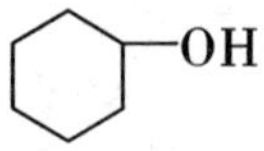

5. 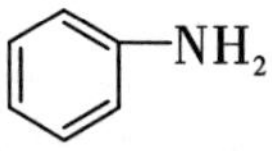 —NH_2 、 —NH_2 、 —OH

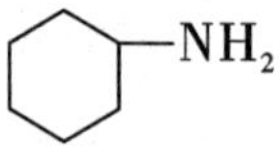

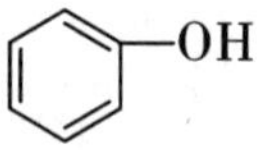

6. 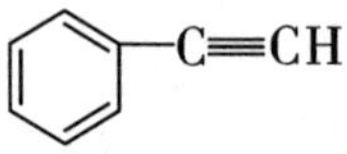 —C≡CH 、 、 —CH_2CH_3

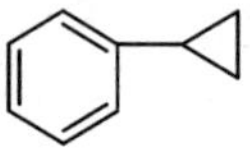

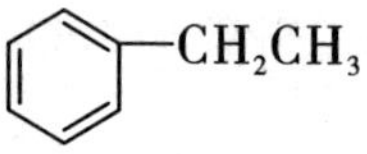

7. 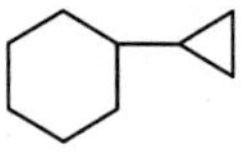 、 —C≡CH 、

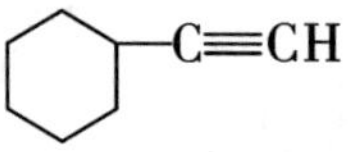

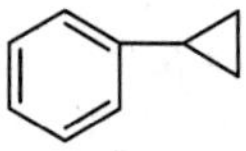

8.  、 —CH_3 、 —C≡CH

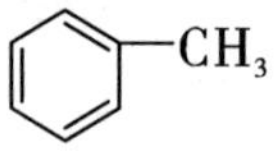

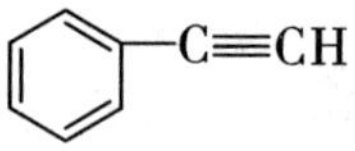

9.  、 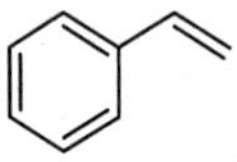 、

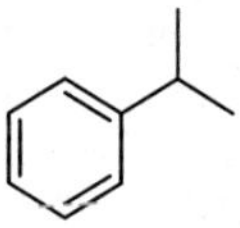

10. 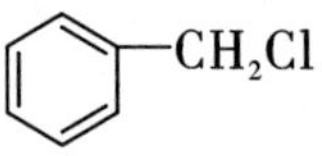 —CH_2Cl 、 —CH_2CH_3 、

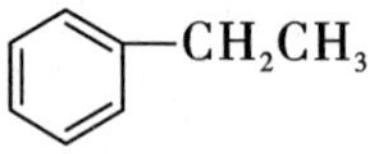

六、推导结构

1. 某烃 A 的最简式为 CH，相对分子质量为 208，用热的酸性高锰酸钾溶液氧化得到苯甲酸，而经臭氧氧化还原水解的产物只有一种苯乙醛。推断 A 的结构式。

2. 分子式为 C_9H_{12} 的芳烃 A，用高锰酸钾氧化后得二元羧酸。将 A 进行硝化，只得到两种一硝基产物。推测 A 的结构。并用反应式加简要说明表示推断过程。

3. 溴苯氯代后分离得到两个分子式为 C_6H_4ClBr 的异构体 A 和 B，将 A 溴代得到四种分子式为 $C_6H_3ClBr_2$ 的产物，而 B 经溴代得到两种分子式为 $C_6H_3ClBr_2$ 的产物 C 和 D。A 溴代后所得产物之一与 C 相同，但没有任何一个与 D 相同。推测 A、B、C、D 的结构式。

4. 分子式为 $C_6H_4Br_2$ 的 A，以混酸硝化，只得到一种一硝基产物，推断 A 的结构。

5. A(C_8H_9Cl)为芳卤烃，可以被酸性高锰酸钾溶液氧化得到邻苯二甲酸，与 KCN 反应，随后水解得 B($C_9H_{10}O_2$)。B 可以和氨加热得到 C，写出 A、B、C 的结构式。

参考答案

第 5 章　卤代烃

【学习要求】

(1)了解卤代烃的分类、命名。

(2)掌握卤代烃的亲核取代反应、消除反应、生成格氏试剂的反应以及格氏试剂在合成上的应用等。

(3)掌握各种类型的卤代烃、卤代芳烃在化学活性上的差异。

【重点总结】

1. 卤代烃的分类

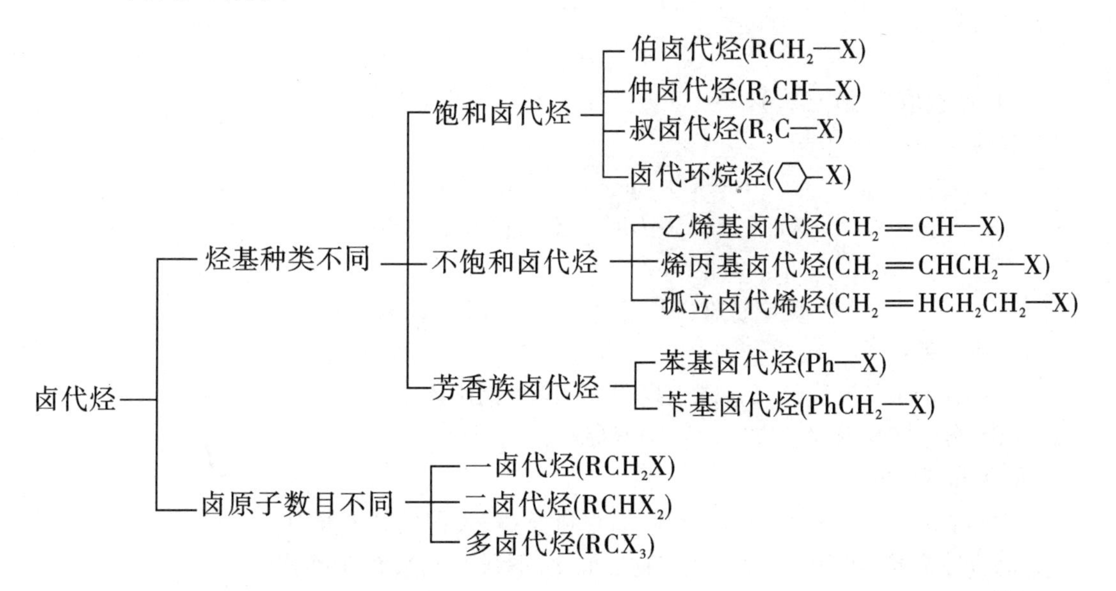

2. 卤代烃的命名

(1)系统命名法。

1)卤代烃命名规则:以烷烃的命名为基础。

①选主链:一般以含有卤原子的最长碳链为主链,卤原子和其他支链为取代基。

②编号:一般从靠近取代基近的一端开始。

③命名:取代基按"次序规则",较优基团后列出。

注:在含有两种卤素的卤代烃中,规定当两种卤素的顺序编号一致时,按 F,Cl,Br,I 顺序编号。

2)不饱和卤代烃命名规则:以不饱和烃的命名为基础。

①选主链:含有卤原子和不饱和键的最长碳链为主链,不饱和键为母体,卤原子和其他支链为取代基。

②编号:双键或三键的位次最小。

③命名:取代基按"次序规则",较优基团后列出。

3)卤代脂环烃或卤代芳烃命名规则:以脂环烃或芳烃命名为基础。

4)侧链卤代芳烃的命名规则:以烷烃命名为基础。

(2)习惯命名法。

卤代烷的结构比较简单时,可按卤原子相连的烃基的名称来命名,称为卤代某烃或某基卤。

$$(CH_3)_3C—Br$$ 溴代叔丁烷(叔丁基溴)

一些卤代烃有俗名:氯仿($CHCl_3$)、碘仿(CHI_3)。

3. 卤代烃的化学性质

$$R—CH(H)—CH_2(X)$$

(1)亲核取代反应(S_N)。

反应通式:

$$R—X + Nu^- \longrightarrow R—Nu + X^-$$

Nu^-:—OH,—OR′,—CN,:NH_3,—ONO_2 等

反应易难(反应活性):R—I>R—Br>R—Cl

反应历程:

①单分子亲核取代(S_N1):碳正离子,重排,外消旋体。

②双分子亲核取代反应(S_N2):构型翻转。

S_N1 和 S_N2 的竞争:

①R 基过于庞大不利于 Nu^-进攻,而有利于 C—X 键按 S_N1 异裂。

②极性溶剂(如 HOH)易使反应物溶剂化,不利于 S_N2,而有利于 S_N1。

③活性较大的离去基(I—>Br—>Cl—>>F—)有利于 S_N1。

反应应用:

$$ROH+NaX \xleftarrow[H_2O]{NaOH} R—X$$

$$R—ONO_2+AgX \xleftarrow[\text{醇}]{AgNO_3} R—X \xrightarrow{NaOR'} R—O—R' +NaX$$

$$R—X \xrightarrow{NH_3} R—NH_2+NaX$$

$$R—X \xrightarrow{NaCN} R—CN+NaX \xrightarrow{H_3O^+} R—COOH$$

(2)消除反应(E)。

消除反应的反应通式为：

$$\underset{\substack{|\\H}}{R—CH}—\underset{\substack{|\\X}}{CH_2} \xrightarrow[\text{醇}]{NaOH} R—CH=CH_2$$

反应易难:叔卤代烷>仲卤代烷>伯卤代烷

反应历程：

①单分子消除反应(E1):碳正离子,重排。

②双分子消除反应(E2)

查依采夫规律:在醇脱水或卤代烷脱卤化氢中,如分子中含有不同的β—H 时,则在生成的产物中双键主要位于烷基取代基较多的位置,即含 H 较少β碳提供氢原子,生成取代较多的稳定烯烃。

消除反应与取代反应的竞争。

①卤代烷的结构:叔卤代烷进行消除反应最快,S_N2 最慢。伯卤代烷反之。

②试剂的碱性:进攻试剂的强碱性有利于消除反应。

③溶剂的极性:增加溶剂的极性有利于取代反应而不利于消除反应。

④温度:升高温度有利于消除反应。

(3)与金属的反应。

1)Mg(格氏试剂)。

制备：

$$R—X + Mg \xrightarrow{\text{无水乙醚}} R—Mg—X$$

反应：

$$R—Mg—X + H—Y \longrightarrow R—H + Y—Mg—X$$

Y=—OH,—OR,—X,—NH_2 等

$$R—Mg—X + O=C=O \longrightarrow R—\overset{\overset{O}{\|}}{C}—O—MgX \xrightarrow{H—OH} RCOOH + Mg(OH)X$$

2)Na(Wurtz 反应)。

$$R—X + 2Na + X—R \xrightarrow[\text{无水乙醚}]{} R—R + 2NaX$$

【练习题】

一、命名或写出结构式

1. $CH_3CHBrCH_3C(CH_3)_3$

2. 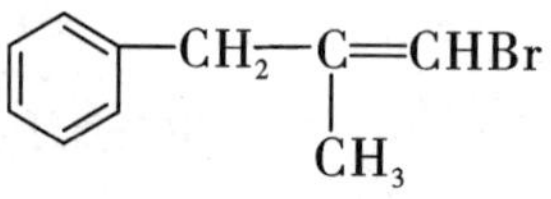 $C_6H_5—CH_2—\underset{\displaystyle CH_3}{\underset{|}{C}}=CHBr$

3. Cl, COOH, NO_2

4. $H_2\underset{\displaystyle Cl}{\underset{|}{C}}—\underset{\displaystyle CH_3}{\underset{|}{CH}}—CH_2—CH=CH_2$

5. H_3CH_2C, C_6H_5 / C=C / $HC(Cl)—CH_3$, CH_2CH_3

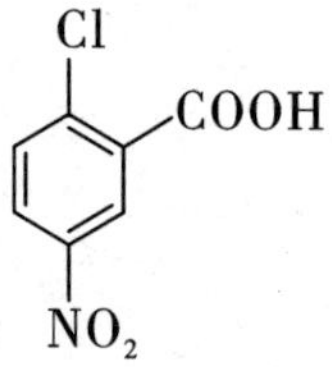

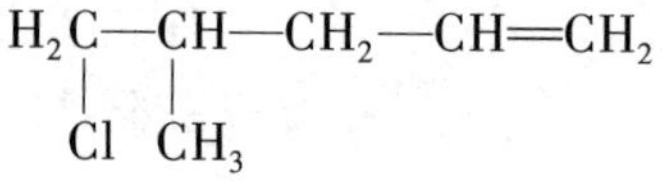

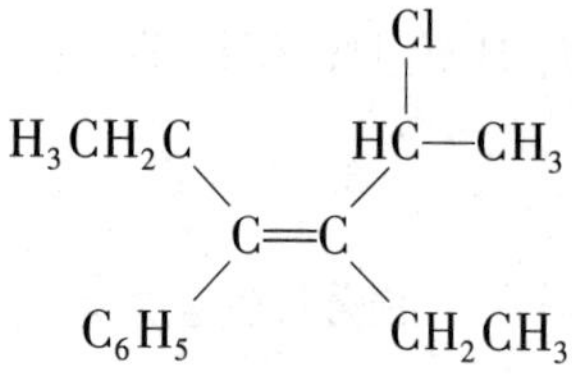

6. 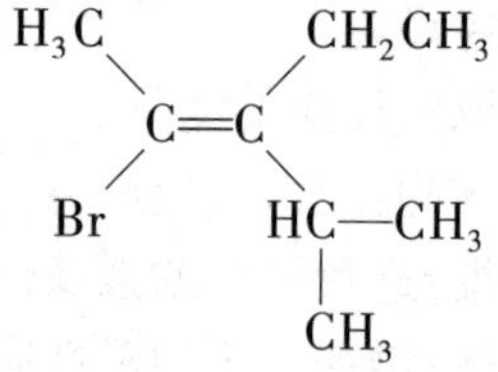 H_3C, Br / C=C / CH_2CH_3, $HC(CH_3)—CH_3$

7. $(H_3C)_3C—CH_2Br$

8. 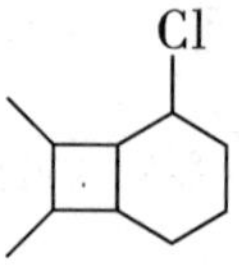 Cl

9. 4-甲基-5-氯-2-戊炔

10. (*E*)-1-苯基-2-氯丙烯

11. (2*Z*,4*E*)-3-甲基-2-溴-2,4-己二烯

12. 6-甲基-1-氯螺[4.5]癸烷

13. 3-甲基-4-乙基-4-氯-3-溴己烷

14. 5-乙基-4-氯-2-溴甲苯

15. 5-甲基-2-氯-1,3-环戊二烯

二、选择题

1. 下列化合物与 $AgNO_3$(醇溶液)反应的活性最强的是(　　)

A. 1-氯戊烷　　B. 2-溴丁烷　　C. 1-碘丙烷　　D. 1-溴丁烷

2. 下列化合物与 $AgNO_3$(醇溶液)反应的活性最强的是(　　)

A. —Cl　　B. —CH_2Cl

C. —CH_2CH_2Cl　　D. —$CH_2CH_2CH_2Cl$

3. 按亲核取代反应的活性次序排列正确的是(　　)

①$CH_3CH{=}CHCl$　②$CH_2{=}CHCH_2Cl$　③$CH_3CH_2CH_2Cl$

A. ①>②>③　　B. ②>③>①

C. ①>③>②　　D. ③>②>①

4. 甲苯的一溴代物最多可以形成的构造异构体的数目是(　　)

A. 2 个　　B. 3 个　　C. 4 个　　D. 5 个

5. 下列化合物按 S_N1 反应活性最大的是(　　)

A. 正溴丁烷　　B. 仲溴丁烷

C. 2-甲基-2-溴丙烷　　D. 正溴丙烷

6. 鉴别下列三种物质采用的试剂是(　　)

—Br　　—CH_2Br　　—CH_2CH_2Br

A. $AgNO_3$(醇溶液)　B. Br_2　C. $KMnO_4$　D. O_3

7. 下列化合物和 $AgNO_3$(醇溶液)反应,最先生成 AgBr 沉淀的是(　　)

A.
Br
—$\overset{|}{C}HCH_3$

B.
Br
—CH_2CH_3

C. —C═CH_2
|
Br

D. —CH_2Br

8. 下列化合物按 S_N2 反应活性最大的是(　　)

A. 正溴丁烷　B. 仲溴丁烷　C. 2-甲基-2-溴丙烷　D. 正溴丙烷

9. 下列化合物按 E1 反应速率由大到小排序为(　　)

①1-苯基-3-氯丙烷　②1-苯基-2-氯丙烷　③1-苯基-1-氯丙烷

A. ①>②>③　B. ③>①>②　C. ③>②>①　D. ②>③>①

10. 下列化合物和 $AgNO_3$ 的醇溶液最容易反应的是(　　)

A. —Cl

B. —CH_2Cl

C. —Cl
H_3C

D. H_3C——Cl

11. 在亲核取代反应中,下列哪个实验现象属于 S_N1 机理(　　)

A. 产物构型完全转化

B. 有重排产物生成

C. 反应只有一步

D. 亲核试剂亲核性越强,反应速度越快

12. 下列试剂亲核性最强的是(　　)

A. $CH_3CH_2O^-$　B. OH^-　C. CH_3COO^-　D. $C_6H_5O^-$

13. 下列离子中,亲核性最弱的是(　　)

A. O_2N——O^-

B. —O^-

C. H_3CO——O^-

D. H_3C——O^-

14. 乙苯在光照下的一元溴化的主要产物是(　　)

A. Br——

B.
Br

C. —Br

D.
Br

15. 下列化合物中,不和硝酸银醇溶液反应的是(　　)

A. 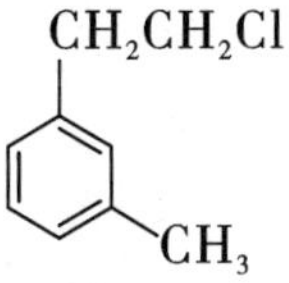
CH2CH2Cl
CH3

B. 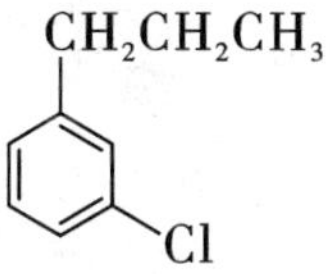
CH2CH2CH3
Cl

C. 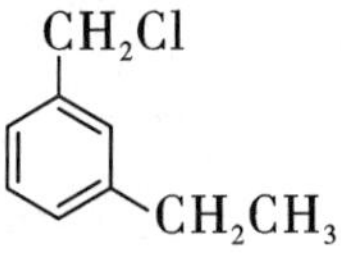
CH2Cl
CH2CH3

D. 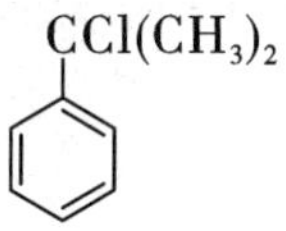
CCl(CH3)2

16. 下列哪个化合物在进行 S_N1 反应时最快(　　)

A. 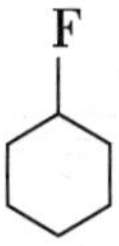
F

B. 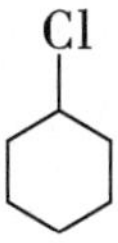
Cl

C. 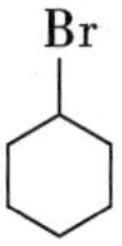
Br

D. 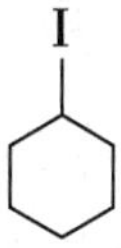
I

17. 下述哪一个化合物在进行 S_N2 反应时最慢(　　)

A. CH_3CH_2Br　　B. $(CH_3)_2CHBr$

C. $(CH_3)_3CBr$　　D. $(CH_3)_3CCH_2Br$

18. 下列化合物中哪一个无论是按 S_N1 还是 S_N2 机理反应时,其相对活性均为最小(　　)

A. 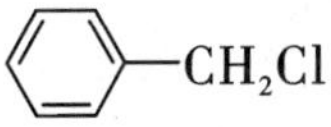
CH2Cl

B. 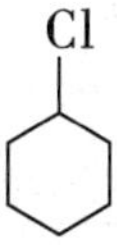
Cl

C. 
Cl

D. $(C_2H_5)_3CCl$

19. 下列卤代烃发生消除反应速率最快的是(　　)

A. 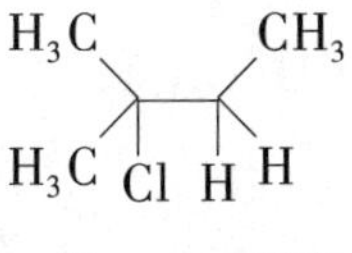
H3C
CH3
H3C
Cl
H
H

B. 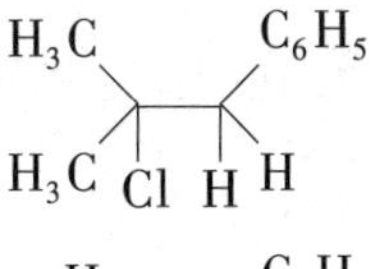
H3C
C6H5
H3C
Cl
H
H

C. 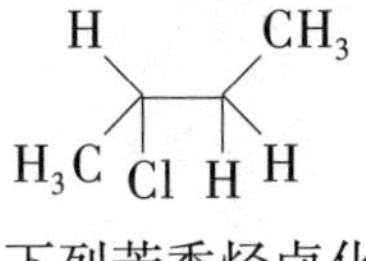
H
CH3
H3C
Cl
H
H

D. 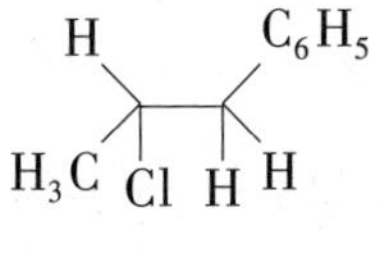
H
C6H5
H3C
Cl
H
H

20. 下列芳香烃卤化反应速率最快的是(　　)

A. 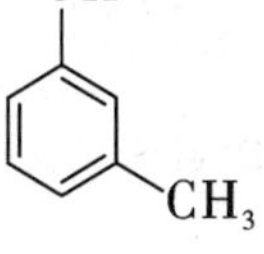
OH
CH3

B. 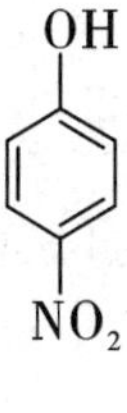
OH
NO2

C. OH / NO_2　　D. OH / CH_3

21. 下列化合物与碱反应生成酚时，活性最低的是(　　)

A. Cl / NO_2　　B. Cl / NO_2 / NO_2

C. Cl / O_2N / NO_2 / NO_2　　D. Cl / NO_2

22. 下列负离子哪一个亲核性最强(　　)

A. H_3C—⟨苯环⟩—$\bar{O}$　　B. CH_3COO^-　　C. t-BuO⁻　　D. EtO⁻

23. 下列化合物在 NaI 丙酮溶液中反应最快的是(　　)

A. 3-溴丙烯　　B. 1-溴丁烷　　C. 溴乙烯　　D. 2-溴丁烷

24. 下列化合物与硝酸银乙醇反应，速度最快的是(　　)

A. $(CH_3)_3CCl$　　B. $CH_3CH_2CH_2CH_2Cl$

C. $CH_3CH_2CHClCH_3$　　D. $PhCH_2Cl$

25. 下列化合物与硝酸银乙醇反应，速度快的是(　　)

A. 对氯甲苯　　B. 苄基氯　　C. 氯乙烯　　D. 氯乙烷

26. 下面哪个化合物与 $AgNO_3$ 醇溶液反应最慢(　　)

A. $(CH_3)_2CHC(Cl)[CH(CH_3)_2]_2$　　B. $(CH_3)_2CHC(Cl)[CH(CH_3)_2]_2$

C. Cl　　D. Cl

27. 按 S_N2 反应历程，下列化合物活性次序是(　　)

① Br　② Br　③ Br　④ Br

A. ①>③>②>④　　B. ①>④>③>②　　C. ④>③>①>②　　D. ①>③>④>②

28. 按 S_N1 反应，下列化合物的反应活性顺序应是(　　)

① CH_2Cl　② Cl　③ Cl　④ Cl

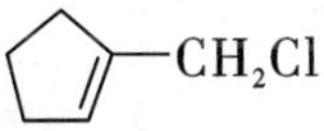

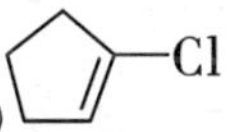

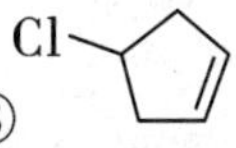

A. ①>②>③>④　　B. ①>③>②>④　　C. ③>①>②>④　　D. ③>②>①>④

29. 下列化合物发生亲电取代反应活性最高的是(　　)

A. 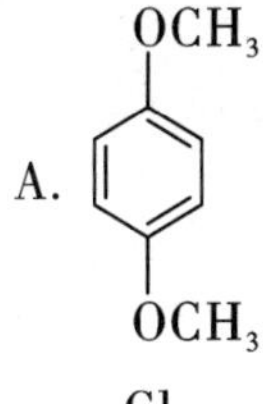

B. 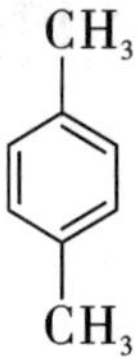 CH_3 / CH_3

C.  Cl / Cl

D. 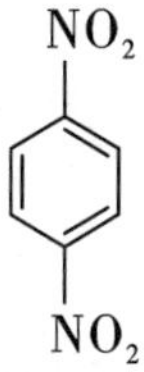 NO_2 / NO_2

30. $CH_3CH_2CH(Br)CH_3$ 在 KOH 的乙醇溶液中共热，主要产物是(　　)

A. $CH_3CH{=}CHCH_3$　　B. $CH_3CH_2CH{=}CH_2$

C. $CH_3CH_2CH(OH)CH_3$　　D. $CH_3CH_2CH(CH_3)OCH_2CH_3$

31. 卤代烷与 NaOH 在水与乙醇混合液中进行反应，下列现象中，属于 S_N1 历程的是(　　)

A. 产物构型完全转化　　B. 有重排产物

C. 碱浓度增加，反应速度加快　　D. 仲卤烷速度大于叔卤烷

32. 下列卤代烃最易发生 S_N2 反应的是(　　)

A. $H_2C{=}CHCH_2Cl$　　B. $CH_3CHCH_2CH_3$（Cl）

C. $CH_3CH_2CH_2Cl$　　D. 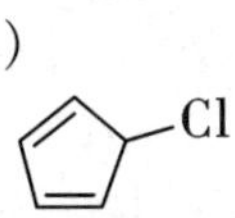 Cl

33. 在 S_N1 反应中，活性最高的卤代烃是(　　)

A. 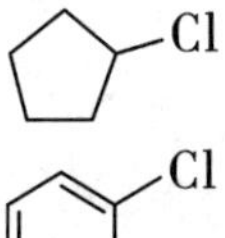 Cl　　B. Cl

C. 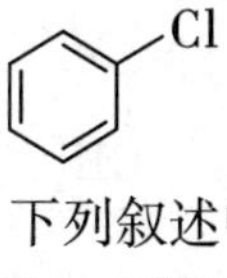 Cl　　D. 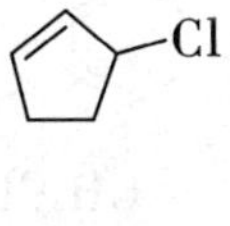 Cl

34. 下列叙述中，按 S_N2 历程反应的是(　　)

A. 增加亲核试剂浓度，反应速度无明显变化

B. 两步反应,第一步是决定反应速度的一步

C. 进攻试剂的亲核性越强,反应速度越快

D. 产物发生外消旋化

35. 下列化合物在稀碱中水解,主要以 S_N1 历程反应的是(　　)

A. $CH_3CH_2CH_2CH_2Br$　　　　B. $CH_3CH_2CH{=}CHBr$

C. $CH_3CH{=}CHCH_2Br$　　　　D. $CH_2{=}CHCH_2CH_2Br$

36. 下列化合物在水中发生 S_N1 反应时,反应速度最快的是(　　)

A. 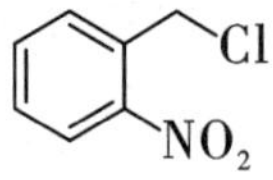 Cl　NO_2　　　　B. 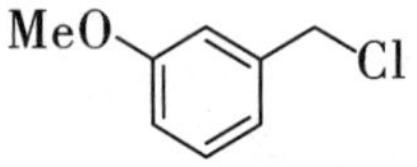 MeO　Cl

C. 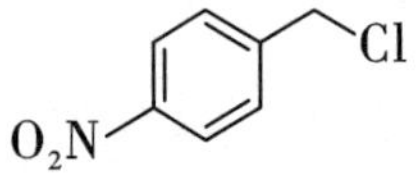 O_2N　Cl　　　　D. 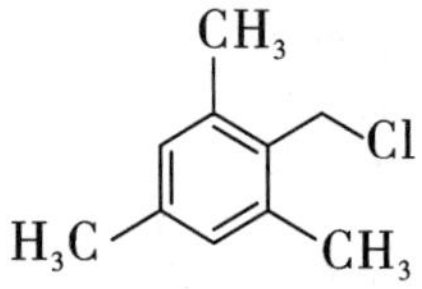 CH_3　Cl　H_3C　CH_3

37. 下列反应的主要产物是(　　)

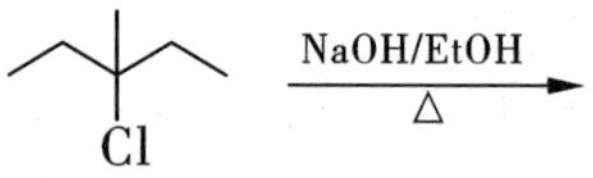

Cl　$\xrightarrow[\triangle]{NaOH/EtOH}$

A. 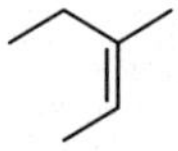　　　　B.

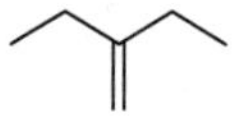

C. 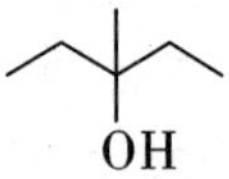 OH　　　　D.

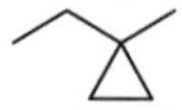

38. 下列化合物和硝酸银的乙醇溶液作用,产生沉淀最快的是(　　)

A. 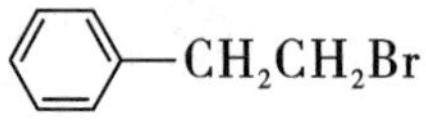 $-CH_2CH_2Br$　　　　B. 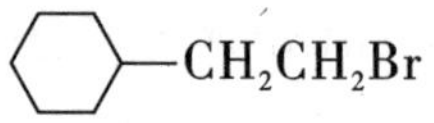 $-CH_2CH_2Br$

C. 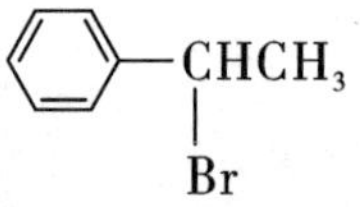 $-CHCH_3$ | Br　　　　D. 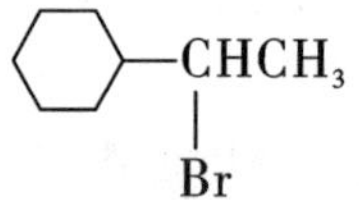 $-CHCH_3$ | Br

39. 下列化合物发生 S_N2 反应速率最快的是(　　)

A.  CH_2Br　　B. 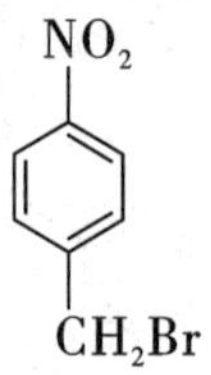 NO_2 CH_2Br　　C. 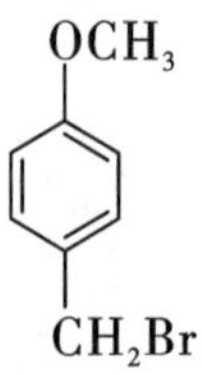 OCH_3 CH_2Br　　D. 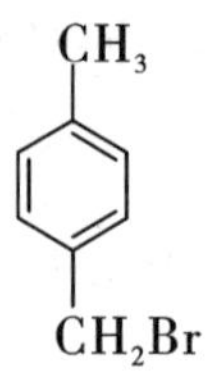 CH_3 CH_2Br

40. S_N1 反应活性最大的是(　　)

A.  CH_2Cl　　B. 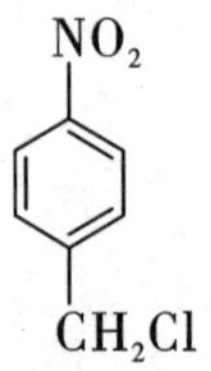 NO_2 CH_2Cl　　C. 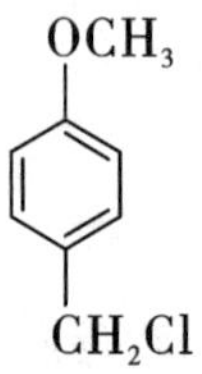 OCH_3 CH_2Cl　　D.  CH_2Cl

41. 下列反应的主要产物是(　　)

$C_6H_6 + (CH_3)_2CHCH_2Cl \xrightarrow{AlCl_3}$

A. $PhCH_2CH(CH_3)_2$　　B. $PhC(CH_3)_3$

C. $PhCH(CH_3)CH_2CH_3$　　D. $Ph(CH_2)_3CH_3$

42. 在 NaOH 水溶液中，$(CH_3)_3CX$（Ⅰ）、$(CH_3)_2CHX$（Ⅱ）、$CH_3CH_2CH_2X$（Ⅲ）、$CH_2{=}CHX$（Ⅳ）各卤代烃的反应活性次序为（　　）

A. Ⅰ>Ⅱ>Ⅲ>Ⅳ　　B. Ⅰ>Ⅱ>Ⅳ>Ⅲ

C. Ⅳ>Ⅰ>Ⅱ>Ⅲ　　D. Ⅲ>Ⅱ>Ⅰ>Ⅳ

43. $(CH_3)_3CBr$ 与乙醇钠在乙醇溶液中反应主要产物是（　　）

A. $(CH_3)_3COCH_2CH_3$　　B. $(CH_3)_2C{=}CH_2$

C. $CH_3CH_2OCH_2CH_3$　　D. $CH_3CH{=}CHCH_3$

44. 在 S_N2 反应中，下列哪一个卤代烃与 NaCN 反应速率最快（　　）

A. 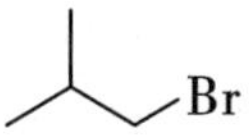

B. 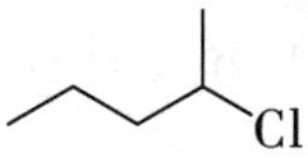

C. 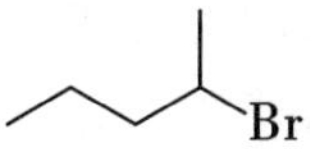

D. 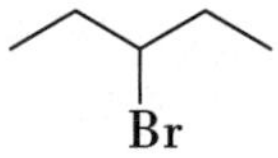

45. 下列化合物发生亲核取代反应，活性最强的是（　　）

A. 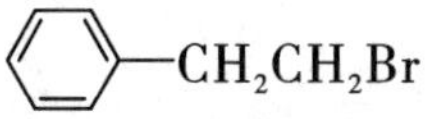

B. 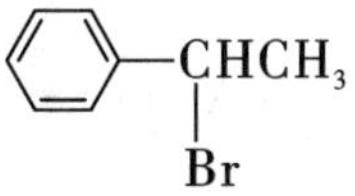

C. 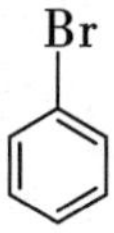

D. 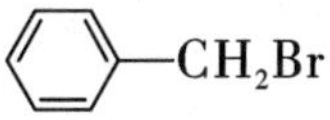

46. 下列化合物中，可以直接用于制备格氏试剂的是（　　）

A. 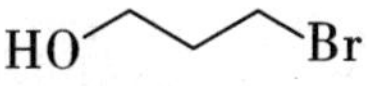

B. 

C. 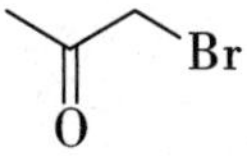

D. 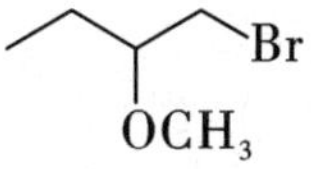

47. 以下关于 S_N1 反应的描述中，错误的是（　　）

A. 是一个分步反应　　B. 得到构型翻转的产物

C. 反应生成碳正离子中间体，易重排　　D. 极性溶剂有利于 S_N1 反应的进行

48. 下列化合物发生 S_N1 反应速度最慢的是（　　）

A. $CH_3CH_2CH_2CH_2Cl$　　B. 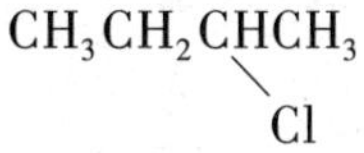

C. 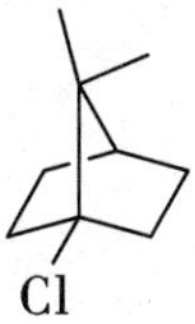

D. $(CH_3)_3CCl$

49 以下描述哪个是对的（　　）

A. S_N1 或 E1 反应总是单分子自己反应，与溶剂无关

B. S_N1 或 E1 反应只是表示关键步骤是单分子反应

C. S_N1 或 E1 反应与其他试剂无关

D. S_N1 或 E1 反应与其反应温度无关

50. 下列化合物中哪个 S_N2 反应速率最快(　　)

A. 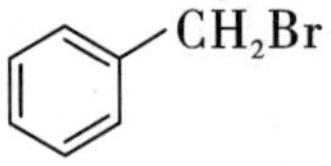 CH_2Br　　B. 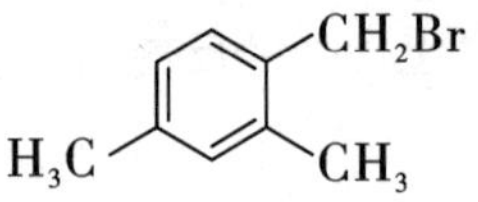 CH_2Br H_3C CH_3

C. 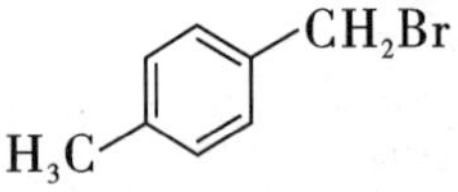 CH_2Br H_3C　　D. 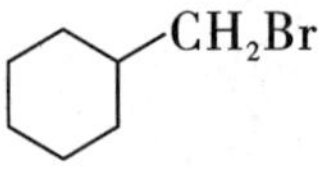 CH_2Br

三、完成下列反应方程式

1. 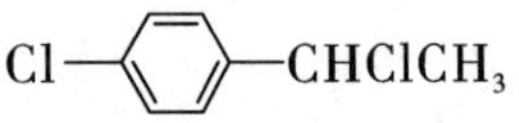 Cl—⟨⟩—$CHClCH_3 + H_2O \xrightarrow{NaOH}$ (　　　　)

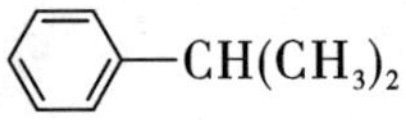

2. ⟨⟩—$CH(CH_3)_2 + Cl_2 \xrightarrow{光}$ (　　　　)

3.  Cl—⟨⟩—Br + Mg $\xrightarrow[无水乙醚]{}$ (　　　　)

4. 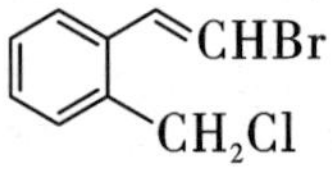 $=CHBr$ CH_2Cl + KCN $\longrightarrow$ (　　　　)

5. $HOCH_2CH_2CH_2Cl + NaOH \xrightarrow[D]{醇}$ (　　　　)

6. 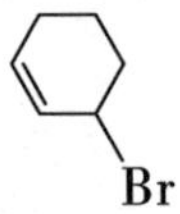 Br + NaOH $\xrightarrow[D]{醇}$ (　　　　)

7. $H_3C—CH═CH_2 \xrightarrow{HBr}$ (　　　　) $\xrightarrow[乙醇]{NaCN}$ (　　　　) $\xrightarrow[H^+]{H_2O}$ (　　　　)

8. $BrHC═CH—CHCl—CH_3 + AgNO_3 \xrightarrow{醇}$ (　　　　) + (　　　　)

9. $CH_3CH═CH_2 \xrightarrow{HBr}$ (　　　　) $\xrightarrow{NaCN}$ (　　　　)

10. 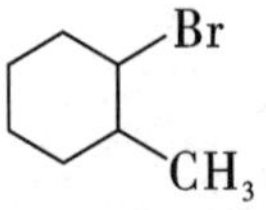 Br CH_3 $\xrightarrow{KOH-乙醇}$ (　　　　)

11. 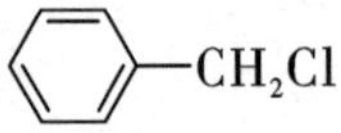 ⟨⟩—$CH_2Cl \xrightarrow{KOH/H_2O}$ (　　　　)

12. $C_2H_5MgBr + H_3CH_2CH_2CH_2CC≡CH \longrightarrow$ (　　　　)

13. 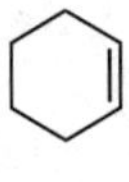 ⟨⟩ + $Cl_2 \longrightarrow$ (　　　　) $\xrightarrow[H_2O]{2KOH}$ (　　　　)

14. $CH_3CH_2CH_2CH_2Br \xrightarrow[Et_2O]{Mg}$ (　　　　) $\xrightarrow{EtOH}$ (　　　　)

15. H_3C—(环己烷环，1-Br，2-CH_3，4-CH_3) $\xrightarrow[D]{KOH-乙醇}$ (　　　　　)

16. C_6H_5—$CH{=}CH_2$ $\xrightarrow{HBr}$ (　　　　　)

17. C_6H_5—CH_2MgBr $\xrightarrow[2)H^+/H_2O]{1)CO_2}$ (　　　　　)

18. C_6H_5—CCl_2—CH_3 $\xrightarrow[C_2H_5OH/D]{2NaOH}$ (　　　　　)

19. H_3C—$C(CH_3)(Cl)$—CH_2CH_3 $\xrightarrow[Et_2O]{Mg}$ (　　　　　) $\xrightarrow{D_2O}$ (　　　　　)

20. (3-溴环己烯) Br $\xrightarrow[CH_3CH_2OH]{KOH}$ (　　　　　) $\xrightarrow{Br_2}$ (　　　　　)

四、完成下列转化(无机试剂任选)

1. $H_3C—CH(Br)—CH_3$ ⟶ $H_3C—CH_2—CH_2(OH)$

2. 1,3-丁二烯 ⟶ 己二酸

3. (氯代环己烷)Cl ⟶ (2-环己烯-1-醇)OH

4. (苯) + CH_3CH_2Cl ⟶ Br—C_6H_4—$CH(OH)CH_3$

5. $CH_3CH_2CH_2Br$ ⟶ $CH_3CH(CH_3)COOH$

6. 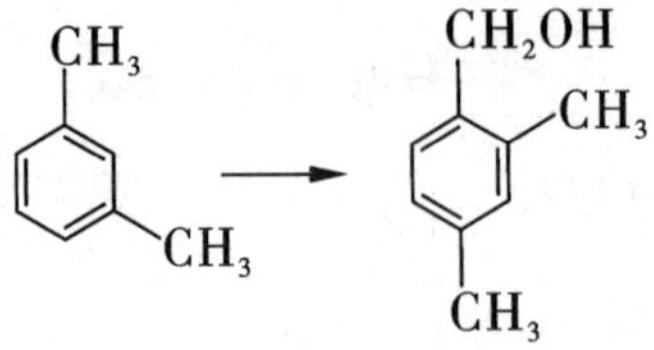 $C_6H_4(CH_3)_2$ (CH₃, CH₃) $\longrightarrow$ (CH_2OH, CH_3, CH_3)

7.  $CH_3-\underset{Br}{CH}-CH_3 \longrightarrow \underset{Cl}{CH_2}-\underset{Cl}{CH}-\underset{Cl}{CH_2}$

8. 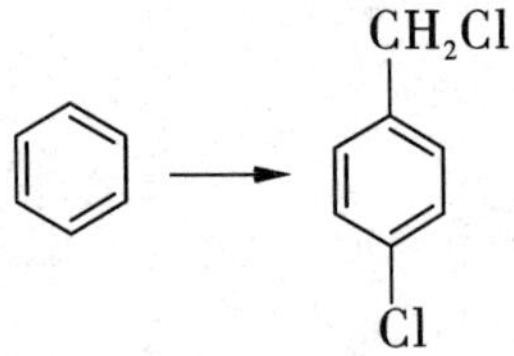 (benzene) $\longrightarrow$ (CH_2Cl, Cl)

9. 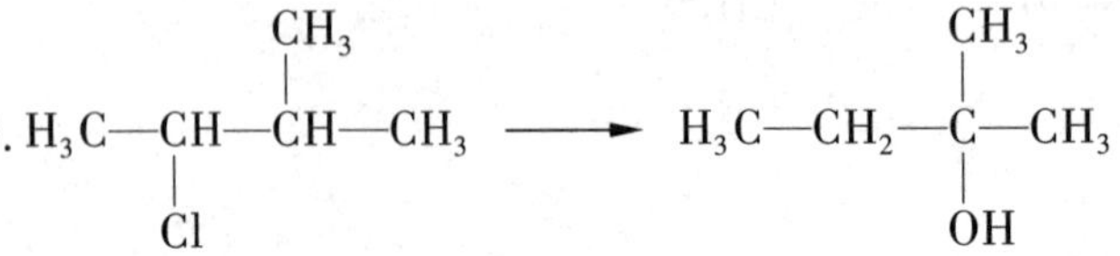 $H_3C-\underset{Cl}{CH}-\overset{CH_3}{CH}-CH_3 \longrightarrow H_3C-CH_2-\overset{CH_3}{\underset{OH}{C}}-CH_3$

10. 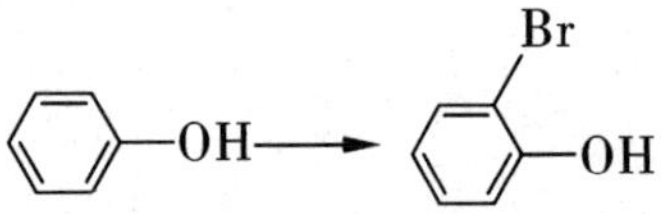 $C_6H_5-OH \longrightarrow$ (Br, OH)

五、用简单的化学方法区别下列各组化合物

1. 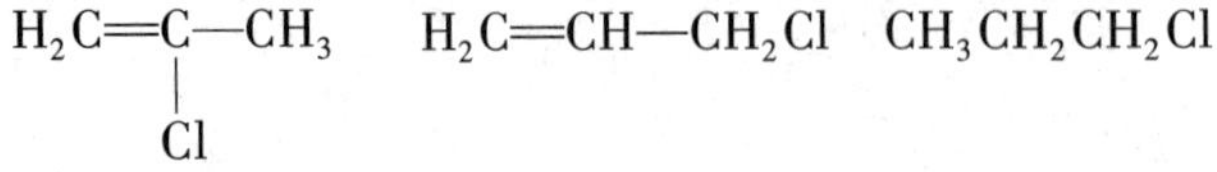 $H_2C=\underset{Cl}{C}-CH_3$　$H_2C=CH-CH_2Cl$　$CH_3CH_2CH_2Cl$

2. 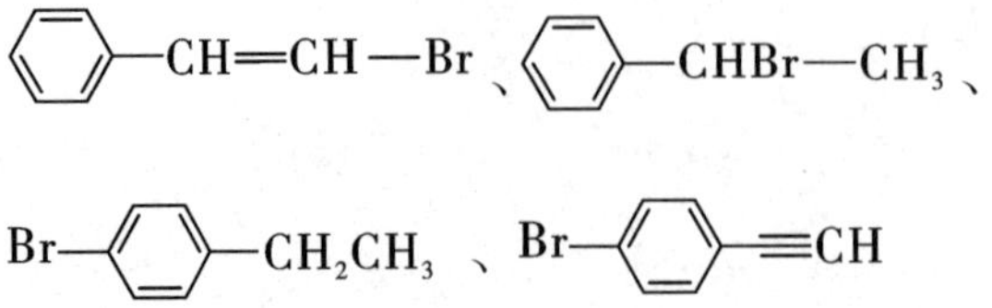 $C_6H_5-CH=CH-Br$、$C_6H_5-CHBr-CH_3$、

$Br-C_6H_4-CH_2CH_3$、$Br-C_6H_4-C\equiv CH$

3. $CH_3CH_2CH_2Br$、$(CH_3)_3CBr$、$CH_2{=}CHCH_2Br$、$CH_3CH_2CH_3$

4. 溴苯、苄溴、溴乙烷

5. 1-氯戊烷、2-溴丁烷、1-碘丙烷

6. 3-溴-2-戊烯、4-溴-2-戊烯、5-溴-2-戊烯

7. $CH_3CH{=}CHBr$, $CH_2{=}CHCH_2Br$, $CH_3CH_2CH_2Br$

8. 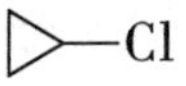 —Cl 、 Cl 、 Cl

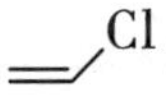

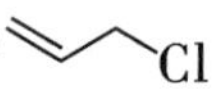

9. 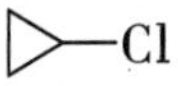 —Cl 、 Cl 、 Cl

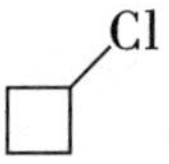

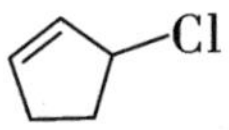

10. 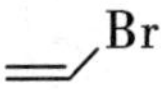 Br 、 Br 、 OH

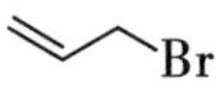

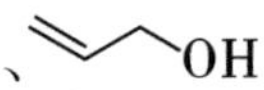

六、推导结构

1. 某一卤代烃 C_4H_9Br(A)与 KOH 的醇溶液作用得到 C_4H_8(B)；B 氧化后得到丙酸 C、CO_2 和 H_2O；B 与 HBr 作用可以得到 A 的异构体 D。试推测 A、B、C、D 的结构式。

2. 某烃 A 的分子式为 C_5H_{10}，A 与溴水不反应。在紫外光下与溴水作用得到 B（C_5H_9Br），将 B 与 KOH 的醇溶液作用得到 C（C_5H_8），C 经臭氧氧化并在锌粉存在下水解得到戊二酸，写出 A、B、C 的结构式。

3. 某烃 A 的分子式为 C_7H_{12}，与溴水作用得到 B（$C_7H_{12}Br_2$），B 在 KOH 的醇溶液中加热生成 C（C_7H_{10}），将 C 与 $KMnO_4$ 的酸性溶液作用只得到丙酮酸和丁二酸。推断 A、B、C 的结构式。

4. 某烃 A 的分子式为 C_5H_{10}，加溴后的产物用 KOH 的醇溶液处理生成 B（C_5H_8），B 能与乙烯反应生成环状化合物 C（C_7H_{12}），试推断 A、B、C 的结构式。

5. 某卤化物的分子式为 $C_6H_{13}I$，用 KOH 的醇溶液处理后的产物经臭氧氧化，再还原水解得到 $(CH_3)_2CHCHO$ 和 CH_3CHO，写出该卤化合物的构造式。

参考答案

第 6 章　旋光异构

【学习要求】

(1)了解旋光异构与分子结构的关系。

(2)掌握含手性碳原子化合物的旋光异构现象。

(3)旋光异构体 Fischer 投影式的写法。

(4)构型的标记法——R/S 法和 D/L 法。

【重点总结】

1. 基本概念

(1)同分异构。分子式相同而结构式不同的异构叫作同分异构。

(2)立体异构。是指分子中原子或官能团的连接顺序或方式相同,但在空间的排列方式不同而产生的异构。

(3)手性。一个物体若与自身镜像不能叠合,则具有手性。

(4)手性分子。在立体化学中,不能与镜像叠合的分子叫手性分子。手性分子具有旋光性。

(5)非手性分子。在立体化学中能与镜像叠合的分子叫非手性分子。非手性分子没有旋光性。

(6)手性碳原子。连有四个不同基团的不对称碳原子。

(7)相对构型。以甘油醛为参比物,用 D/L 标记法标记的构型。手性碳原子上的羟基是投影在右边的叫 D 型;相反的叫 L 型。

(8)绝对构型。用 R、S 标记法标记的构型。

(9)旋光度。当偏振光通过某一旋光性物质时,其振动平面会向着某一方向旋转一定的角度,这一角度叫旋光度,通常用“α”表示。

(10)比旋光度。通常规定溶液的浓度为 1 g/mL,旋光管的长度为 1 dm,在此条件下测得的旋光度称为比旋光度,用$[\alpha]_{\lambda}^{t}$表示。

(11)旋光异构。又称对映异构或光学异构,是指两个分子或多个分子由于构型的差异而表现出的不同旋光性能的现象,这些分子互为旋光异构体。

2. 对映异构体之间性质的差别

化学性质、物理性质均相同，只有旋光性不同。旋光能力相同，方向相反。

3. 分子具有对映异构的条件

分子既无对称面，又无对称中心。此外，分子是否含有手性碳原子是最常用的判定标准。

4. R/S 标记法的规则

（1）按照次序规则，将手性碳原子上的四个原子或基团按先后次序排列，较优的原子或基团排在前面。

（2）将排在最后的原子或基团放在离眼睛最远的位置，其余三个原子或基团放在离眼睛最近的平面上。

（3）按先后次序观察其余三个原子或基团的排列走向，若为顺时针排列，称 R-构型（R：Rectus，拉丁文，右），若为逆时针排列，称 S-构型（S：Sinister，拉丁文，左）。

注：R、S 只表示构型，不代表旋光方向。

5. 费歇尔投影式的投影规则

（1）将碳链竖起来，把氧化态较高的碳原子或命名时编号最小的碳原子放在最上端。

（2）与手性碳原子相连的两个横键伸向前方、两个竖键伸向后方。

（3）横线与竖线的交点代表手性碳原子。

6. 判断两个费歇尔投影式是否是同一构型的方法

（1）若将其中一个费歇尔投影式在纸平面上旋转 180°后，得到的投影式和另一投影式相同，则这两个投影式表示同一构型。

（2）若将其中一个费歇尔投影式在纸平面上旋转 90°（顺时针或逆时针旋转均可）后，得到的投影式和另一投影式相同，则这两个投影式表示两种不同构型，二者是一对对映体。

（3）若将其中一个费歇尔投影式的手性碳原子上的任意两个原子或基团交换偶数次后得到的投影式和另一投影式相同，则这两个投影式表示同一构型。

（4）若将其中一个费歇尔投影式离开纸面翻转，则构型反转。

7. 含有两个手性碳原子化合物的旋光异构

含 n 个手性碳原子的化合物最多有 2^n 种旋光异构体，它们可以组成 2^{n-1} 外消旋体。

8. 其他立体异构现象

（1）取代联苯

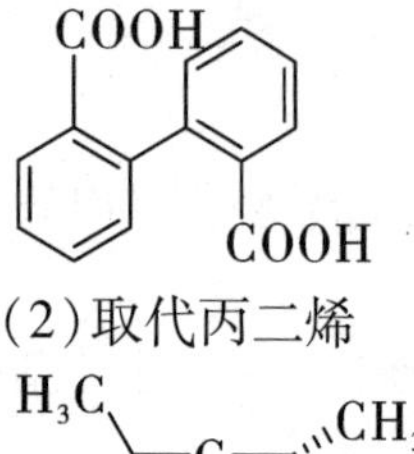

COOH

COOH

（2）取代丙二烯

H_3C CH_3

C=C=C

H H

(3)螺环化合物

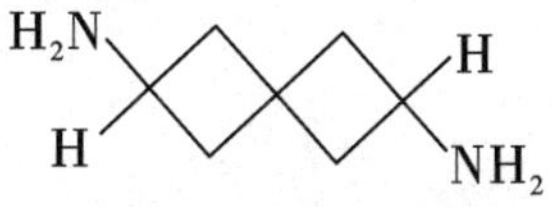

H_2N, H, H, NH_2

(4)取代环丙烷

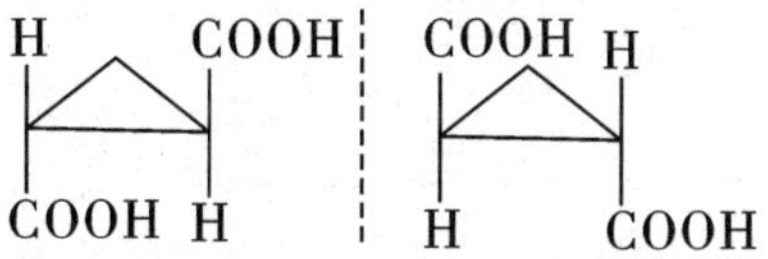

H, COOH, COOH, H | COOH, H, H, COOH

(5)含有其他手性原子的化合物

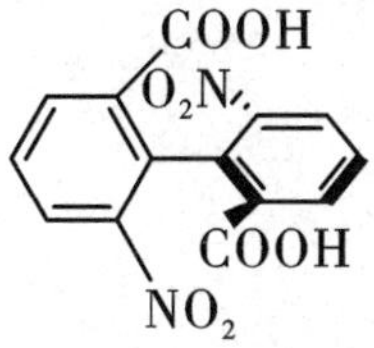

COOH, O_2N, COOH, NO_2

(6)含 N、P 的化合物

CH_3, N^+, C_6H_5, C_2H_5, $CH_2C_6H_5$　　H_3C, P, $CH_2CH_2CH_3$, C_6H_5

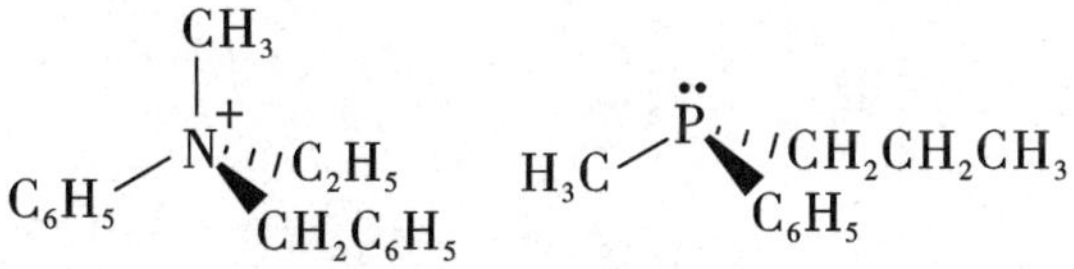

9. 某些有机反应中的立体化学

(1)亲电取代反应的立体化学

1)S_N1 反应——外消旋体。

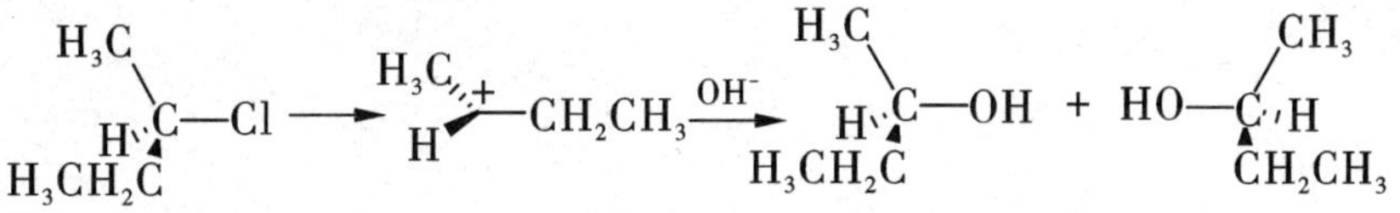

H_3C, H, C—Cl, H_3CH_2C ⟶ H_3C, H, C^+—CH_2CH_3 $\xrightarrow{OH^-}$ H_3C, H, C—OH, H_3CH_2C + HO—C, CH_3, H, CH_2CH_3

2)S_N2 反应——Walden 转化。

OH^- + H_3C, H, C—Cl, H_3CH_2C ⟶ [HO—C—Cl, H, CH_3, CH_2CH_3] ⟶ HO—C, CH_3, H, CH_2CH_3 + Cl^-

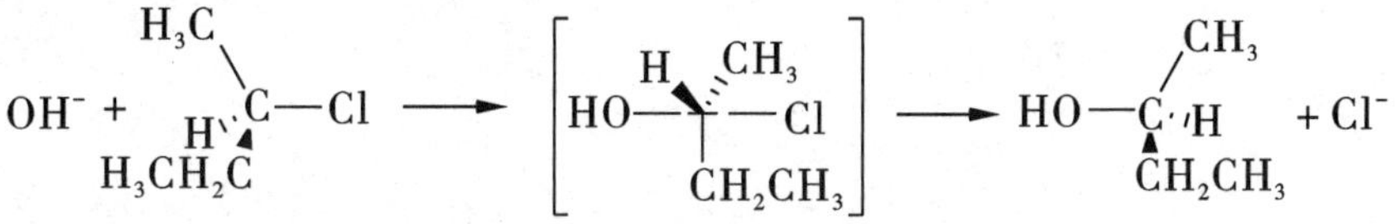

(2)亲电加成反应的立体化学

1)顺式烯烃和溴的加成得到外消旋体

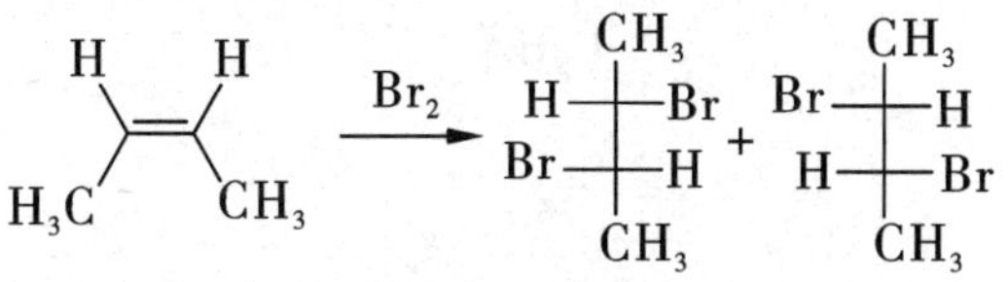

H, H, H_3C, CH_3 $\xrightarrow{Br_2}$ CH_3, H—Br, Br—H, CH_3 + CH_3, Br—H, H—Br, CH_3

2)反式烯烃和溴的加成得到内消旋体

H_3C, H, H, CH_3 $\xrightarrow{Br_2}$ CH_3, H—Br, H—Br, CH_3

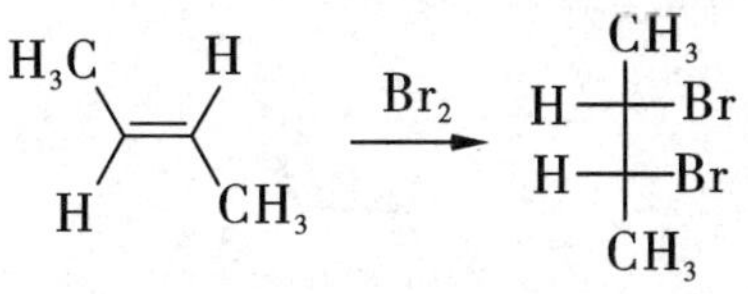

3) E2 的立体化学

反式消除

$$\begin{array}{c} C_6H_5 \\ H_3C-\!\!\!-\!\!\!-H \\ Br-\!\!\!-\!\!\!-H \\ C_6H_5 \end{array} \xrightarrow[-HBr]{KOH/醇} \begin{array}{ccc} H & & CH_3 \\ & C=C & \\ C_6H_5 & & C_6H_5 \end{array}$$

【练习题】

一、命名或写出结构式

1. $H_2C{=}\underset{\displaystyle H}{\underset{|}{C}}-\overset{\displaystyle Cl}{\overset{|}{\underset{\displaystyle H}{\underset{|}{C}}}}-CH_3$

2. $\begin{array}{c} CH_3 \\ H-\!\!\!-\!\!\!-Br \\ H-\!\!\!-\!\!\!-Br \\ C_2H_5 \end{array}$

3. $C_6H_5-\overset{\displaystyle Cl}{\overset{|}{\underset{\displaystyle C_2H_5}{\underset{|}{C}}}}-CH_3$

4. $CH_3CH_2-\overset{\displaystyle CH_3}{\overset{|}{\underset{\displaystyle H}{\underset{|}{C}}}}-OH$

5. $\begin{array}{c} CH_3 \\ Br-\!\!\!-\!\!\!-H \\ C_2H_5 \end{array}$

6. $\begin{array}{c} CH_3 \\ OH-\!\!\!-\!\!\!-H \\ OH-\!\!\!-\!\!\!-H \\ C_2H_5 \end{array}$

7. 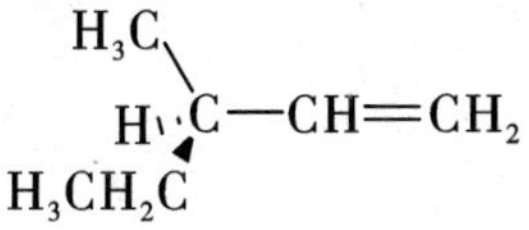 H_3C
H $C—CH=CH_2$
H_3CH_2C

8. 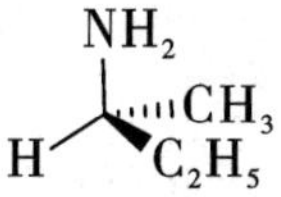 NH_2
H CH_3
C_2H_5

9. 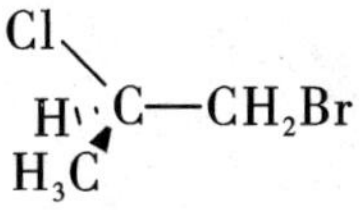 Cl
H $C—CH_2Br$
H_3C

10. (S)-2-氯-2-丁醇

11. (2R,3R)-3-氯-2-溴戊烷

12. (R)-2-溴乙醇

13. (S)-1-氯-乙苯

14. (S)-2-氟丁烷

15. (R)-2-碘-2-丁醇

二、选择题

1. 下列哪个化合物是手性分子(　　)

A. 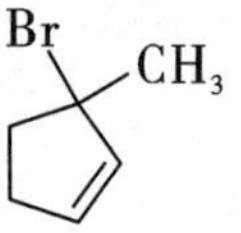 Br, CH_3　　B. 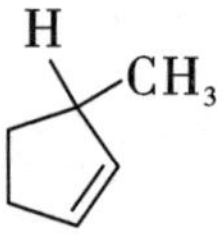 H, CH_3　　C.  Br, CH_3　　D. 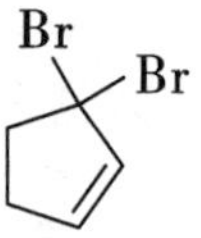 Br, Br

2. 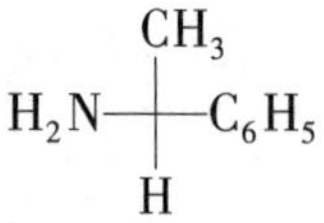 H_2N—(CH_3, H)—C_6H_5 和 H_3C—(C_6H_5, NH_2)—H 的相互关系是(　　)

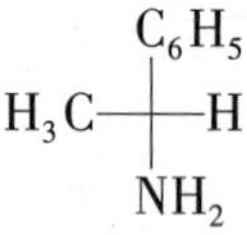

A. 对映异构体　　B. 非对映异构体

C. 相同化合物　　D. 不同化合物

3. 下列化合物中无旋光性的是(　　)

A. 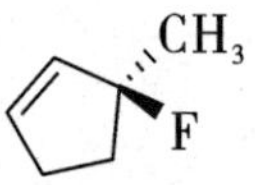 CH_3, F　　B. 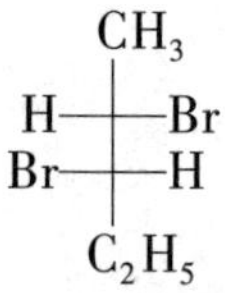 CH_3; H—Br; Br—H; C_2H_5

C. 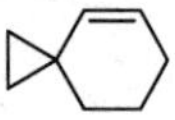　　D. 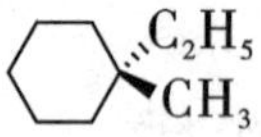 C_2H_5, CH_3

4. 下列化合物中有旋光性的是(　　)

A. 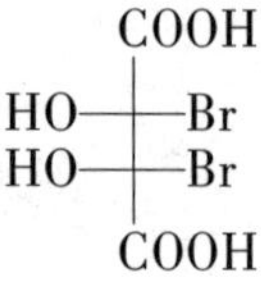 COOH; HO—Br; HO—Br; COOH　　B. 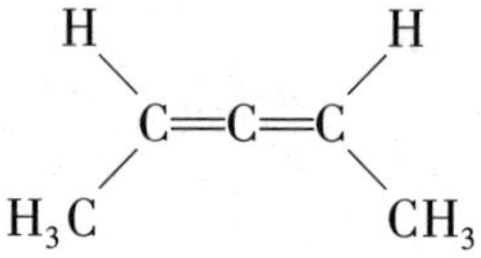 H, H; C=C=C; H_3C, CH_3

C. H, CH_3　　D. 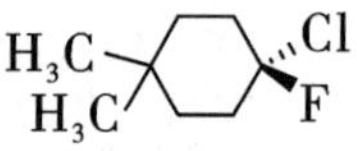 H_3C, H_3C, Cl, F

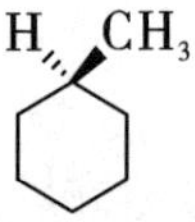

5. 下列化合物中有光学活性的是(　　)

A. 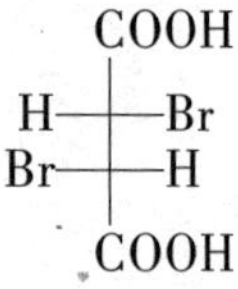 COOH; H—Br; Br—H; COOH　　B. 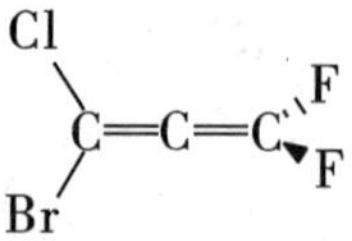 Cl, Br; C=C=C; F, F

C. COOH; HO—CH_3; CH_3　　D. 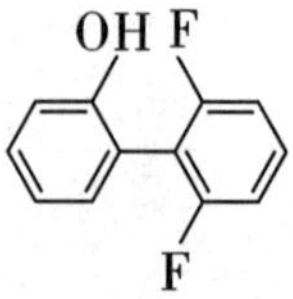 OH, F; F

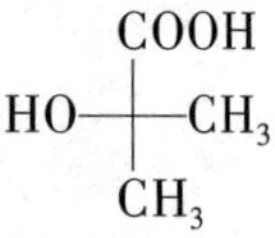

6. 下列化合物中有光学活性的是(　　)

A. 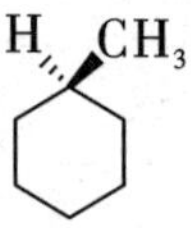 H, CH_3　　B.

C. $(H_3C)(C_2H_5)C=$环己烷$-CH_3$, C_2H_5　　D. H_3C-环己烷$-Br$

7. 下列化合物中无手性碳原子的是(　　)

A. $C_6H_5CHDCH_3$　　B. $H_3CH_2C-CH(OH)COOH$

C. 环己烷(OH, F)　　D. $H_3CH_2C-CH(CH_3)C_2H_5$

8. $HO-C(CH_3)(H)-Br$ 和 $H-C(Br)(CH_3)-OH$ 的相互关系是(　　)

A. 对映异构体　　B. 非对映异构体

C. 相同化合物　　D. 不同化合物

9. 下列化合物存在对映异构体的是(　　)

A. 2-丙醇　　B. 2-丁醇　　C. 1-戊醇　　D. 3-戊醇

10. 下列化合物中,R-构型的是(　　)

A. 上 C_2H_5，左 H，右 Br，下 CH_3　　B. 上 C_2H_5，左 H，右 Cl，下 $HC=CH_2$

C. 上 COOH，左 HO，右 Br，下 CH_3　　D. 上 COOH，左 H_2N，右 H，下 CH_2OH

11. 下列化合物中没有旋光性的是(　　)

A. 环己烷(H, C_2H_5)　　B. 环己烷(H, OH, Cl)

C. 上 CH_3；H—OH；H—Br；下 CH_3　　D. 上 H，左 Br，右 CH_3，下 C_2H_5

12. 下列化合物中为 S-构型的是(　　)

A. 上 CH_3，左 H_2N，右 H，下 C_2H_5　　B. 上 H，左 HO，右 CN，下 CH_3

C. 上 CH_3，左 H，右 I，下 $HC=CH_2$　　D. 上 H，左 I，右 Br，下 Cl

13. 下列化合物中为 S-构型的是(　　)

A. CH_3 / H_2N—┼—H / C_6H_5

B. C_2H_5 / H—┼—Br / $HC{=}CH_2$

C. H / HO—┼—CHO / CH_3

D. Cl / Br—┼—I / H

14. 内消旋酒石酸和外消旋酒石酸什么性质相同(　　)

A. 熔点　　B. 沸点　　C. 在水中溶解度　　D. 比旋光度

15. 下列化合物有手性的是(　　)

A. （螺环结构）—Cl

B. CH_3, H, OH, HO, H, CH_3

C. H_3C, H, C=C=C, CH_3, CH_3

D. H, Cl, CH_3, CH_3, H, Cl

16. CHO / H—┼—OH / HO—┼—H / CH_2OH 的构型,正确命名是(　　)

A. 2S,3S　　B. 2R,3R　　C. 2S,3R　　D. 2R,3S

17. 一个化合物虽然含有手性碳原子,但化合物自身可以与它的镜像叠合,这个化合物叫(　　)

A. 内消旋体　　B. 外消旋体

C. 对映异构体　　D. 低共熔化合物

18. (2R,3S)-(-)-2-羟基-3-氯丁二酸的对映体的构型和旋光性为(　　)

A. (2R,3S)-(-)　　B. (2R,3S)-(+)

C. (2S,3R)-(-)　　D. (2S,3R)-(+)

19. 一对对映体等量混合后得到的是(　　)

A. 低共熔化合物　　B. 对映异构体

C. 内消旋体　　D. 外消旋体

20. 下列化合物为 S-构型的是(　　)

A. CH_3 / HS—┼—H / C_2H_5

B. H / HO—┼—CHO / CH_3

C.
$$\begin{array}{c} C_2H_5 \\ H-\!\!\!+\!\!\!-Br \\ C_3H_7 \end{array}$$

D.
$$\begin{array}{c} C_2H_5 \\ Br-\!\!\!+\!\!\!-H \\ C_3H_7 \end{array}$$

21. 反-2-丁烯和溴加成得(　　)

A. 外消旋体　　B. 非对映体

C. 内消旋体　　D. 构造异构体

22. 顺-2-丁烯和溴加成得(　　)

A. 外消旋体　　B. 非对映体

C. 内消旋体　　D. 相同化合物

23. 化合物 （锯架式：上碳 CH_3、Cl、H；下碳 Br、H、CH_3）和（纽曼投影式：前 CH_3、H、H；后 Cl、Br、CH_3）应属于(　　)

A. 对映体　　B. 非对映体

C. 同一化合物相同构象　　D. 同一化合物不同构象

24. 下列化合物具有对称中心的是(　　)

① 苯　② 顺-2-丁烯（H_3C、CH_3 同侧，H、H 同侧）　③ 间二甲苯（CH_3、CH_3）　④ 反-2-丁烯（H_3C、H / H、CH_3）

A. ①②　　B. ①③　　C. ②④　　D. ①④

25. 化合物
$$\begin{array}{c} CH_3 \\ H-\!\!\!+\!\!\!-Br \\ H-\!\!\!+\!\!\!-Cl \\ CH_3 \end{array}$$
和
$$\begin{array}{c} CH_3 \\ H-\!\!\!+\!\!\!-Cl \\ H-\!\!\!+\!\!\!-Br \\ CH_3 \end{array}$$
属于(　　)

A. 同一化合物　　B. 非对映体

C. 对映体　　D. 顺反异构体

26.
$$\begin{array}{c} CH_3 \\ HO-\!\!\!+\!\!\!-H \\ H-\!\!\!+\!\!\!-OH \\ CH_3 \end{array}$$
的对映体是(　　)

A.
$$\begin{array}{c} CH_3 \\ HO-\!\!\!+\!\!\!-H \\ H_3C-\!\!\!+\!\!\!-H \\ C_2H_5 \end{array}$$

B.
$$\begin{array}{c} OH \\ H-\!\!\!+\!\!\!-CH_3 \\ HO-\!\!\!+\!\!\!-H \\ CH_3 \end{array}$$

C.
OH
H—CH$_3$
H$_3$C—OH
H

D.
OH
H$_3$C—H
H—CH$_3$
OH

27. COOH CH$_3$ H H H H CH$_3$ COOH 分子中存在的对称因素有(　　)

A. 有一个对称面　　B. 有两个对称面

C. 有对称轴　　D. 有对称中心

28. 下列化合物中,(R)-2-碘己烷的对映体是(　　)

A. CH$_3$ n-C$_4$H$_9$ H I

B. CH$_3$ H I n-C$_4$H$_9$

C. CH$_3$ n-C$_4$H$_9$ H I

D. CH$_3$ H I n-C$_4$H$_9$

29. 下列化合物中是 R 构型的是(　　)

A. CH$_3$ ≡—|—= H

B. Br Ph—CH$_3$ H

C. Cl H—|—= CH$_3$

D. CH(CH$_3$)$_2$ H—Cl C$_2$H$_5$

30. 下列化合物是内消旋体的是(　　)

A.
CH$_3$
H—Cl
H$_3$C—Cl
H

B.
Ph
H$_3$C—H
H$_3$C—Ph
H

C.
Ph
H—Cl
H—H
Cl—Ph
H

D.
Ph
HO—H
H—OH
Ph

31. 与
CH$_3$
H—Br
Cl—H
CH$_3$
是同一种化合物的是(　　)

A. 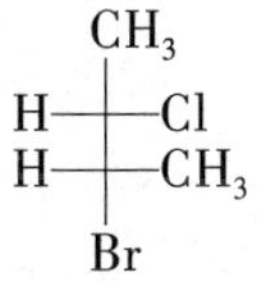
CH_3
H—Cl
H—CH_3
Br

B. 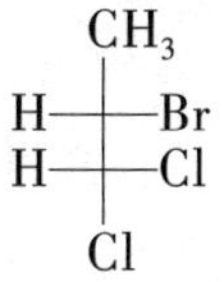
CH_3
H—Br
H—Cl
Cl

C. 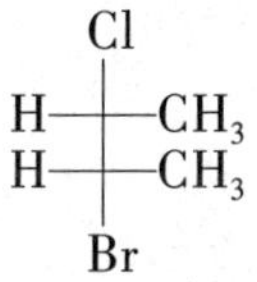
Cl
H—CH_3
H—CH_3
Br

D. 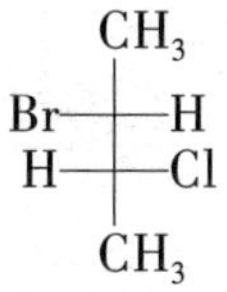
CH_3
Br—H
H—Cl
CH_3

32. 1,2,4-三甲基环己烷的四种异构体最稳定的是(　　)

A.

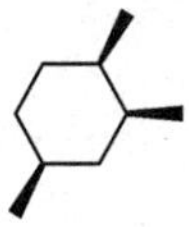

B.

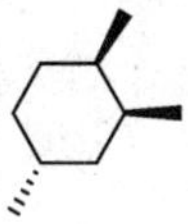

C.

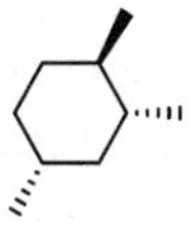

D.

33. 下列化合物中有手性的是(　　)

A.

B. 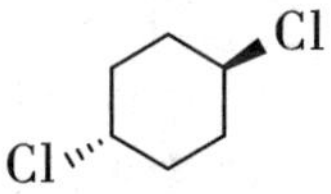 Cl　Cl

C. 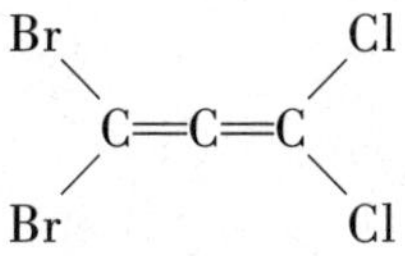 Br　Br　C=C=C　Cl　Cl

D. 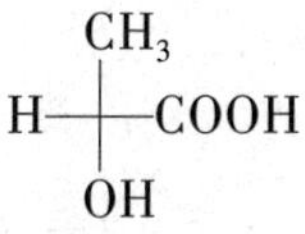
CH_3
H—COOH
OH

34. (R)-2-氯丁烷和(S)-2-氯丁烷(　　)性质不同

A. 熔点　　B. 沸点　　C. 折射率　　D. 比旋光度

35. 判断一个化合物有旋光性的依据是(　　)

A. 分子中有手性碳原子　　B. 分子中存在对称轴

C. 分子中不存在对称轴　　D. 分子不能与其镜像重叠

36. 与 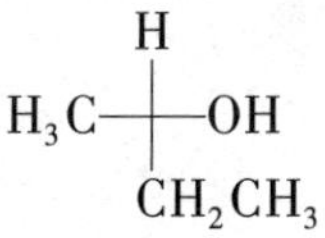
H
H_3C—OH
CH_2CH_3
构型相同的是(　　)

A. 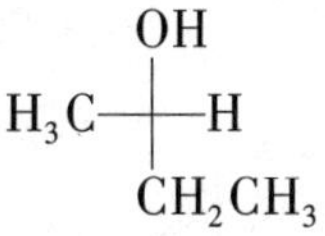
OH
H_3C—H
CH_2CH_3

B. 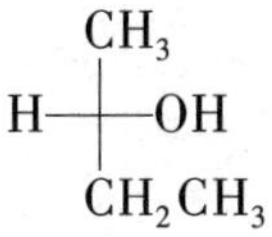
CH_3
H—OH
CH_2CH_3

C. 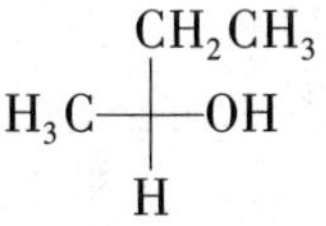
CH_2CH_3
H_3C—OH
H

D. 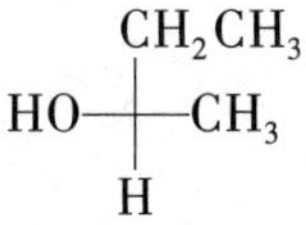
CH_2CH_3
HO—CH_3
H

37. 下列酒石酸的构型为(　　)

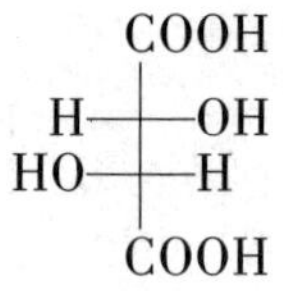

COOH
H—OH
HO—H
COOH

A. 2R,3R　　B. 2S,3S　　C. 2R,3S　　D. 2S,3R

38. (1R,2R)—1-溴-1,2-二苯基丙烷的结构式为(　　)

A. 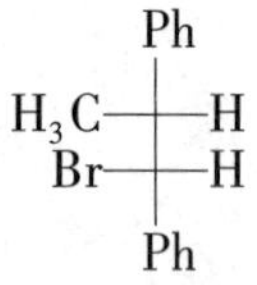
Ph
H_3C—H
Br—H
Ph

B. 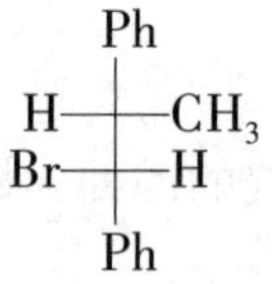
Ph
H—CH_3
Br—H
Ph

C. 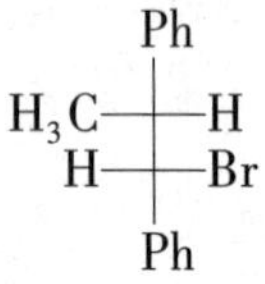
Ph
H_3C—H
H—Br
Ph

D. 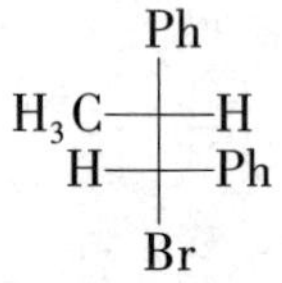
Ph
H_3C—H
H—Ph
Br

39. 下面哪个化合物与R-2-溴丙酸是同一化合物(　　)

A. 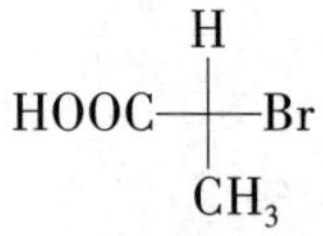
H
HOOC—Br
CH_3

B. 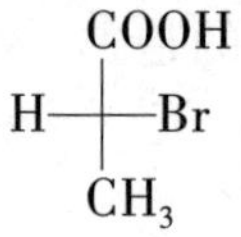
COOH
H—Br
CH_3

C. 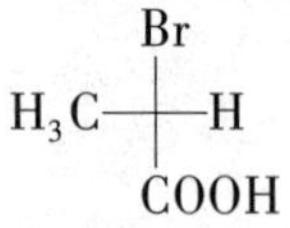
Br
H_3C—H
COOH

D. 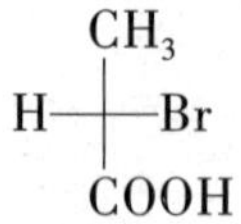
CH_3
H—Br
COOH

40. 下面哪个化合物与R-2-溴丙酸是对映异构体(　　)

A. 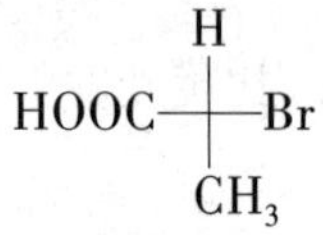
H
HOOC—Br
CH_3

B. 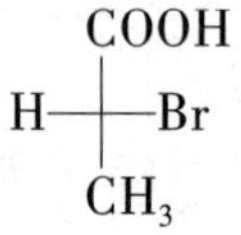
COOH
H—Br
CH_3

C. 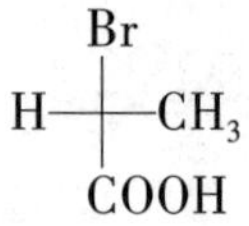
Br
H—CH_3
COOH

D. 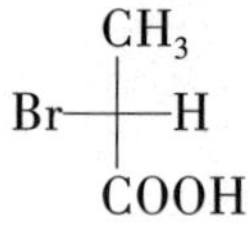
CH_3
Br—H
COOH

41. 下列化合物哪个是内消旋体(　　)

A. 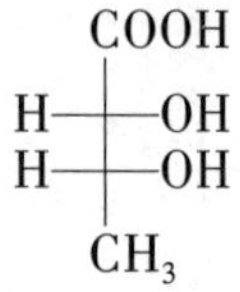
COOH
H—OH
H—OH
CH_3

B. 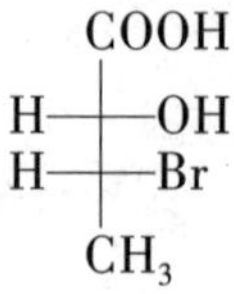
COOH
H—OH
H—Br
CH_3

C. 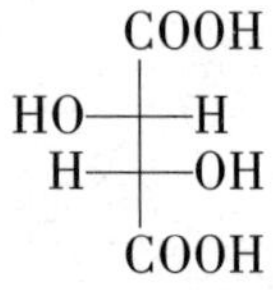
COOH
HO—H
H—OH
COOH

D. 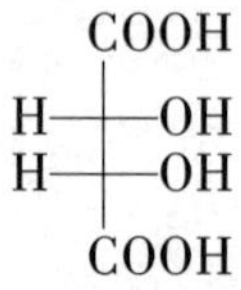
COOH
H—OH
H—OH
COOH

42. 下面哪个化合物与(2R,3S)-2,3-二溴戊酸是对映异构体(　　)

A.
$$\begin{array}{c} COOH \\ Br-\!\!\!-\!\!\!+\!\!\!-\!\!\!-H \\ Br-\!\!\!-\!\!\!+\!\!\!-\!\!\!-H \\ CH_2CH_3 \end{array}$$

B.
$$\begin{array}{c} COOH \\ H-\!\!\!-\!\!\!+\!\!\!-\!\!\!-Br \\ Br-\!\!\!-\!\!\!+\!\!\!-\!\!\!-CH_2CH_3 \\ H \end{array}$$

C.
$$\begin{array}{c} COOH \\ H-\!\!\!-\!\!\!+\!\!\!-\!\!\!-Br \\ H-\!\!\!-\!\!\!+\!\!\!-\!\!\!-Br \\ CH_2CH_3 \end{array}$$

D.
$$\begin{array}{c} COOH \\ H-\!\!\!-\!\!\!+\!\!\!-\!\!\!-Br \\ Br-\!\!\!-\!\!\!+\!\!\!-\!\!\!-H \\ CH_2CH_3 \end{array}$$

43. 下面哪个化合物与(2R,3S)-2,3-二溴戊酸是同一化合物(　　)

A.
$$\begin{array}{c} COOH \\ Br-\!\!\!-\!\!\!+\!\!\!-\!\!\!-H \\ Br-\!\!\!-\!\!\!+\!\!\!-\!\!\!-H \\ CH_2CH_3 \end{array}$$

B.
$$\begin{array}{c} COOH \\ H-\!\!\!-\!\!\!+\!\!\!-\!\!\!-Br \\ Br-\!\!\!-\!\!\!+\!\!\!-\!\!\!-CH_2CH_3 \\ H \end{array}$$

C.
$$\begin{array}{c} COOH \\ H-\!\!\!-\!\!\!+\!\!\!-\!\!\!-Br \\ H-\!\!\!-\!\!\!+\!\!\!-\!\!\!-Br \\ CH_2CH_3 \end{array}$$

D.
$$\begin{array}{c} COOH \\ H-\!\!\!-\!\!\!+\!\!\!-\!\!\!-Br \\ Br-\!\!\!-\!\!\!+\!\!\!-\!\!\!-H \\ CH_2CH_3 \end{array}$$

44. 化合物(+)和(-)甘油醛的性质不同的是(　　)

A. 熔点　　B. 旋光性　　C. 折光率　　D. 相对密度

45. 具有旋光异构体的化合物是(　　)

A. $(CH_3)_2CHCOOH$　　B. $CH_3COCOOH$

C. $CH_3CH(OH)COOH$　　D. $HOOCCH_2COOH$

46. $\begin{array}{c} COOH \\ H-\!\!\!-\!\!\!+\!\!\!-\!\!\!-OH \\ CH_2OH \end{array}$ 中的手性碳原子的构型是(　　)

A. R 或 D 型　　B. R 或 L 型　　C. S 或 D 型　　D. S 或 L 型

47. 下列叙述正确的是(　　)

A. 具有手性碳原子的化合物必定具有旋光性

B. 含有一个手性碳原子且为 D 型的化合物,其旋光方向必为右旋

C. 分子中含有 n 个手性碳原子的化合物具有 2^n 个旋光异构体

D. 手性分子必定具有旋光性

48. 旋光物质具有旋光性的根本原因是(　　)

A. 分子中具有手性碳原子　　B. 分子中具有对称中心

C. 分子的不对称性　　D. 分子中没有手性碳原子

49. 下列说法正确的是(　　)

A. 有机分子中若有对称中心,则无手性

B. 有机分子中若没有对称面,则必有手性

C. 手性碳是分子具有手性的必要条件

D. 有机分子中若有对称中心,则有手性

50. 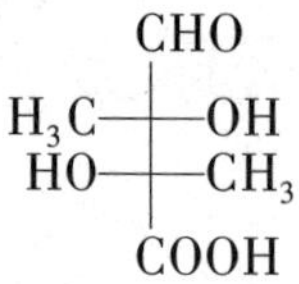 Fischer 投影式：上 CHO；H_3C—|—OH；HO—|—CH_3；下 COOH 的构型为(　　)

A. 2R,3R　　B. 2S,3R　　C. 2R,3S　　D. 2S,3S

三、完成下列反应方程式

1. 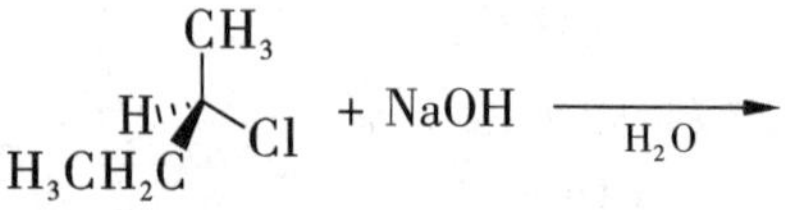 CH_3、H、Cl、H_3CH_2C 立体结构 + NaOH $\xrightarrow{H_2O}$ (　　　　)

2. 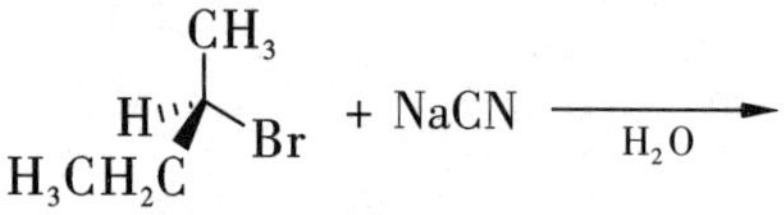 CH_3、H、Br、H_3CH_2C 立体结构 + NaCN $\xrightarrow{H_2O}$ (　　　　)

3. H、H / H_3C、CH_3（顺-2-丁烯）$\xrightarrow{Br_2}$ (　　　　)

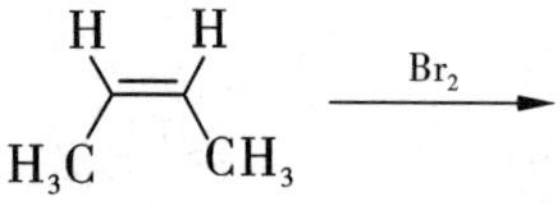

4. 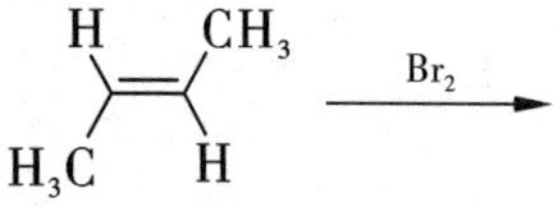 H、CH_3 / H_3C、H（反-2-丁烯）$\xrightarrow{Br_2}$ (　　　　)

5. 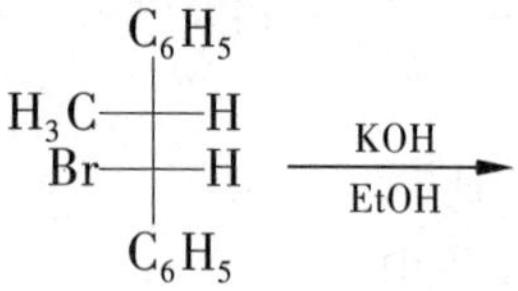 Fischer 投影式：上 C_6H_5；H_3C—|—H；Br—|—H；下 C_6H_5 $\xrightarrow[EtOH]{KOH}$ (　　　　)

6. 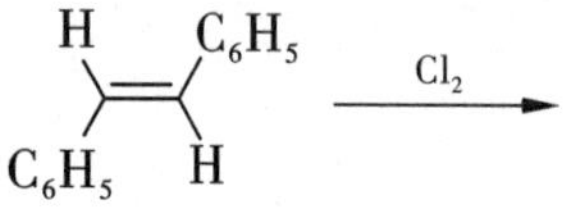 H、C_6H_5 / C_6H_5、H $\xrightarrow{Cl_2}$ (　　　　)

7. 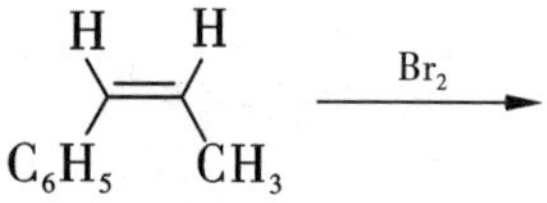 H、H / C_6H_5、CH_3 $\xrightarrow{Br_2}$ (　　　　)

8. 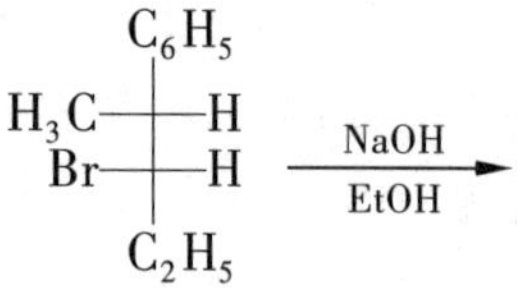 Fischer 投影式：上 C_6H_5；H_3C—|—H；Br—|—H；下 C_2H_5 $\xrightarrow[EtOH]{NaOH}$ (　　　　)

9. 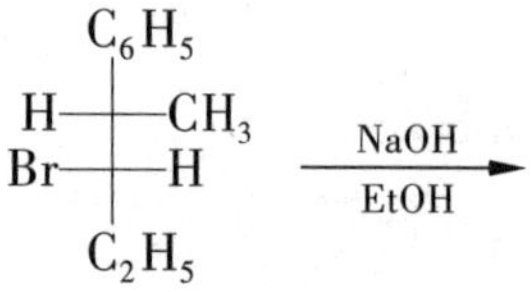 Fischer 投影式：上 C_6H_5；H—|—CH_3；Br—|—H；下 C_2H_5 $\xrightarrow[EtOH]{NaOH}$ (　　　　)

10. 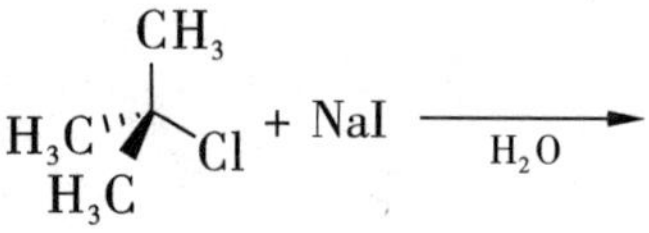 CH_3、H_3C、Cl、H_3C 立体结构 + NaI $\xrightarrow{H_2O}$ (　　　　)

11. $$\begin{array}{c} C_2H_5 \\ H-\!\!\!-\!\!\!+\!\!\!-\!\!\!-CH_3 \\ Br-\!\!\!-\!\!\!+\!\!\!-\!\!\!-H \\ C_2H_5 \end{array} \xrightarrow[EtOH]{KOH} (\qquad\qquad\qquad)$$

12. $$\begin{array}{c} C_2H_5 \\ H-\!\!\!-\!\!\!+\!\!\!-\!\!\!-CH_3 \\ Br-\!\!\!-\!\!\!+\!\!\!-\!\!\!-CH_3 \\ C_2H_5 \end{array} \xrightarrow[EtOH]{KOH} (\qquad\qquad\qquad)$$

13. $$\begin{array}{cc} H & CH_3 \\ \multicolumn{2}{c}{C=C} \\ C_6H_5 & H \end{array} \xrightarrow{Cl_2} (\qquad\qquad\qquad)$$

14. $$\begin{array}{cc} H & H \\ \multicolumn{2}{c}{C=C} \\ C_6H_5 & CHO \end{array} \xrightarrow{Br_2} (\qquad\qquad\qquad)$$

15. $$\begin{array}{cc} C_2H_5 & H \\ \multicolumn{2}{c}{C=C} \\ H_3C & CHO \end{array} \xrightarrow{Br_2} (\qquad\qquad\qquad)$$

16. $$\begin{array}{cc} C_6H_5 & H \\ \multicolumn{2}{c}{C=C} \\ H_3C & CHO \end{array} \xrightarrow{Br_2} (\qquad\qquad\qquad)$$

17. $$\begin{array}{c} C_2H_5 \\ H-\!\!\!-\!\!\!+\!\!\!-\!\!\!-CH_3 \\ Br-\!\!\!-\!\!\!+\!\!\!-\!\!\!-H \\ C_6H_5 \end{array} \xrightarrow[EtOH]{NaOH} (\qquad\qquad\qquad)$$

18. $$\begin{array}{c} CHO \\ H-\!\!\!-\!\!\!+\!\!\!-\!\!\!-CH_3 \\ Br-\!\!\!-\!\!\!+\!\!\!-\!\!\!-H \\ C_6H_5 \end{array} \xrightarrow[EtOH]{KOH} (\qquad\qquad\qquad)$$

19. $$\begin{array}{c} CH_3 \\ H_3C\cdots C-Cl \\ H_3C \end{array} + NaCN \xrightarrow[H_2O]{} (\qquad\qquad\qquad)$$

20. $$\begin{array}{cc} H & CHO \\ \multicolumn{2}{c}{C=C} \\ C_6H_5 & H \end{array} \xrightarrow{Br_2} (\qquad\qquad\qquad)$$

四、完成下列转化(无机试剂任选)

1. $$\begin{array}{c} CHO \\ H-\!\!\!-\!\!\!+\!\!\!-\!\!\!-H \\ Br-\!\!\!-\!\!\!+\!\!\!-\!\!\!-H \\ C_6H_5 \end{array} \longrightarrow \begin{array}{c} CHO \\ Br-\!\!\!-\!\!\!+\!\!\!-\!\!\!-H \\ Br-\!\!\!-\!\!\!+\!\!\!-\!\!\!-H \\ C_6H_5 \end{array}$$

2. $CH(CH_3)_3 \longrightarrow$ $(H_3C)(H_3C)(CH_3)C$—COOH

$$\begin{array}{c} CH_3 \\ H_3C\text{''}\!\!\blacktriangledown\!\!\diagdown COOH \\ H_3C \end{array}$$

3.
$$\begin{array}{c} C_2H_5 \\ H-\!\!\!+\!\!\!-CH_3 \\ Br-\!\!\!+\!\!\!-CH_3 \\ C_2H_5 \end{array} \longrightarrow \begin{array}{c} C_2H_5 \\ Cl-\!\!\!+\!\!\!-CH_3 \\ H_3C-\!\!\!+\!\!\!-Cl \\ C_2H_5 \end{array}$$

4.
$$\begin{array}{c} C_2H_5 \\ H-\!\!\!+\!\!\!-CH_3 \\ Br-\!\!\!+\!\!\!-CH_3 \\ C_2H_5 \end{array} \longrightarrow \begin{array}{c} C_2H_5 \\ Br-\!\!\!+\!\!\!-CH_3 \\ H_3C-\!\!\!+\!\!\!-Br \\ C_2H_5 \end{array}$$

5.
$$\begin{array}{c} CHO \\ H-\!\!\!+\!\!\!-H \\ Br-\!\!\!+\!\!\!-H \\ C_6H_5 \end{array} \longrightarrow \begin{array}{c} CHO \\ Cl-\!\!\!+\!\!\!-H \\ Cl-\!\!\!+\!\!\!-H \\ C_6H_5 \end{array}$$

6. $CH(CH_3)_3 \longrightarrow$ $(H_3C)(H_3C)(CH_3)C$—$CONH_2$

$$\begin{array}{c} CH_3 \\ H_3C\text{''}\!\!\blacktriangledown\!\!\diagdown CONH_2 \\ H_3C \end{array}$$

7.
$$\begin{array}{c} CH_3 \\ H-\!\!\!+\!\!\!-H \\ Cl-\!\!\!+\!\!\!-H \\ C_6H_5 \end{array} \longrightarrow \begin{array}{c} CH_3 \\ Cl-\!\!\!+\!\!\!-H \\ Cl-\!\!\!+\!\!\!-H \\ C_6H_5 \end{array}$$

8.
$$\begin{array}{cc} H & CH_3 \\ \diagdown\!\!=\!\!\diagup & \\ C_6H_5 & H \end{array} \longrightarrow C_6H_5-C\equiv C-CH_3$$

9. 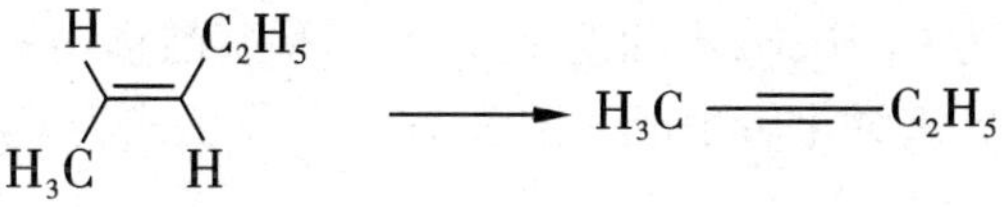

10. 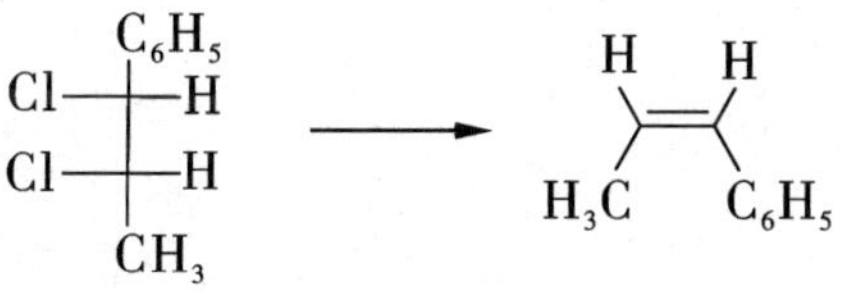

五、推导结构

1. 分子式为 C_6H_{12}的开链烃 A，有旋光性。经催化加氢生成无旋光性的 B，分子式为 C_6H_{14}。写出 A、B 的结构式。

2. 有两种烯烃 A 和 B，分子式均为 C_7H_{14}，它们都有旋光性，且旋光方向相同，分别催化加氢后都得到 C，C 也有旋光性。写出 A、B、C 的结构式。

3. 化合物 A 的分子式为 C_6H_{10}，有光学活性，A 与硝酸银氨溶液作用生成一沉淀物 B，A 经催化加氢得到化合物 C；C 的分子式为 C_6H_{14}，无光学活性且不能拆分，试写出 A、B、C 的结构式。

4. 一个有光学活性的醇 A，分子式为 $C_{11}H_{16}O$，不和溴水反应，与稀硫酸作用得脱水产物 B，分子式为 $C_{11}H_{14}$，B 无光学活性，臭氧氧化后生成丙醛和另一个分子式为 C_8H_8O 的产物酮 C，试写出 A、B、C 的结构式。

5. 化合物 A，分子式为 C_7H_{12}，有光学活性，能吸收 1 mol 氢生成 B，B 被酸性高锰酸钾溶液氧化后得到乙酸和另一个有光学活性的酸 $C_5H_{10}O_2$，试写出 A、B 的结构式。

参考答案

第 7 章 醇、酚、醚

【学习要求】

(1)掌握醇、酚、醚的命名及化学性质。

(2)理解醇、酚、醚结构和性质之间的关系。

(3)了解醇、酚、醚各主要化合物的应用。

【重点总结】

1. 醇、酚、醚的分类和命名

2. 醇、酚、醚的物理性质

醇、酚、醚都能与水分子形成氢键,有利于提高水溶性;醇和酚分子间能形成氢键,沸点比分子质量相近的烃要高。

3. 醇的结构特点和化学性质

(1)酸性。O—H 键极性较强,具有酸性,可与活泼金属反应生成盐,反应活性为:H_2O>CH_3OH>1°醇(伯醇)>2°醇(仲醇)>3°醇(叔醇)。

(2)卤代烃的生成。醇中 C—O 键为极性键,在一定条件下能断裂,发生亲核取代反应。例如,与氢卤酸、卤化磷等反应生成卤代烃。不同烃基结构的醇与同一种氢卤酸反应的活性次序为:烯丙基型醇>苄醇>3°醇>2°醇>1°醇>甲醇。

卢卡斯试剂可用于鉴别不同结构的六个碳原子以下的一元醇。

(3)脱水反应。醇在较高温度下分子内脱水生成较稳定的烯烃;在较低温度下分子间脱水生成醚。常用质子酸(硫酸和磷酸)或 Al_2O_3 作为催化剂。

(4)醇的氧化和脱氢。由于醇羟基的吸电子诱导效应使得 α-H 的活性增大,伯醇容易被氧化成醛或羧酸,仲醇容易被氧化成酮,叔醇因无 α-H 不易被氧化。

(5)醇的重要化学性质。

RCH_2CH_2OH —

- $+ Na \longrightarrow RCH_2CH_2ONa$　酸性
- $+ H^+ \longrightarrow RCH_2CH_2O^+H_2$　碱性
- $+ HX \longrightarrow RCH_2CH_2X (X=Cl,Br,I)$
  $+ SOCl_2 \longrightarrow RCH_2CH_2Cl$　羟基的取代(卤代)
  $+ PX_3 \longrightarrow RCH_2CH_2X (X=Br,I)$
- $+ R'COOH \longrightarrow R'COOCH_2CH_2R$　酯化反应
- $+ H_2SO_4 \xrightarrow{\triangle} RCH=CH_2$　分子内脱水
- $+ RCH_2CH_2OH \xrightarrow{H^+} (RCH_2CH_2)_2O$　分子间脱水
- 1°醇 $\longrightarrow RCH_2CHO \longrightarrow RCH_2COOH$　氧化(脱氢)反应
  2°醇 $\longrightarrow RCOR'$

4. 酚的化学性质

(1)弱酸性:酚羟基中 O—H 键极性较强,容易断裂释放出质子,显酸性。酚能与氢氧化钠或碳酸钠溶液反应生成盐,酚的酸性弱于碳酸,不能与碳酸氢钠反应。

(2)与 $FeCl_3$ 发生显色反应,可用于鉴别酚类或具有稳定烯醇式结构的化合物。

(3)酚醚和酚酯的生成(与醇类似)。

(4)芳环上的亲电取代。

苯酚(OH) + Br_2 ⟶ 2,4,6-三溴苯酚(OH, Br, Br, Br)↓ + HBr

(5)氧化反应。

苯酚(OH) $\xrightarrow{[O]}$ 对苯醌(O, O)

(6)酚的重要化学性质。

ArOH —
- $+ NaOH \rightarrow ArONa + H_2O$　酸性
- $+ Fe^{3+} \rightarrow$ 有色物质　显色反应
- $+ RX \rightarrow ArOR$　与卤代烃成醚
- $+ RCOX \rightarrow ArO{-}COR$　与酰卤成酯

5. 醚的化学性质

(1)锌盐的生成:醚与强酸生成盐,可溶于冷强酸,遇水稀释会析出原来的醚。

(2)醚键的断裂:在高温下,浓 HI、浓 HBr 能使醚键断裂,生成卤代烃和醇或酚。

(3)过氧化物的生成:很多醚在空气中会被缓慢氧化生成过氧化物,其在加热时会发生剧烈爆炸,因此在使用醚之前应检验是否有过氧化物存在,如有,则用还原剂除去。

(4)醚的重要化学性质(说明:醚与氢卤酸反应,一般应是较小的烃基生成卤代烃)。

ROR' —
(R<R')
- $+ H_2SO_4 \rightarrow R\overset{H^+}{O}R' + HSO_4^-$　碱性，生成锌盐
- $+ HI \rightarrow R'I + ROH \xrightarrow{HI} RI$　(HI>HBr>HCl)
- $+ O_2 \rightarrow$ —CH(OOH)OR（—CHOR 上连 OOH）　过氧化物生成

【练习题】

一、命名或写出结构式

1. $C_6H_5CH_2CH_2OH$

2. $H_2C{=}CHCH_2OH$

3. $HOCH_2CH_2C(CH_3)_3$

4. $HSCH_2CH_2OH$

5. $HOCH_2CHCH_2OPO_3H_2$
　　$|$
　　OH

6. $HOCH_2CHCH_2OH$
　　$|$
　　CH_3

7. 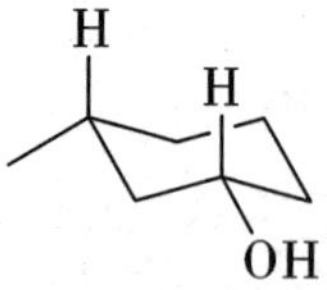 H H OH

8. 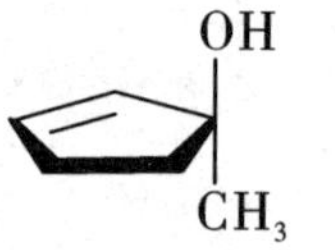 OH CH_3

9. 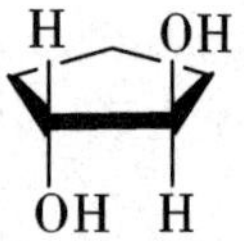 H OH OH H

10. 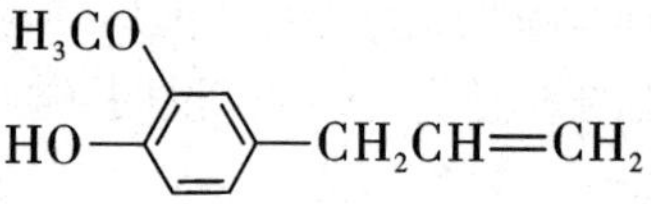 H_3CO HO $CH_2CH{=}CH_2$

11. 2-甲基戊二醇

12. 巯基乙酸

13. 5-氯-6-(3-氯苯基)-2-庚烯-1-醇

14. (1R,2R)-1,2-环己二醇

15. (Z)-2-丁烯醇

二、选择题

1. 下列物质与 Lucas(卢卡斯)试剂作用最先出现浑浊的是(　　)

A. 伯醇　　B. 仲醇　　C. 叔醇　　D. 叔卤代烷

2. 下列物质酸性最强的是(　　)

A. H_2O　　B. CH_3CH_2OH　　C. 苯酚　　D. $HC{\equiv}CH$

3. 下列化合物的酸性次序是(　　)

①C_6H_5OH;②$HC{\equiv}CH$;③CH_3CH_2OH;④$C_6H_5SO_3H$

A. ①>②>③>④　　B. ①>③>②>④

C. ②>③>①>④　　D. ④>①>③>②

4. 下列醇与 HBr 进行 S_N1 反应的速度次序是(　　)

a. C_6H_5—CH_2OH　b. O_2N—C_6H_4—CH_2OH　c. H_3CO—C_6H_4—CH_2OH

A. b>a>c　　B. a>c>b　　C. c>a>b　　D. c>b>a

5. 下列物质可以在质量分数为 50% 以上 H_2SO_4 溶液中溶解的是(　　)

A. 溴代丙烷　　B. 环己烷　　C. 乙醚　　D. 甲苯

6. 下列化合物能够形成分子内氢键的是(　　)

A. *o*-$CH_3C_6H_4OH$　　B. *p*-$O_2NC_6H_4OH$

C. *p*-$CH_3C_6H_4OH$　　D. *o*-$O_2NC_6H_4OH$

7. 能用来鉴别 1-丁醇和 2-丁醇的试剂是(　　)

A. KI/I_2　　B. $I_2/NaOH$　　C. $ZnCl_2$　　D. Br_2/CCl_4

8. 常用来防止汽车水箱结冰的防冻剂是(　　)

A. 甲醇　　B. 乙醇　　C. 乙二醇　　D. 丙三醇

9. 不对称的仲醇和叔醇进行分子内脱水时,消除的取向应遵循(　　)

A. 马氏规则　　B. 次序规则　　C. 扎依采夫规则　　D. 醇的活性次序

10. 下列化合物中,具有对映异构体的是(　　)

A. CH_3CH_2OH　　B. CCl_2F_2

C. $HOCH_2CHOHCH_2OH$　　D. $CH_3CHOHCH_2CH_3$

11. 医药上使用的消毒剂"煤酚皂"俗称"来苏儿",是 47% ~53% (　　)的肥皂水溶液

A. 苯酚　　B. 甲苯酚　　C. 硝基苯酚　　D. 苯二酚

12. 下列 RO^- 中碱性最强的是(　　)

A. CH_3O^-　　B. $CH_3CH_2O^-$　　C. $(CH_2)_2CHO^-$　　D. $(CH_3)_3CO^-$

13. (OH, NO_2 邻位取代苯) 比 (OH, NO_2 间位取代苯) 易被水蒸气蒸馏分出,是因为前者(　　)

A. 可形成分子内氢键　　B. 硝基是吸电子基

C. 羟基吸电子作用　　D. 可形成分子间氢键

14. 苯酚易进行亲电取代反应是由于(　　)

A. 羟基的诱导效应大于共轭效应,结果使苯环电子云密度增大

B. 羟基的共轭效应大于诱导效应,使苯环电子云密度增大

C. 羟基只具有共轭效应

D. 羟基只具有诱导效应

15. 禁止用工业酒精配制饮料酒,是因为工业酒精中含有下列物质中的(　　)

A. 甲醇　　B. 乙二醇　　C. 丙三醇　　D. 异戊醇

16. 下列化合物中与 HBr 反应速度最快的是(　　)

A. $HOCHCH_2CH_3$ 连于苯环（$C_6H_5CH(OH)CH_2CH_3$）

B. $C_6H_5CH_2CH_2OH$

C. $C_6H_5CH_2CH(OH)CH_3$

D. $H_3CCH(C_6H_5)CH_2OH$

17. 下列酚类化合物中，pK_a 值最大的是(　　)

A. 对-$N(CH_3)_2$ 苯酚

B. 对-Cl 苯酚

C. 对-CH_3 苯酚

D. 对-NO_2 苯酚

18. 下列物质最易发生脱水成烯反应的是(　　)

A. 环己醇（OH）

B. 环己基 CH_2OH

C. 邻甲基苯酚（OH，CH_3）

D. 环己基 $CH_2C(CH_3)(OH)C_2H_5$

19. 与 Lucas 试剂反应最快的是(　　)

A. $CH_3CH_2CH_2CH_2OH$　　B. $(CH_3)_2CHCH_2OH$

C. $(CH_3)_3COH$　　D. $(CH_3)_2CHOH$

20. 加适量溴水于饱和水杨酸溶液中，立即产生白色沉淀的是(　　)

A. OH，CO_2H，Br（2-羟基-6-溴苯甲酸）

B. Br，Br，OH，CO_2H（3,4-二溴-2-羟基苯甲酸）

C. Br，OH，CO_2H，Br（3,5-二溴-2-羟基苯甲酸）

D. OH 苯基—C(=O)—Br

21. 下列化合物中，沸点最高的是(　　)

A. 甲醚　　B. 乙醇　　C. 丙烷　　D. 氯甲烷

22. 丁醇和乙醚是(　　)异构体

A. 碳架　　B. 官能团　　C. 几何　　D. 对映

23. 一脂溶性成分的乙醚提取液,在回收乙醚过程中,哪一种操作是不正确的(　　)

A. 在蒸除乙醚之前应先干燥去水

B. "明"火直接加热

C. 不能用"明"火加热且室内不能有"明"火

D. 温度应控制在 30 ℃左右

24. 乙醇沸点(78.3 ℃)与相对分子质量相等的甲醚沸点(-23.4 ℃)相比高得多是由于(　　)

A. 甲醚能与水形成氢键

B. 乙醇能形成分子间氢键,甲醚不能

C. 甲醚能形成分子间氢键,乙醇不能

D. 乙醇能与水形成氢键,甲醚不能

25. 下列四种分子所表示的化合物中,有异构体的是(　　)

A. C_2HCl_3　　B. $C_2H_2Cl_2$　　C. C_4H_4O　　D. C_2H_6

26. 下列物质中,不能溶于冷浓硫酸中的是(　　)

A. 溴乙烷　　B. 乙醇　　C. 乙醚　　D. 乙烯

27. 己烷中混有少量乙醚杂质,可使用的除杂试剂是(　　)

A. 浓硫酸　　B. 高锰酸钾溶液

C. 浓盐酸　　D. 氢氧化钠溶液

28. 下列化合物可用作相转移催化剂的是(　　)

A. 冠醚　　B. 瑞尼镍　　C. 分子筛　　D. 石墨

29. 用 Williamson 醚合成法合成 (环己基)—$OC(CH_3)_3$ 最适宜的方法是(　　)

A. (环己基)—OH + $(CH_3)_3C—OH \xrightarrow{H^+}$

B. (环己基)—ONa + $(CH_3)_3C—Br \longrightarrow$

C. (环己基)—Br + $(CH_3)_3C—ONa \longrightarrow$

30. 下列化合物能与镁的乙醚溶液反应生成格氏试剂的是(　　)

A. (苯环,对位取代) Br / OH　　B. (苯环,对位取代) Br / CO_2H　　C. (苯环,对位取代) Br / CH_3　　D. (苯环) Cl

31. 下列醇最容易脱水的是(　　)

A. RCH_2OH　　B. R_3COH　　C. CH_3OH　　D. R_2CHOH

32. 下列化合物中沸点最高的是(　　)

A. 乙醚　B. 丁烷　C. 正丁醇　D. 仲丁醇

33. 下列化合物可形成分子间氢键的是(　　)

A. $CH_3CH_2CH_2Br$　B. $CH_3CHClCH_3$

C. $CH_3CH_2OCH_3$　D. $CH_3CH_2CH_2OH$

34. 下列化合物酸性最强的是(　　)

A. CH_3CH_2OH　B. CH_3CH_2SH　C. 苦味酸　D. 苯酚

35. $CH_3CH_2CH(CH_3)CH(OH)CH_2CH_3$ 与浓硫酸共热,发生消除反应时,主要产物是(　　)

A. $CH_3CH_2CH(CH_3)CH=CHCH_3$　B. $CH_3CH_2C(CH_3)=CHCH_2CH_3$

C. $CH_3CH=CH(CH_3)CH_2CH_3$　D. $CH_3CH_2CH(CH_3)COCH_2CH_3$

36. 下列化合物酸性最强的是(　　)

A. 对甲基苯酚　B. 对硝基苯酚　C. 对氯苯酚　D. 对溴苯酚

37. 醇类化合物 $CH_3CH(OH)CH_2CH(OH)CH_2CH_2OH$ 的名称是(　　)

A. 己三醇　B. 1-甲基戊三醇

C. 1,3,5-己三醇　D. 2,4,6-三羟基己烷

38. 醚键的断裂反应是(　　)

A. 亲核取代　B. 亲电取代　C. 亲核加成　D. 亲电加成

39. 下列化合物,既能溶于强酸,又能溶于强碱的是(　　)

A. 乙醇　B. 乙醚　C. 苯酚　D. 间-甲氧基苯酚

40. 下列化合物最易燃的是(　　)

A. 乙醇　B. 乙醚　C. 四氯化碳　D. 煤油

41. 下列化合物,在室温下能与溴水作用产生白色沉淀的是(　　)

A. 乙醇　B. 异丙醇　C. 苯酚　D. 甲苯

42. 能溶于 NaOH 溶液,通入二氧化碳后能产生沉淀的化合物是(　　)

A. 苯甲酸　B. 乙酰水杨酸　C. 苯酚　D. 水杨酸

43. 下列化合物,与丁醇互为同分异构体的是(　　)

A. $C_2H_5COCH_3$　B. $C_2H_5COC_2H_5$

C. $CH_3COOC_2H_5$　D. $C_2H_5OC_2H_5$

44. 下列化合物,能溶于强酸,但与强碱和强氧化剂无反应的是(　　)

A. $C_2H_5COCH_3$　B. $C_2H_5COOCH_3$

C. $C_2H_5CH(OH)C_2H_5$　D. $C_2H_5OC_2H_5$

45. 下列各醇对 Lucas(卢卡斯)试剂反应活性最大的是(　　)

A. 乙醇　B. 异丙醇

C. 1-丁醇　D. 2-甲基-2-丙醇

46. Lucas 试剂是(　　)

A. 浓 HCl+无水 $ZnCl_2$　B. 烷基卤化镁

C. 浓 H_2SO_4+无水 $ZnCl_2$　D. 硫酸铜+碳酸钠

47. Lucas 试剂是用于鉴别(　　)

A. 伯醇、仲醇、叔醇　　B. 一元醇、二元醇、三元醇

C. 伯、仲、叔卤代烃　　D. 醇、酚、醚

48. 下列化合物,酸性最强的是(　　)

A. 乙醇　　B. 乙硫醇　　C. 乙烷　　D. 甲苯

49. 下列化合物,可能形成分子间氢键的是(　　)

A. 乙醇　　B. 乙烷　　C. 乙烯　　D. 丙酮

50. 苦味酸是(　　)

A. 2,4,6-三硝基苯酚　　B. 2,4,6-三溴苯酚

C. 2,4,6-三硝基甲苯　　D. 2,4,6-三溴甲苯

51. 下列化合物中最易燃的是(　　)

A. 乙醇　　B. 乙醚　　C. 苯酚　　D. 苯乙醚

52. $HOCH_2CH_2OC_2H_5$ 的名称是(　　)

A. 2-甲氧基乙醇　　B. 2-乙氧基乙醚

C. 2-乙氧基乙醇　　D. 羟乙基乙醚

53. 下列化合物中沸点最低的是(　　)

A. 乙醇　　B. 乙醚　　C. 乙醛　　D. 乙酸

54. 用普通命名法命名, $H_2C\overset{O}{—}CHCH_3$(环氧,O 桥连两碳) 的名称是(　　)

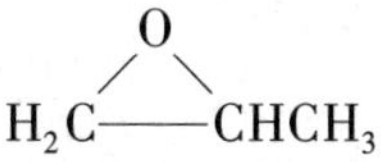

A. 环氧乙烷　　B. 1-甲基环氧丙烷

C. 氧化丙烯　　D. 氧化乙烯

三、完成下列反应方程式

1. $C_6H_5OH + NaOH \longrightarrow$ (　　　　)

2. $CH_3CH{=}CHCH_2OH \xrightarrow{PCC}$ (　　　　)

3. $C_6H_5CH_2CH(CH_3)OH + H_2SO_4 \xrightarrow{\triangle}$ (　　　　)

4. 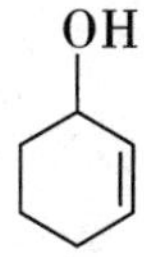 环己-2-烯-1-醇(OH 位于环上) $\xrightarrow{活性MnO_2}$ (　　　　)

5. 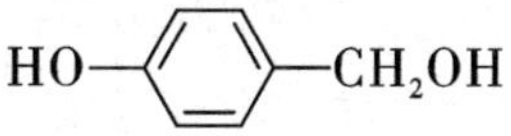 $HO{-}C_6H_4{-}CH_2OH + NaOH \longrightarrow$ (　　　　)

6. $CH_3CH_2\underset{}{CH}(CH_3)CH_2OH + HBr \longrightarrow$ (　　　　)

7. 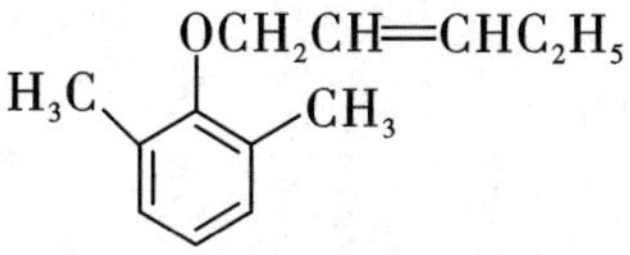 2,6-二甲基苯基醚(苯环上 $OCH_2CH{=}CHC_2H_5$,两侧 H_3C、CH_3) $\xrightarrow{HI}$ (　　　　) + (　　　　)

8. $CH_3CH(CH_3)—CH(OH)CH_3 \xrightarrow[\triangle]{浓H_2SO_4}$ (　　　　　　　　)

9. $CH_3CH_2C(CH_3)(OH)CH_2CH_2CH_3 \xrightarrow[\triangle]{浓H_2SO_4}$ (　　　　　　　　)

10. 环己基—$C(CH_3)(OH)—CH_2CH_3 \xrightarrow{HBr}$ (　　　　　　　　)

11. H_3C—环己基—$OH \xrightarrow[吡啶]{SOCl_2}$ (　　　　　　　　)

12. 4-氯苯酚（苯环上 OH 与 Cl 对位）$\xrightarrow{Br_2/Fe}$ (　　　　　　　　)

13. $(CH_3CH_2)_3CCH_2OH \xrightarrow[\triangle]{HBr}$ (　　　　　　　　)

14. 环丁基—$CH_2OH \xrightarrow{HBr}$ (　　　　　　　　)

15. $H_3C—CH_2—CH—CH_2$（CH 与 CH_2 以 O 相连成环氧）$\xrightarrow{HCl}$ (　　　　　　　　)

16. $CH_3C(CH_3)(OH)CH_2OH \xrightarrow{HIO_4}$ (　　　　　　　　) + (　　　　　　　　)

17. 2-甲基环己醇（环上 CH_3、OH）$\xrightarrow{KMnO_4}$ (　　　　　　　　)

18. 苯环上 OCH_3 与 CH_3 对位 $\xrightarrow{HI}$ (　　　　　　　　) + (　　　　　　　　)

19. 环己醇（环上带甲基、异丙基，OH）$\xrightarrow[\triangle]{浓H_2SO_4}$ (　　　　　　　　)

四、完成下列转化(无机试剂任选)

1. $CH_3CH_2CH_2OH \longrightarrow \underset{OH}{CH_2}CH_2\underset{OH}{CH_2}$

2. $CH_3CH_2CH_2CH_2OH \longrightarrow CH_3CHO$

3. $(CH_3)_2C{=}CH_2 \longrightarrow (CH_3)_3C{-}OCH_2CH(CH_3)_2$

4. $CH_3CH_2CH{=}CH_2 \longrightarrow CH_3CH_2CH_2CH_2OH$

5. $CH_3CH_2CH_2Cl \longrightarrow CH_3CH_2CH_2OH$

6. $CH_3CH_2Br \longrightarrow CH_3CH_2CH_2CH_2OH$

7. $\longrightarrow$ HO　OH

8. $\longrightarrow$ HO　OH

9. $\longrightarrow$ $\overset{OH}{CH}{-}CH_3$

10. $C_6H_5-CH_2OH \longrightarrow C_6H_5-CH_2CH_2CH_2OH$

11. $CH_3CH(CH_3)-CH(OH)CH_3 \longrightarrow CH_3C(OH)(CH_3)-CH_2CH_3$

五、用简单的化学方法区别下列各组化合物

1. 1,2-丙二醇与1,3-丙二醇

2. 水杨酸和乙酰水杨酸

3. 苯酚和苯甲酸

4. 苯甲醚和甲基环己基醚

5. 甲基烯丙基醚、丙醚、丙醇

6. 正丁醇、2-丁醇和2-甲基-2-丙醇

7. 正丁醇、甲乙醚和正庚烷

8. 苯甲醇、对甲苯酚和苯甲醚

六、推导结构

1. 某化合物A、B和C的分子式都为C_7H_8O，A不溶于$NaHCO_3$溶液，但能溶于NaOH溶液中；B和C都不能溶于$NaHCO_3$和NaOH溶液；A、B和C都可与溴水反应，生成化合物的分子式均为$C_7H_5OBr_3$。试写出A、B和C的结构式。

2. 某化合物A的分子式为$C_6H_{14}O$，A与金属钠反应放出氢气；与$KMnO_4$溶液反应可得化合物B，其分子式为$C_6H_{12}O$。B在碱性条件下与I_2反应生成碘仿和化合物C，其分子式为$C_5H_{10}O_2$。A与浓硫酸共热生成化合物D。将D与酸性$KMnO_4$溶液反应可得到丙酮。试写出A、B、C和D的结构式。

3. 某化合物A的分子式为C_4H_8O，它不与金属钠作用，也不与$KMnO_4$溶液反应，但与氢碘酸共热生成化合物B。B在碱性条件下水解，得到化合物C。C能与金属钠作用，并能被$KMnO_4$溶液氧化成3-丁酮酸。试写出A、B和C的结构式。

4. 某化合物 A 的分子式为 $C_{10}H_{14}O$，A 与金属钠不反应，与浓硫酸共热生成化合物 B 和 C。B 能溶于氢氧化钠溶液，并与三氯化铁作用显紫色。C 经催化加氢后，得到分子中只有 1 个叔氢的烷烃。试写出 A、B 和 C 的结构式。

5. 具有 R 构型的化合物 A 的分子式为 $C_8H_{10}O$，A 与 NaOH 不反应；与金属钠反应放出氢气；A 与浓硫酸加热后的产物与 $KMnO_4$ 的酸性溶液反应得到甲酸和化合物 B（分子式为 $C_7H_6O_2$）。试写出 A 和 B 的结构式。

参考答案

第 8 章　醛、酮、醌

【学习要求】

(1)掌握醛、酮的分类、命名和结构。

(2)掌握醛、酮的化学性质，尤其是亲核加成反应、α-氢的反应、氧化及还原反应。

(3)理解醛、酮化学反应的异同点。

(4)了解醌的分类、命名和化学性质。

【重点总结】

1. 醛、酮、醌的定义

醛、酮、醌是烃的含氧衍生物，分子中都含有羰基(—C═O)，统属羰基化合物。其中羰基至少连有一个氢原子的化合物称为醛，官能团为醛基。当羰基上连有两个烃基时，称为酮，官能团为羰基或称酮羰基。而醌可以看作是酚类的氧化产物，是含有羰基的一类特殊的环状不饱和二酮。

2. 醛、酮的命名

醛、酮的系统命名法：选择含有羰基的最长碳链为主链，主链的编号从靠近羰基的一端开始，按主链含碳原子数目称为某醛或某酮。酮中的羰基要注明位次。芳香醛、酮命名时，常将芳香基作为取代基来命名。脂环酮的羰基在环内的称为环某酮，从羰基开始编号。如果碳链上既有酮羰基又有醛基，则将酮羰基当作取代基来命名。

3. 醛、酮的结构

醛、酮分子中都含有羰基，由于氧的电负性比碳的大，羰基中的 π 电子云更偏向于氧，使羰基具有极性，其氧原子上的电子云密度较高而带有部分负电荷，而碳原子上的电子云密度较低，带有部分正电荷，容易受亲核试剂的进攻发生亲核加成反应。如果羰基上连着斥电子的烷基，则羰基上的正电性会降低，不利于亲核加成反应的进行；如果羰基上连接吸电子基团，则会提高羰基碳上的正电性，有利于亲核加成反应的进行。

4. 醛、酮的化学性质

(1)羰基的亲核加成反应。

①加 HCN。醛、脂肪族甲基酮和含有 8 个碳原子以下的环酮都能与 HCN 作用，生成

α-羟基腈或称氰醇，水解后可得到 α-羟基羧酸。

$$(CH_3)_2C{=}O + HCN \rightleftharpoons CH_3-\underset{CH_3}{\overset{OH}{C}}-CN \xrightarrow[H^+]{H_2O} CH_3-\underset{CH_3}{\overset{OH}{C}}-COOH$$

2-甲基-2-羟基丙腈　　2-甲基-2-羟基丙酸

②加 $NaHSO_3$。醛、低级脂肪族甲基酮和低级的环酮都能与过量的 $NaHSO_3$ 饱和溶液作用，生成 α-羟基磺酸钠。羟基磺酸钠还可以被酸或碱分解，得到原来的醛或酮。

$$\underset{(CH_3)H}{\overset{R}{\;}}\!\!>C{=}O + HO-\overset{O}{\overset{\|}{S}}-ONa \rightleftharpoons R-\underset{(CH_3)H}{\overset{ONa}{C}}-SO_3H \rightleftharpoons R-\underset{(CH_3)H}{\overset{OH}{C}}-SO_3Na$$

α-羟基磺酸钠

③加醇。在无水 HCl 的催化下，醛与醇发生加成反应，生成不稳定的半缩醛，半缩醛再与过量的醇发生缩合反应，生成稳定的缩醛，可利用此反应保护醛基。

例如，由 $CH_2{=}CHCH_2CHO$ 转化成 $CH_3CH_2CH_2CHO$：

$$CH_2{=}CHCH_2CHO + 2CH_3OH \xrightarrow{无水HCl} CH_2{=}CHCH_2-\underset{OCH_3}{\overset{H}{C}}-OCH_3 \xrightarrow[Ni]{H_2}$$

$$CH_3CH_2CH_2-\underset{OCH_3}{\overset{H}{C}}-OCH_3 \xrightarrow[H^+]{H_2O} CH_3CH_2CH_2CHO + 2CH_3OH$$

④加水。在一定的条件下，醛、酮与水发生加成，生成胞二醇或称双二醇，它极不稳定。若醛、酮的羰基碳原子上连有吸电子基团，则可生成稳定的胞二醇，即水化合物。

$$Cl_3C-\overset{O}{\overset{\|}{C}}-H + HOH \longrightarrow Cl_3C-\underset{OH}{\overset{H}{C}}-OH$$ 或简写成 $CCl_3CHO \cdot H_2O$

⑤加 Grignard 试剂。醛、酮可与 Grignard 试剂进行亲核加成，加成产物经水解可得到醇，是制醇和增碳合成中常用的反应。

$$CH_3-\overset{O}{\overset{\|}{C}}-H + C_6H_{11}-MgCl \xrightarrow{干醚} CH_3-\underset{H}{\overset{OMgCl}{C}}-C_6H_{11} \xrightarrow[H^+]{H_2O}$$

$$CH_3-\underset{H}{\overset{OH}{C}}-C_6H_{11} + Mg(OH)Cl$$

(2)与氨衍生物的加成-消除反应。醛、酮能与氨的衍生物(羟胺、肼、2,4-二硝基苯肼、氨基脲等)作用,通过加成-消除反应,生成肟、腙、缩氨脲等缩合产物,如环己酮与2,4-二硝基苯肼反应:

$$\text{环己酮(}C_6H_{10}=O\text{)} + H_2N-NH-C_6H_3(NO_2)_2 \xrightarrow{-H_2O} C_6H_{10}=N-NH-C_6H_3(NO_2)_2$$

环己酮　　2,4-二硝基苯肼　　环己酮-2,4-二硝基苯腙

(3)α-氢的反应。

①羟醛缩合反应。在稀碱的催化下,含有α-氢的醛、酮能相互作用生成β-羟基醛或β-羟基酮,在稍加热的情况下,生成不饱和的醛或酮。羟醛缩合反应可用于增长碳链。

$$2CH_3CHO \xrightarrow{\text{稀}OH^-} CH_3CH(OH)CH_2CHO \xrightarrow[\triangle]{-H_2O} CH_3CH=CHCHO$$

β-羟基丁醛　　2-丁烯醛

②α-氢的卤代反应及卤仿反应。羰基上连有甲基的醛、酮,乙醇及α-碳上至少连有一个甲基的仲醇都能发生碘仿反应。碘仿反应是减碳反应,可用来制备少一个碳原子的羧酸。

$$R-\overset{O}{\overset{\|}{C}}-CH_3 \xrightarrow[I_2]{NaOH} R-\overset{O}{\overset{\|}{C}}-CI_3 \xrightarrow{NaOH} RCOONa + CHI_3\downarrow$$

(4)氧化和还原反应。

①氧化反应。醛能被 Tollen 试剂、Fehling 试剂和 Benedict 试剂等弱氧化剂氧化,而酮较难被氧化。芳香醛只能被 Tollen 试剂氧化,且上述 3 种弱氧化剂不会氧化分子中的碳碳不饱和键。

$$CH_3CH=CHCHO + Ag(NH_3)_2OH \xrightarrow{\triangle} CH_3CH=CHCOONH_4 + Ag\downarrow + NH_3 + H_2O$$

$$RCHO + Cu(OH)_2 + NaOH \xrightarrow{\triangle} RCOONa + Cu_2O\downarrow + H_2O$$

②还原反应(醛、酮皆能被还原)。

a. 催化加氢(还原为醇)。

$$CH_3CH_2CH=C(CH_3)CHO \xrightarrow[Ni]{H_2} CH_3CH_2CH_2CH(CH_3)CH_2OH$$

b. 金属氢化物还原(还原为醇)。

$$C_6H_5-CH=CHCHO \xrightarrow{NaBH_4} C_6H_5-CH=CHCH_2OH$$

肉桂醛　　肉桂醇

c. Clemmensen 反应(羰基转化为—CH_2—)。

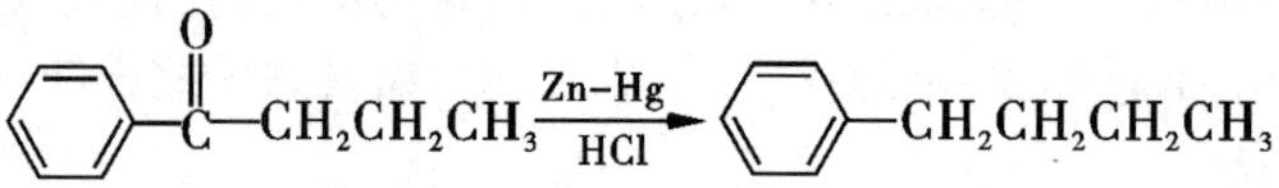

$$C_6H_5-\overset{O}{\overset{\|}{C}}-CH_2CH_2CH_3 \xrightarrow[HCl]{Zn-Hg} C_6H_5-CH_2CH_2CH_2CH_3$$

d. Wolff-Kisher-Huangminglong 反应(羰基转化为—CH_2—)。

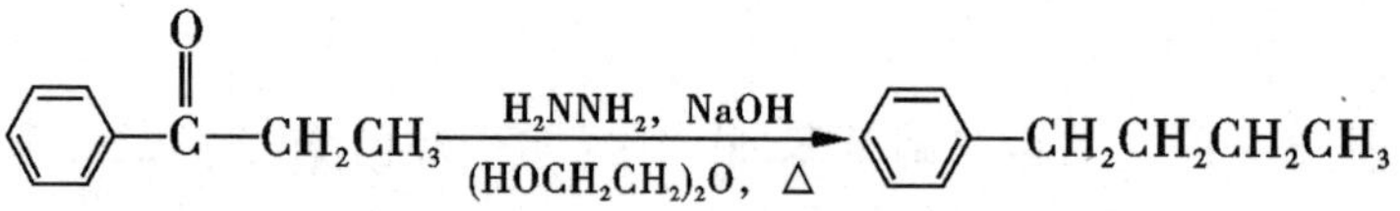

$$C_6H_5-\overset{O}{\overset{\|}{C}}-CH_2CH_3 \xrightarrow[(HOCH_2CH_2)_2O,\ \triangle]{H_2NNH_2,\ NaOH} C_6H_5-CH_2CH_2CH_2CH_3$$

③歧化反应(Cannizzaro 反应)。无 α-氢的醛与浓碱溶液共热时,发生自身氧化还原反应,一分子醛被氧化成酸(有甲醛时,则甲醛被氧化),另一分子醛被还原成醇。

$$HCHO + CH_3CHO \xrightarrow{50\%\ NaOH} HCOONa + CH_3CH_2OH$$

【练习题】

一、命名或写出结构式

1. 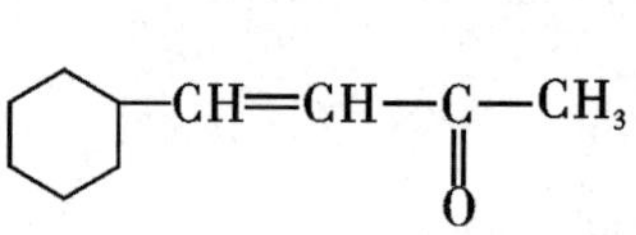 $C_6H_{11}-CH=CH-\underset{\underset{O}{\|}}{C}-CH_3$

2. (键线式结构,含 CHO)

3. $CH_3-C_6H_{10}=O$

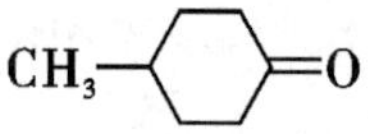

4. 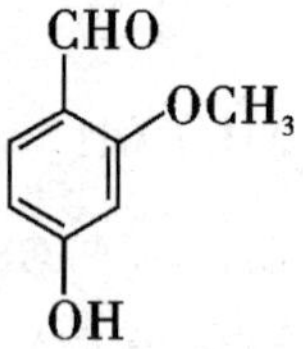 (苯环上含 CHO、OCH_3、OH)

5. 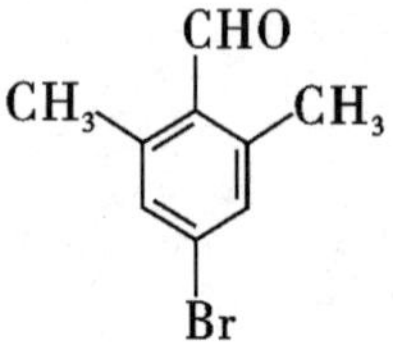 (苯环上含 CHO、两个 CH_3、Br)

6. 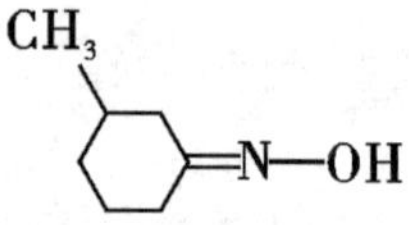 (环己烷上含 CH_3、=N—OH)

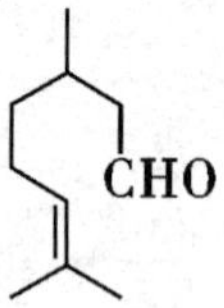

7. 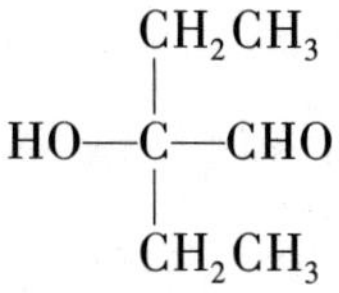 $HO-C(CH_2CH_3)_2-CHO$

8. 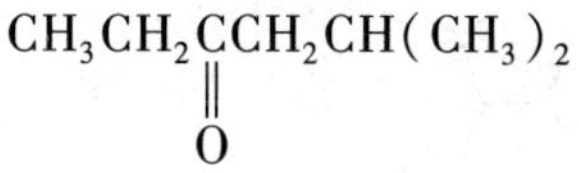 $CH_3CH_2\overset{O}{\overset{\|}{C}}CH_2CH(CH_3)_2$

9. $H_2C{=}CHCHBrCH_2CHO$

10. 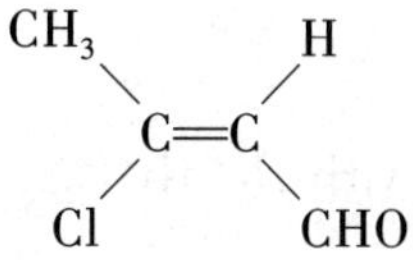 $(CH_3)(Cl)C{=}C(H)(CHO)$

11. 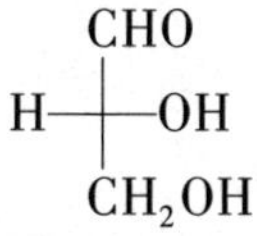 Fischer projection: CHO (top), H (left), OH (right), CH_2OH (bottom)

12. 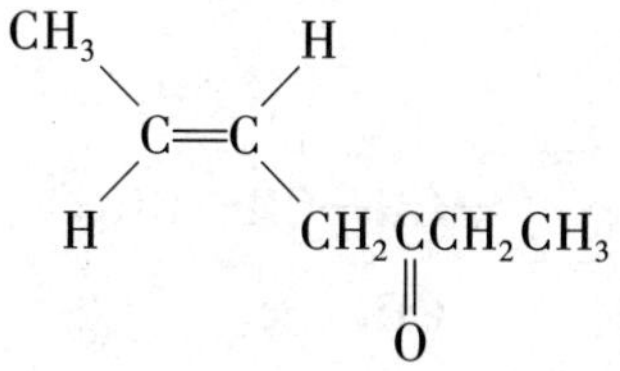 $(CH_3)(H)C{=}C(H)CH_2\overset{O}{\overset{\|}{C}}CH_2CH_3$

13. 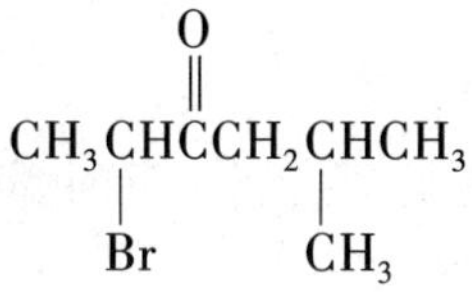 $CH_3\underset{Br}{CH}\overset{O}{\overset{\|}{C}}CH_2\underset{CH_3}{CH}CH_3$

14. 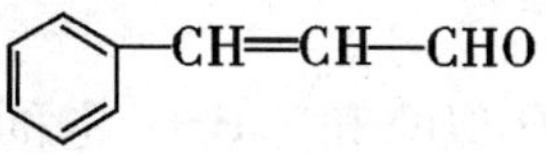 $C_6H_5-CH{=}CH-CHO$

15. 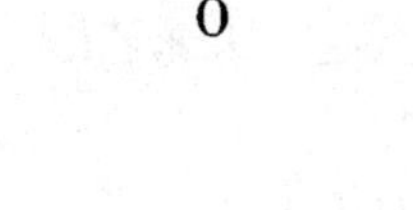 $CH_3CH_2\overset{O}{\overset{\|}{C}}-C_6H_{11}$ (cyclohexyl)

16. 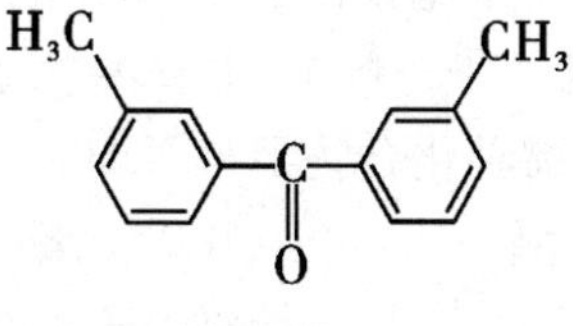 $(3\text{-}H_3C-C_6H_4)-\overset{O}{\overset{\|}{C}}-(C_6H_4\text{-}3\text{-}CH_3)$

17. 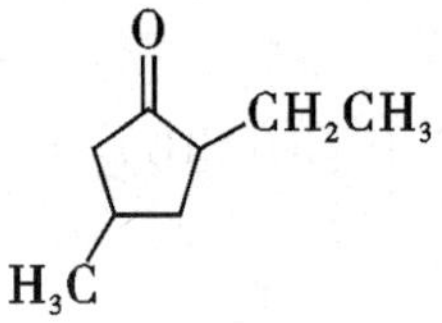 (2-乙基-4-甲基环戊酮结构式：环戊酮，C=O，CH_2CH_3，H_3C)

18. 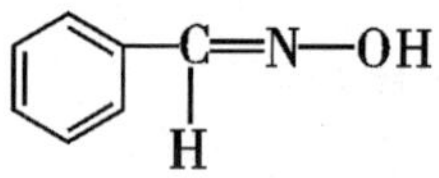 C_6H_5—C(H)═N—OH

19. 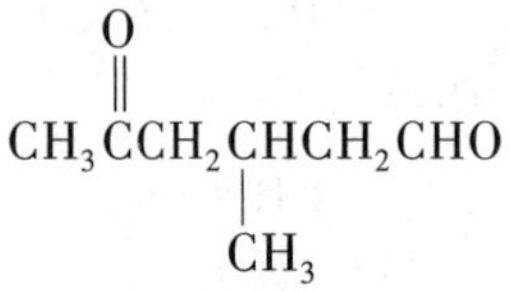 $CH_3\overset{O}{\overset{\|}{C}}CH_2\underset{CH_3}{\underset{|}{C}}HCH_2CHO$

20. 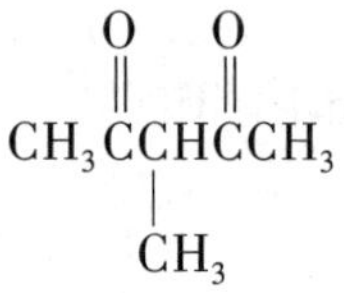 $CH_3\overset{O}{\overset{\|}{C}}\underset{CH_3}{\underset{|}{C}}H\overset{O}{\overset{\|}{C}}CH_3$

21. 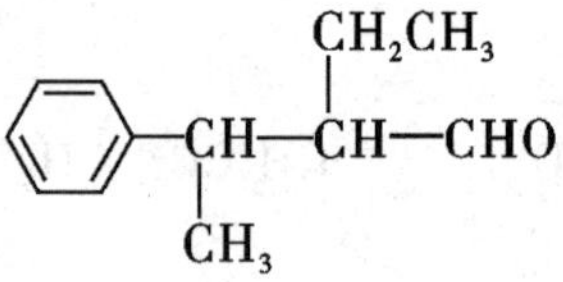 C_6H_5—$\underset{CH_3}{\underset{|}{CH}}$—$\overset{CH_2CH_3}{\overset{|}{CH}}$—CHO

二、选择题

1. CH_3CH_2CHO 和 $NaHSO_3$ 饱和溶液作用生成白色沉淀，此反应属于下列哪种类型的反应(　　)

A. 亲电加成　B. 亲电取代　C. 亲核加成　D. 亲核取代

2. 下列羰基化合物与 HCN 加成速率最快的是(　　)

A. $(CH_3)_2CHCHO$　B. CH_3COCH_3　C. Cl_3CCHO　D. $ClCH_2CHO$

3. 下列哪个化合物不能与醛、酮发生加成-消除反应(　　)

A. 羟胺　B. 2,4-二硝基苯　C. 2,4-二硝基苯肼　D. 氨基脲

4. 下列哪种化合物不与 $NaHSO_3$ 起加成反应(　　)

A. 苯甲醛　B. 环己酮　C. 2-己酮　D. 苯乙酮

5. 苯甲醛与丁醛在稀 NaOH 溶液加热作用下生成什么产物(　　)

A. 苯甲酸和苯甲醇　B. $PhCH{=}CHCH_2CHO$

C. 苯甲酸和丁醇　D. $PhCH{=}CH(C_2H_5)CHO$

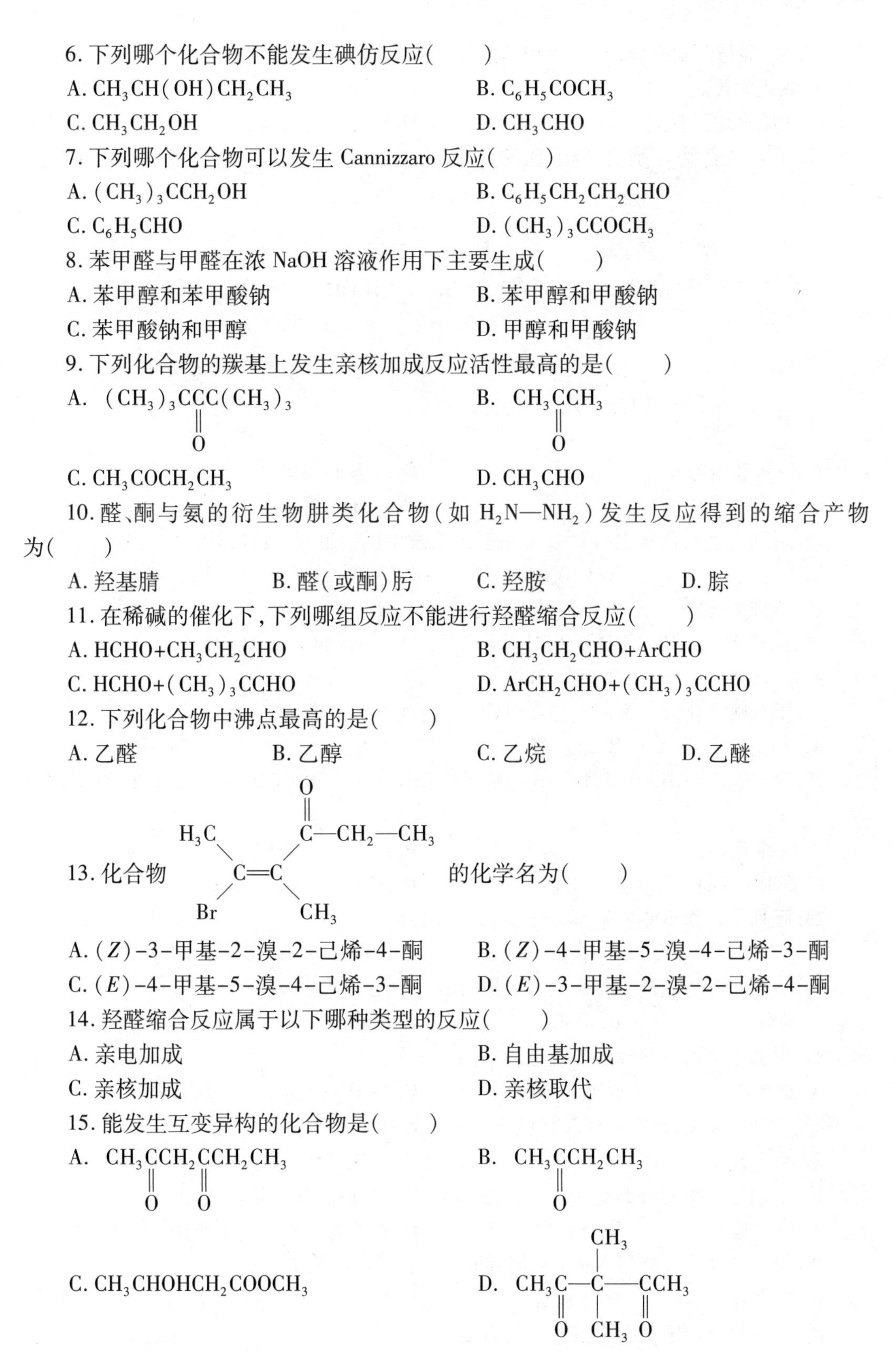

6. 下列哪个化合物不能发生碘仿反应(　　)

A. $CH_3CH(OH)CH_2CH_3$　　B. $C_6H_5COCH_3$

C. CH_3CH_2OH　　D. CH_3CHO

7. 下列哪个化合物可以发生 Cannizzaro 反应(　　)

A. $(CH_3)_3CCH_2OH$　　B. $C_6H_5CH_2CH_2CHO$

C. C_6H_5CHO　　D. $(CH_3)_3CCOCH_3$

8. 苯甲醛与甲醛在浓 NaOH 溶液作用下主要生成(　　)

A. 苯甲醇和苯甲酸钠　　B. 苯甲醇和甲酸钠

C. 苯甲酸钠和甲醇　　D. 甲醇和甲酸钠

9. 下列化合物的羰基上发生亲核加成反应活性最高的是(　　)

A. $(CH_3)_3C\underset{\underset{O}{\|}}{C}C(CH_3)_3$　　B. $CH_3\underset{\underset{O}{\|}}{C}CH_3$

C. $CH_3COCH_2CH_3$　　D. CH_3CHO

10. 醛、酮与氨的衍生物肼类化合物(如 $H_2N—NH_2$)发生反应得到的缩合产物为(　　)

A. 羟基腈　　B. 醛(或酮)肟　　C. 羟胺　　D. 腙

11. 在稀碱的催化下,下列哪组反应不能进行羟醛缩合反应(　　)

A. $HCHO+CH_3CH_2CHO$　　B. $CH_3CH_2CHO+ArCHO$

C. $HCHO+(CH_3)_3CCHO$　　D. $ArCH_2CHO+(CH_3)_3CCHO$

12. 下列化合物中沸点最高的是(　　)

A. 乙醛　　B. 乙醇　　C. 乙烷　　D. 乙醚

13. 化合物 $\underset{Br}{\overset{H_3C}{}}C{=}C\underset{CH_3}{\overset{\overset{O}{\|}}{C}—CH_2—CH_3}$ 的化学名为(　　)

A. (Z)-3-甲基-2-溴-2-己烯-4-酮　　B. (Z)-4-甲基-5-溴-4-己烯-3-酮

C. (E)-4-甲基-5-溴-4-己烯-3-酮　　D. (E)-3-甲基-2-溴-2-己烯-4-酮

14. 羟醛缩合反应属于以下哪种类型的反应(　　)

A. 亲电加成　　B. 自由基加成

C. 亲核加成　　D. 亲核取代

15. 能发生互变异构的化合物是(　　)

A. $CH_3\underset{\underset{O}{\|}}{C}CH_2\underset{\underset{O}{\|}}{C}CH_2CH_3$　　B. $CH_3\underset{\underset{O}{\|}}{C}CH_2CH_3$

C. $CH_3CHOHCH_2COOCH_3$　　D. $CH_3\underset{\underset{O}{\|}}{C}—\underset{\underset{CH_3}{|}}{\overset{\overset{CH_3}{|}}{C}}—\underset{\underset{O}{\|}}{C}CH_3$

16. 醛、酮与锌汞齐(Zn-Hg)和浓盐酸一起加热,羰基被(　　)

A. 氧化为羧酸　　B. 转变为卤代醇

C. 还原为亚甲基　　D. 还原为醇羟基

17. 下列化合物分别与 $NaHSO_3$ 进行亲核加成,按反应速度由快到慢排列正确的是(　　)

a. C_6H_5CHO　b. CH_3CHO　c. $CH_3\overset{O}{\overset{\|}{C}}CH_3$　d. $CH_3CH_2\overset{O}{\overset{\|}{C}}CH_2CH_3$　e. $C_6H_5\overset{O}{\overset{\|}{C}}CH_3$

A. a>b>c>d>e　　B. b>a>c>d>e　　C. b>c>a>d>c　　D. b>c>d>a>e

18. 化合物 $C_6H_5CH{=}CHCHO$ 的化学名为(　　)

A. 3-苯基丙烯醛　　B. 1-苯基丙烯醛

C. 3-苯基烯丙醛　　D. 1-苯基烯丙醛

19. 下列哪个化合物能与2,4-二硝基苯肼发生反应生成黄色沉淀(　　)

A. 2-丁醇　　B. 3-戊醇　　C. 丙醛　　D. 乙醇

20. 下列醛(酮)与 HCN 反应的活性顺序大小为(　　)

a. CH_3CHO　b. CF_3CHO　c. $CH_3CH_2COCH(CH_3)_2$　d. CH_2COCH_3

A. b>a>d>c　　B. a>b>d>c　　C. b>a>c>d　　D. c>d>a>b

21. 下列哪个化合物不能与饱和 $NaHSO_3$ 溶液发生加成反应(　　)

A. 环己酮　　B. 苯乙醛　　C. 丙酮　　D. 异丙醇

22. 将 $CH_3CH_2CH{=}CHCHO$ 氧化成 $CH_3CH_2CH{=}CHCOOH$,选择下列哪种试剂较好(　　)

A. 酸性 $KMnO_4$　　B. $K_2CrO_7+H_2SO_4$

C. Tollen 试剂　　D. HNO_3

23. 下列化合物不能发生 Cannizzaro 反应的是(　　)

A. 糠醛　　B. 甲醛　　C. 乙醛　　D. 苯甲醛

24. 下列化合物能被 Tollen 试剂氧化的是(　　)

A. 丙醛　　B. 丙醇　　C. 丙酮　　D. 2-丁酮

25. 下列化合物中酸性最强的是(　　)

A. 硝基苯酚　　B. 邻溴苯酚　　C. 2-甲基苯酚　　D. 苯酚

26. 下列羰基化合物与 HCN 加成反应速度最快的是(　　)

A. 苯乙酮　　B. 苯甲醛　　C. 2-氯乙醛　　D. 乙醛

27. 下列化合物能与 Fehling 试剂发生反应生成红色沉淀的是(　　)

A. 2-甲基丙醛　　B. 苯乙醛　　C. 苯乙酮　　D. 2-甲基丙醇

28. 下列羰基化合物与 $NaHSO_3$ 加成反应速度最慢的是(　　)

A. 二苯酮　　B. 苯甲醛　　C. 2-氯乙醛　　D. 乙醛

29. 下列化合物中能发生银镜反应的是(　　)

A. CH_3COCH_3　　B. $(CH_3CH_2)_2C{=}O$

C. C_6H_5CHO　　D. CH_3CH_2OH

30. 下列化合物不能与酸性高锰酸钾溶液发生反应的是(　　)

A. $(CH_3)_2CHCHO$　　B. $(CH_3)_2CHCH_2OH$

C. C_6H_5CHO　　D. $CH_3COCH_2CH_3$

31. 下列化合物能发生碘仿反应的是(　　)

A. $CH_3CH_2CH_2OH$　　B. CH_3CH_2CHO

C. $CH_3CH_2CHOHCH_2CH_3$　　D. $C_6H_5COCH_3$

32. 下列哪种试剂可用于鉴别苯乙醛和环己酮(　　)

A. Fehling 试剂　　B. Lucas 试剂

C. Tollen 试剂　　D. $NaHSO_3$ 饱和溶液

33. 下列哪个化合物能与乙醛反应,且产物的碳原子数比乙醛的增加一个(　　)

A. $NaHSO_3$　　B. CH_3CH_2OH　　C. HCN　　D. CH_3CH_2MgBr

34. 下列哪种试剂与 2-丁烯醛反应得到 2-丁烯醇(　　)

A. HCN　　B. $H_2N{-}OH$　　C. Tollen 试剂　　D. $NaBH_4$

35. 苯甲醛和甲苯可用下列哪种试剂进行分离提纯(　　)

A. $NaHSO_3$　　B. 乙醇　　C. HCN　　D. 浓 NaOH 水溶液

36. 催化加氢方法可将 $CH_3CH{=}C(CH_3)CHO$ 还原为(　　)

A. $CH_3CH{=}C(CH_3)CH_2OH$　　B. $CH_3CH{=}C(CH_3)COOH$

C. $CH_3CH_2CH(CH_3)CH_2OH$　　D. $CH_3CH_2CH(CH_3)CHO$

37. $NaHB_4$ 可将 $C_6H_5{-}CH{=}CHCHO$ 还原为(　　)

A. $C_6H_5{-}CH{=}CHCH_2OH$　　B. $C_6H_5{-}CH_2CH_2CH_2OH$

C. $C_6H_5{-}CH_2CH_2CH_3$　　D. $C_6H_5{-}CH_2CH_2CHO$

38. 下列哪种化合物不能与氨的衍生物发生加成消除反应(　　)

A. (O, O)　　B. (O)

C. (—OH)　　D. (—CHO)

39. 下列化合物不能被 $LiAlH_4$ 还原的是(　　)

A. $CH_3COC_2H_5$　　B. CH_3COOH　　C. CH_3CH_2OH　　D. CH_3CHO

40. 下列化合物既能发生碘仿反应又能与 $NaHSO_3$ 加成的是(　　)

A. 苯乙酮　　B. 1-甲基丁醇　　C. 2-戊酮　　D. 苯甲醛

41. 将下列化合物按烯醇化由易到难排序(　　)

a. $CH_3COCH_2COCH_3$　　b. $CH_3COCH_2COC_6H_5$

c. $CH_3COCH_2NO_2$　　d. CH_3COCH_3

A. d>a>b>c　　B. a>b>d>c　　C. c>b>a>d　　D. b>c>a>d

42. 将下列化合物烯醇化由易到难排序(　　)

a. $CH_3COCH_2COCF_3$　　b. $CH_3COCH_2COOCH_3$

c. $CH_3COCH_2COCH_3$　　d. $CH_3COCH_2COC(CH_3)_3$

A. d>b>a>c　　B. c>b>a>d　　C. a>c>b>d　　D. b>c>a>d

43. 按 α-H 的活性由大到小排序(　　)

a. 环己酮　　b. 2,6-二甲基环己酮

c. 2-乙酰基环己酮（$-\overset{O}{\overset{\|}{C}}CH_3$）　　d. 2-甲酰基环己酮（$-CHO$）

A. c>d>a>b　　B. a>c>b>d　　C. b>a>d>c　　D. d>c>a>b

44. 下列化合物羰基的加成活性最低的是(　　)

A. C_2H_5CHO　　B. $C_2H_5COCH_3$

C. CH_3CF_2CHO　　D. $C_2H_5COCH{=}CH_2$

45. 下列哪种试剂能用于鉴别2-丁酮和3-戊酮(　　)

A. $NaHSO_3$　　B. 氨基脲　　C. NaOI　　D. Tollen 试剂

46. 乙醛在稀碱催化下的反应产物为(　　)

A. β-羟基丁醛　　B. α-羟基丁醛　　C. 4-羟基丁醛　　D. 乙酸和乙醇

47. Grignard 试剂与下列化合物反应最快的是(　　)

A. 甲醛　　B. 乙醛　　C. 2-丙烯醛　　D. 丙酮

48. 在水溶液中,麦芽糖能够还原 Tollen 试剂的原因是(　　)

A. 在 Tollen 试剂作用下,麦芽糖水解成葡萄糖

B. 麦芽糖发生了变旋现象,产生了还原糖

C. 麦芽糖分子中还保留有半缩醛羟基结构,它是一种还原糖

D. 麦芽糖由两分子葡萄糖脱水而成,而葡萄糖具有还原性

49. 将下列化合物按羰基活性由易到难排列成序(　　)

a. (环戊酮)　b. (环丁酮)　c. (环丙酮)

A. c>a>b　　B. a>c>b　　C. b>a>c　　D. c>b>a

50. 以下哪种化合物能发生 1,4-加成反应(　　)

A. (苯酚，Ph—OH)　B. (对苯醌)　C. (环己-3-烯酮)　D. (环戊二烯)

51. 下列化合物不能发生碘仿反应的是(　　)

A. 2-戊酮　　B. 乙醛　　C. 丙醛　　D. 丙酮

52. 化合物:①甲醇;②甲醛;③甲酸;④甲酸甲酯中,能在一定条件下发生银镜反应的是(　　)

A. ①②③　　B. ②③④　　C. ①②④　　D. ①②③④

三、完成下列反应方程式

1. C_2H_5—C_6H_4—CHO $\xrightarrow[\triangle]{\text{浓NaOH}}$ (　　　　) + (　　　　)

2. $CH_3CH(CH_3)CH_2CHO$ $\xrightarrow[\triangle]{\text{稀NaOH}}$ (　　　　) $\xrightarrow{NaHB_4}$ (　　　　)

3. (苯) + $(CH_3CH_2CO)_2O$ $\xrightarrow{\text{无水}AlCl_3}$ (　　　　) $\xrightarrow[HCl]{Zn-Hg}$ (　　　　)

4. (3-甲基环己酮) + NH_2—OH $\longrightarrow$ (　　　　)

5. $C_6H_5COCH_3$ $\xrightarrow{CH_3MgBr}$ (　　　　) $\xrightarrow[H^+]{H_2O}$ (　　　　) $\xrightarrow{HBr}$ (　　　　)

6. C_6H_5—$CH_2C(=O)$—CH_3 $\xrightarrow[NaOH]{I_2}$ (　　　　) + (　　　　)

7. Br—(环己酮) $\xrightarrow[HO(CH_2)_2OH]{\text{干HCl}}$ (　　　　) $\xrightarrow[\text{干醚}]{Mg}$ (　　　　) $\xrightarrow[\text{②}H_2O/H^+]{\text{①HCHO}}$ (　　　　)

8. (1,2-二氢萘) $\xrightarrow[\text{②}Zn/H_2O]{\text{①}O_3}$ (　　　　) $\xrightarrow{\text{稀NaOH}}$ (　　　　)

9. $CH_3CH_2CH_2CHO$ $\xrightarrow{\text{稀NaOH}}$ (　　　　) $\xrightarrow{\text{Fehling试剂}}$ (　　　　)

10. 2,5-二氯苯甲醛（结构式：苯环上 CHO，邻位和间位各有 Cl） + HCHO $\xrightarrow[\triangle]{浓NaOH}$ (　　　) + (　　　)

11. 正戊基溴（键线式，末端 Br） $\xrightarrow[干醚]{Mg}$ (　　　) $\xrightarrow[②H_2O/H^+]{①HCHO}$ (　　　)
$\xrightarrow[吡啶]{CrO_3}$ (　　　)

12. 2-甲基环己醇（结构式：环己烷上 CH_3、OH） $\xrightarrow[H_2SO_4]{K_2Cr_2O_7}$ (　　　) $\xrightarrow[-H_2O]{H_2N—NH_2}$ (　　　)

13. 苯酚（结构式：苯环上 OH） $\xrightarrow{Ni/H_2}$ (　　　) $\xrightarrow[H_2SO_4]{Na_2Cr_2O_7}$ (　　　)
$\xrightarrow{稀OH^-}$ (　　　)

14. $(CH_3)_2CHCHO$ $\xrightarrow[Br_2]{NaOH}$ (　　　) $\xrightarrow[干HCl]{2C_2H_5OH}$ (　　　)
$\xrightarrow[干醚]{Mg}$ (　　　) $\xrightarrow[②H_3O^+]{①(CH_3)_2CHCHO}$ (　　　)

15. 环己酮（结构式：环己烷=O） $\xrightarrow[②H^+/H_2O]{①CH_3MgBr}$ $\xrightarrow[\triangle]{浓H_2SO_4}$ (　　　) $\xrightarrow[H_2O_2]{HBr}$ (　　　)

16. $H_3C-C_6H_4-CHO$（对位） $\xrightarrow{HCN}$ $\xrightarrow[H^+]{H_2O}$ (　　　)

17. 环戊基$-CH_2CH_2OH$ $\xrightarrow[吡啶]{CrO_3}$ (　　　) $\xrightarrow[②H^+/H_2O]{①CH_3MgBr}$ (　　　)

18. $C_2H_5C\equiv CH$ $\xrightarrow[H_2SO_4]{HgSO_4}$ (　　　) $\xrightarrow{NaHSO_3}$ (　　　)

19. $CH_3CH_2COCH_3 + CH_3CH_2CH_2MgBr$ $\xrightarrow{H_2O}$ (　　　)

20. $CH_3CH_2CHO + 2HCHO$ $\xrightarrow{稀OH^-}$ (　　　) $\xrightarrow[HCHO]{浓OH^-}$ (　　　)
+ (　　　)

21. CH_3COCH_3 $\xrightarrow[②H^+/H_2O]{①CH_3MgBr}$ $\xrightarrow[\triangle]{浓H_2SO_4}$ (　　　)

22. HO—CH₂—CH(OH)—CH₂—CH₂—OH（键线式：1,2,4-丁三醇） $\xrightarrow{CH_3COCH_3}$ (　　　) $\xrightarrow[②H^+/H_2O]{①PCC}$
(　　　)

23. $CH_3\overset{\overset{O}{\|}}{C}CH_2CH_2CHO$ $\xrightarrow{稀NaOH}$ (　　　)

四、完成下列转化(无机试剂任选)

1. $(CH_3)_2CHCH_2OH \longrightarrow (CH_3)_2CH\underset{\substack{|\\ OH}}{C}HCOOH$

2. $CH_3C \equiv CH \longrightarrow CH_3CH_2CH_2\underset{\substack{|\\ CH_3}}{C}CH_2OH$

3. $C_6H_5\overset{\substack{O\\ \|}}{C}-CH_3 \longrightarrow C_6H_5-COOH$

4. $(CH_3)_2CHCH_2Br \longrightarrow (CH_3)_2CH\overset{\substack{OH\\ |}}{C}HC(CH_3)_2COOH$

5. C_6H_6 和 $CH_3\underset{\substack{|\\ OH}}{C}HCH_3 \longrightarrow C_6H_5-\underset{\substack{|\\ CH_3}}{\overset{\substack{OH\\ |}}{C}}-CH_3$

6. $CH_3CH_2Br \longrightarrow CH_3\underset{\substack{|\\ Br}}{C}HCH_2COOH$

7. $CH_3CH_2CH_2Br \longrightarrow CH_3CH_2\underset{\substack{\|\\ O}}{C}CH_2CH_2CH_3$

8. C_6H_{10} (环己烯) $\longrightarrow$ C_5H_7—CHO (环戊烯甲醛)

9. $CH_3CH_3 \longrightarrow HOOCCH(CH_3)CH_2COOH$

10. $BrCH_2CH_2CHO \longrightarrow CH_2{=}CHCHO$

11. $CH_3CHO \longrightarrow CH_3CH_2CH_2CH_2COOH$

12. 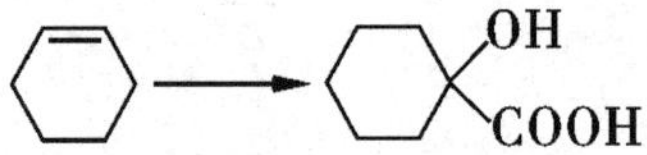 $\longrightarrow$ OH COOH

13. 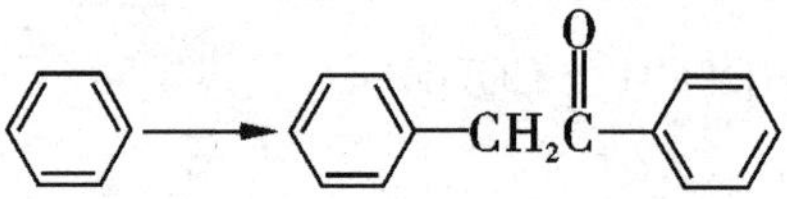 $\longrightarrow$ $-CH_2-\overset{O}{\overset{\|}{C}}-$

14. 用 $CH_3CH_2CH_2OH$ 和 $CH_3CH(OH)CH_3$ 合成 $CH_3CH_2CH_2C(CH_3)(OH)CH_3$

15. 用 $-CHO$ 和CH_3CHO合成 $-CH(Br)CH(Br)CH_2Cl$

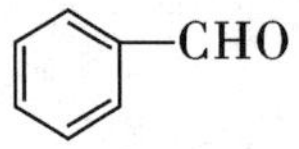

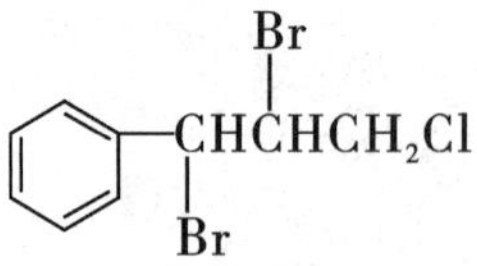

16. 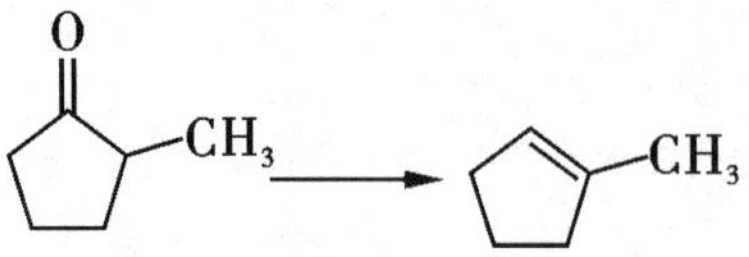 O $-CH_3 \longrightarrow$ $-CH_3$

17. 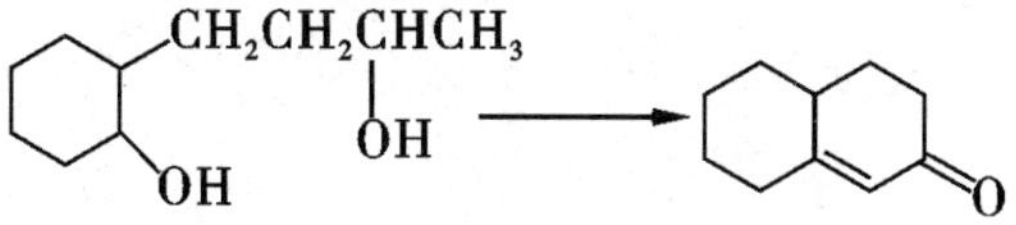 2-($CH_2CH_2CHCH_3$, 3-OH)环己醇 ⟶ 双环烯酮（$\Delta^{1,9}$-八氢萘-2-酮）

18. 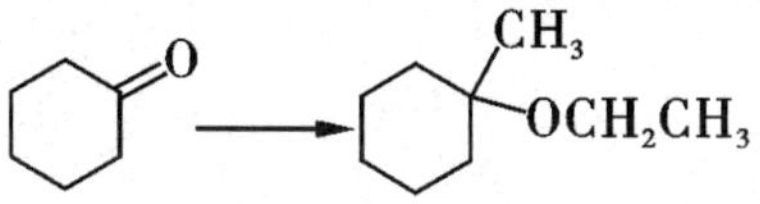 环己酮 ⟶ 1-甲基-1-乙氧基环己烷（CH_3，OCH_2CH_3）

19. $CH_3CHO \longrightarrow CH_3CH{=}CHCH(OH)COOH$

20. 用 $CH_3CH{=}CH_2$ 和 CH_3CHO 合成 $CH_3CH(CH_3)CH(OH)CH_3$

21. 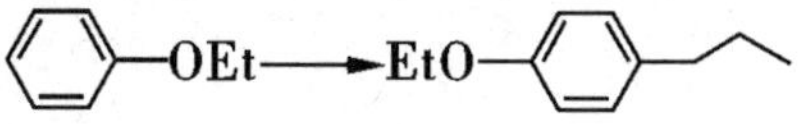 C_6H_5–OEt ⟶ EtO–C_6H_4–$CH_2CH_2CH_3$（对位）

22. $CH_2{=}CHCHO \longrightarrow HOCH_2CH_2CH_2CH_2CH_2CHO$

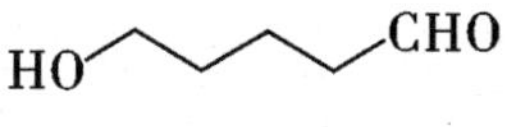

五、用简单的化学方法区别下列各组化合物

1. 己醛、3-己酮、2-己酮、2-己醇

2. 乙醛、环己醛、苯甲醛

3. 1-庚醇、2-庚醇、3-庚醇

4. 苯甲醛、苯乙酮、甲醛

5. 2-戊酮、3-戊酮、1-戊醇

6. 4-甲基苯酚、苯甲苄醇、苯甲醚

7. 苯酚、苯甲醚、苯乙酮、苯甲醛

8. $HO-C_6H_4-CH_2CHO$、$HO-C_6H_4-COCH_3$、$HO-C_6H_4-CHO$、$C_6H_5-COCH_2OH$

9. 乙醛、丙烯醛、丙烯醇、乙烯基乙醚

10. 苯乙酮、苯甲醇、2-氯苯酚、苄氯

六、推导结构

1. 某化合物的分子式为 $C_6H_{12}O$，能与苯肼作用生成腙，但不能发生银镜反应；在铂的催化下加氢得醇，此醇经脱水、臭氧氧化并水解后得到两种溶液，其中之一能起银镜反应，但不起碘仿作用；另一种有碘仿作用，但不能还原 Tollen 试剂。试推导该化合物的结构式，并写出其反应式。

2. 某化合物 A($C_7H_{12}O$)能很快使溴水褪色,还可以和羟胺反应;A 经高锰酸钾氧化后生成一分子丙酮及另一化合物 B;B 具有酸性,与 NaOI 反应生成一分子碘仿及一分子丙二酸。试写出 A、B 的可能结构式。

3. 某化合物 A 的分子式为 $C_6H_4O_2$,不溶于 NaOH 溶液,但能与羟胺作用;将 A 还原得 B($C_6H_6O_2$),B 能溶于 NaOH 溶液,与 $FeCl_3$ 有颜色反应。试写出 A、B 的可能结构式。

4. 某化合物 A 的分子式为 C_5H_8O,A 能使溴的四氯化碳溶液褪色,能与 Fehling 试剂反应,与酸性高锰酸钾反应可得丙酮和乙二酸,试写出 A 的结构式。

5. 某化合物 A 的分子式为 $C_{10}H_{16}O$,能发生银镜反应,A 分子中含有 3 个甲基且存在共轭体系。A 经臭氧氧化还原水解得等物质的量的乙二醛、丙酮和化合物 B($C_5H_8O_2$),B 能发生银镜反应和碘仿反应。试写出 A、B 的可能结构式。

6. 某化合物 A($C_6H_{12}O$)能与羟胺反应,但与 Tollen 试剂或饱和亚硫酸氢钠溶液均不起反应。A 催化加氢得 B($C_6H_{14}O$),B 和浓硫酸作用脱水生成 C(C_6H_{12}),C 经臭氧氧化还原水解得两种液体,其中之一能起银镜反应,但不起碘仿反应;另一种则能起碘仿反应,而不能还原 Fehling 试剂。试写出 A、B、C 的可能结构式。

7. 某化合物 A($C_{10}H_{12}O_2$)不溶于稀 NaOH 溶液,能与 2,4-二硝基苯肼反应,但不能与 Tollen 试剂反应。A 经 $LiAlH_4$ 还原得 B($C_{10}H_{14}O_2$)。A 和 B 都能进行碘仿反应。A 与 HI 作用生成 C($C_9H_{10}O$),C 能溶于 NaOH 溶液,但不溶于碳酸钠溶液。C 经 Clemmensen 还原生成丙基苯酚。试写出 A、B、C 的可能结构式。

8. 化合物 A 和 B 的分子式均为 $C_8H_{14}O$,A 能发生碘仿反应,B 不能。B 能发生银镜反应,而 A 不能。A、B 分别经臭氧氧化分解反应后均得到 2-丁酮和化合物 C,C 既能发生碘仿反应又能发生银镜反应。试写出 A、B、C 的可能结构式。

参考答案

第 9 章　羧酸和取代酸

【学习要求】

(1)掌握羧酸和羧酸衍生物的分类和命名。

(2)掌握羧酸和取代酸的化学性质。

(3)了解几种重要有机化合物的互变异构现象。

【重点总结】

一、羧酸

1. 羧酸的分类和命名

羧酸的系统命名是选取含有羧基的最长碳链作为主链,根据主链的碳原子数目称其为某酸。不饱和羧酸要选取同时含有羧基和重键的最长碳链作为主链,称为某烯酸或某炔酸。脂肪族二元酸要选取同时含有两个羧基的碳链作为主链,称为某二酸。脂环族、芳香族酸的命名一般将脂环或芳香环视为取代基。

2. 羧酸的物理性质

羧基是亲水基且比醇羟基更容易与水分子形成氢键,因此羧酸的水溶性比相应的醇要大。羧酸分子能够通过氢键形成双分子缔合体,其沸点比相对分子质量相近的醇要高。

3. 羧酸的化学性质

(1)酸性和成盐反应。羧酸的酸性强弱与烃基结构有关:凡是羧酸 α-位是斥电子基或联有斥电子基,使其酸性减弱。基团斥电子能力越强,酸性越弱。凡是羧酸 α-位是吸电子基或连有吸电子基,使其酸性增强。基团吸电子能力越强,酸性越强。斥电子基或吸电子基离羧基越远,影响越小。

羧酸能与强碱、碳酸盐、金属氧化物等反应生成羧酸盐和水。羧酸盐与无机酸反应又可以变回相应的羧酸。我们常利用这一特性来分离提纯或鉴别羧酸。

(2)羧酸衍生物的生成。在一定条件下,羧基中的羟基可被卤素(—X)、酰氧基(—O—CO—R)、烃氧基(—O—R′)、氨基($—NH_2$)等取代,分别得到酰卤、酸酐、酯、酰胺等羧酸衍生物。

酰卤的生成：

$$3RCOOH + PCl_3 \longrightarrow R-\overset{\overset{\large O}{\|}}{C}-Cl + H_3PO_3$$

酸酐的生成：

$$2RCOOH \xrightarrow{P_2O_5} \begin{matrix} R-C{=}O \\ \quad \backslash \\ \quad\quad O \\ \quad / \\ R-C{=}O \end{matrix} + H_3PO_4$$

酯的生成：

$$RCOOH + R'OH \underset{\triangle}{\overset{H^+}{\rightleftharpoons}} R-\overset{\overset{\large O}{\|}}{C}-O' + H_2O$$

酰胺的生成：

$$RCOOH + NH_3 \longrightarrow R-\overset{\overset{\large O}{\|}}{C}-ONH_4 \xrightarrow{\triangle} R-\overset{\overset{\large O}{\|}}{C}-NH_2 + H_2O$$

(3)脱羧反应。在一定条件下，羧酸分子脱去—COOH 从而释放出 CO_2，称为脱羧反应。饱和一元羧酸可脱羧生成减少一个碳原子的烷烃。当羧基的 α-C 上联有吸电子基时，脱羧反应更容易进行。比如某些二元羧酸在加热情况下即可发生脱羧反应。

$$HOOC-CH_2-COOH \xrightarrow{\triangle} CH_3COOH + CO_2\uparrow$$

(4)羧酸的还原反应。羧酸分子中羰基很难发生亲核加成反应，可用强还原剂氢化锂铝($LiAlH_4$)将其还原成伯醇。

$$R-COOH \xrightarrow{LiAlH_4} R-CH_2-OH$$

(5)α-H 的卤代反应。羧酸分子中的 α-H 在吸电子基团羧基的影响下，比烃基中其他氢原子更加活泼，在 P、S、I_2 或光照的催化下可被 Cl_2 或 Br_2 逐步取代。控制反应条件也可使该取代反应停留在一元取代。

$$H_3C-COOH + Cl_2 \xrightarrow{磷} Cl-CH_2-COOH + HCl$$

二、羧酸衍生物

1. 羧酸衍生物的命名

通常将羧酸分子中羧基去掉羟基后剩下的部分称为酰基。酰卤、酸酐一般由相应的羧酸来命名。酰卤的命名是把酰基和卤原子的名称合起来称为“某酰卤”。酸酐的命名是跟随相应的羧酸称为“某酸酐”。酯的命名是根据形成它的酸和醇称为“某酸某酯”。

2. 羧酸衍生物的物理性质

酰卤、酸酐和酯等羧酸衍生物不能形成分子间氢键，因而沸点比相对分子质量相近的羧酸要低。它们与水形成氢键的能力也较弱，故其水溶性也小于同碳数目的羧酸。

3. 羧酸衍生物的化学性质

（1）水解、醇解、氨解反应。羧酸衍生物分别与水、醇、氨等发生水解、醇解、氨解反应生成相应的羧酸、酯或酰胺。这些反应也可称为酰基化反应，羧酸衍生物进行酰基化反应的反应活性顺序为酰卤>酸酐>酯。

$$R-\overset{\overset{\displaystyle O}{\|}}{C}-Z + \begin{cases} H-OH \longrightarrow R-\overset{\overset{\displaystyle O}{\|}}{C}-OH + HZ \\ H-OR' \longrightarrow R-\overset{\overset{\displaystyle O}{\|}}{C}-OR' + HZ \\ H-NH_2 \longrightarrow R-\overset{\overset{\displaystyle O}{\|}}{C}-NH_2 + HZ \end{cases}$$

Z分别代表：—X，R′COO—，—OR′

（2）还原反应。酰基化合物中的羰基比羧酸中的羰基更容易被还原。

①酰氯的还原。酰氯可在催化加氢的条件下被还原成醛或醇。

$$R-\overset{\overset{\displaystyle O}{\|}}{C}-Cl \xrightarrow[Ni]{H_2} R-\overset{\overset{\displaystyle O}{\|}}{C}-H \xrightarrow[Ni]{H_2} R-CH_2-COOH$$

②酯的还原。通常可在 $Na+CH_3CH_2OH$，$NaBH_4$ 等条件下将酯还原成醇。

$$R-\overset{\overset{\displaystyle O}{\|}}{C}-OR' \xrightarrow[\triangle]{Na+C_2H_5OH} R-CH_2-COOH + R'OH$$

（3）酯缩合反应。酯分子在碱的作用下失去 α-H 形成的 α-碳负离子可以进攻另一分子的酯，得到 β-酮酸酯。该反应称为 Claisen 酯缩合反应。

$$H_3C-\overset{\overset{\displaystyle O}{\|}}{C}-O-C_2H_5 + H-CH_2-\overset{\overset{\displaystyle O}{\|}}{C}-O-C_2H_5 \xrightarrow{C_2H_5ONa}$$

$$H_3C-\overset{\overset{\displaystyle O}{\|}}{C}-CH_2-\overset{\overset{\displaystyle O}{\|}}{C}-O-C_2H_5 + C_2H_5OH$$

三、取代酸

1. 羟基酸和羰基酸的命名

羟基酸的系统命名选取羧酸为母体，羟基为取代基，选定同时含有羟基和羧基的最长碳链作为主链，称为“某酸”。羰基酸的系统命名选定同时含有羰基和羧基的最长碳链作为主链，称为“某醛酸”或“某酮酸”，同时使用阿拉伯数字或希腊字母标出羰基的位置。

2. 羟基酸的化学性质

（1）酸性。羟基具有吸电子诱导效应，故其酸性大于相同碳原子数目的羧酸。对于不同结构的羟基酸，其酸性随—OH 与—COOH 距离的增大而减弱。

(2)醇酸的脱水。醇酸在加热条件下可脱去一分子水。

$$2CH_3-\underset{}{\overset{OH}{|}}{CH}COOH \xrightarrow{\triangle} \text{丙交酯} + 2H_2O$$

丙交酯

$$HO-CH_2-CH_2-COOH \xrightarrow{\triangle} H_2C=CH-COOH + H_2O$$

$$HO-(CH_2)_3-COOH \xrightarrow{\triangle} \gamma\text{-丁内酯} + H_2O$$

γ-丁内酯

(3)醇酸的氧化反应。醇酸可被氧化生成相应的羰基酸。其中 α-醇酸可被较弱的氧化剂(如 Tollen 试剂)氧化,其他羟基酸只能被较强的氧化剂氧化。

$$CH_3-CH(OH)COOH \xrightarrow{\text{Tollen试剂}} CH_3-\overset{O}{\overset{\|}{C}}-COOH$$

(4)酚酸的脱羧反应。酚酸具有酚的特征反应,如可与溴水反应生成白色沉淀,可与三氯化铁作用呈紫色。酚酸也可在加热条件下发生脱羧反应生成相应的酚。

$$o\text{-}HOC_6H_4COOH \xrightarrow{200\sim300\ ℃} C_6H_5-OH + CO_2\uparrow$$

(5)α-醇酸的分解反应。α-醇酸的特征反应。α-醇酸与稀硫酸共热,羧基和 α-碳原子之间的共价键断裂,使其分解生成相应的醛或酮以及甲酸。

$$R-CH(OH)COOH \xrightarrow[\triangle]{\text{稀硫酸}} R-CHO + HCOOH$$

$$R-C(OH)(R')COOH \xrightarrow[\triangle]{\text{稀硫酸}} RR'C=O + HCOOH$$

3. 羰基酸的化学性质

(1)酸性。羟基、羰基均为吸电子基团且羰基吸电子能力更强,因此同碳数目羧酸的酸性强弱顺序为羰基酸>羟基酸>羧酸。对于结构不同的羰基酸,羰基和羧基间距离越近,酸性越强。

(2)脱羧反应。在稀酸或稀碱加热作用下,α-羰基酸和β-羰基酸可发生脱羧反应生成相应的羰基化合物并放出CO_2。

$$H_3C—CH_2C(=O)COOH \xrightarrow[\triangle]{稀硫酸} CH_3CH_2CHO + CO_2\uparrow$$

$$H_3C—C(=O)—CH_2—COOH \xrightarrow{\triangle} H_3C—C(=O)—CH_3 + CO_2\uparrow$$

(3)氧化和还原反应。α-羰基酸能被较弱的氧化剂(如Tollen试剂、Fehling试剂)氧化生成相应的羧酸和CO_2。α-羰基酸可加氢还原成相应的羟基酸。

$$H_3C—CH_2C(=O)COOH \xrightarrow{Tollen试剂} CH_3CH_2COOH + CO_2\uparrow$$

4. 乙酰乙酸乙酯的互变异构现象

乙酰乙酸乙酯分子中,其亚甲基上的氢原子受到羰基和羧基两个吸电子基团影响,比较活泼,较易形成烯醇式;同时形成烯醇式结构中的羟基氢可与羰基氧形成氢键,使烯醇式稳定存在。

$$\underset{酮式(92.5\%)}{H_3C—C(=O)—CH_2—C(=O)—O—C_2H_5} \rightleftharpoons \underset{烯醇式(7.5\%)}{H_3C—C(OH)=CH—C(=O)—O—C_2H_5}$$

【练习题】

一、命名或写出结构式

1. $C_6H_5—CH(CH_3)—CH(CH_3)—COOH$

2. $CH_3—CH_2—C(CH_3)_2—COOH$

3. $(H_3C)(H_3C—CH_2)C(COOH)_2$

4. $(HO)(H_3C—CH_2)C(COOH)_2$

5. 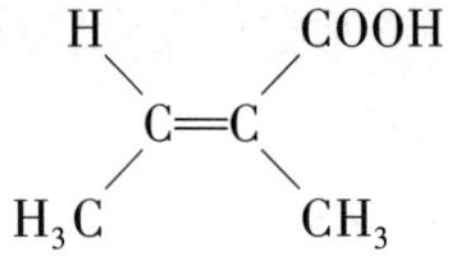 H　COOH

$C=C$

H_3C　CH_3

6. 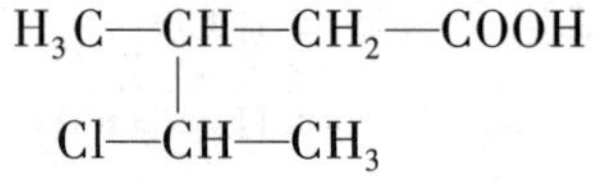 $H_3C—CH—CH_2—COOH$
$Cl—CH—CH_3$

7. 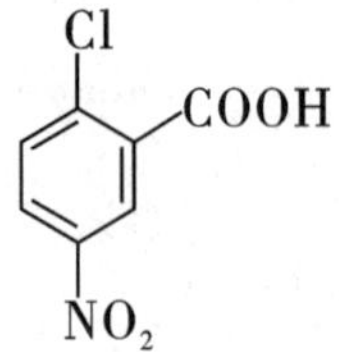 Cl　COOH　NO_2

8. 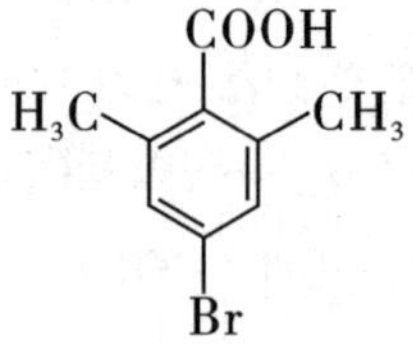 COOH　H_3C　CH_3　Br

9. 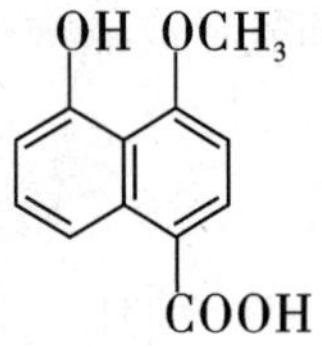 OH　OCH_3　COOH

10. 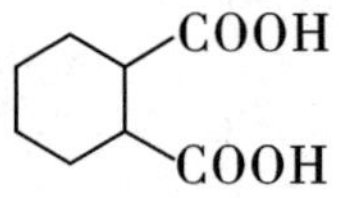 COOH　COOH

11. 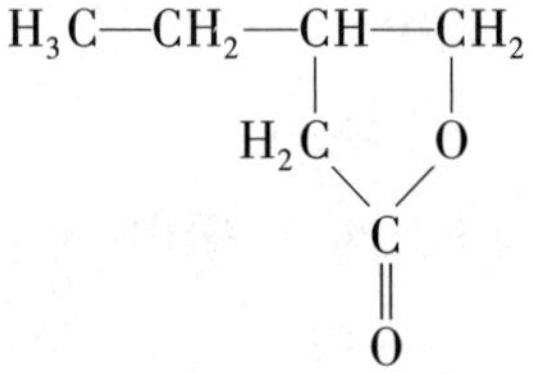 $H_3C—CH_2—CH—CH_2$
H_2C　O
C
O

12. 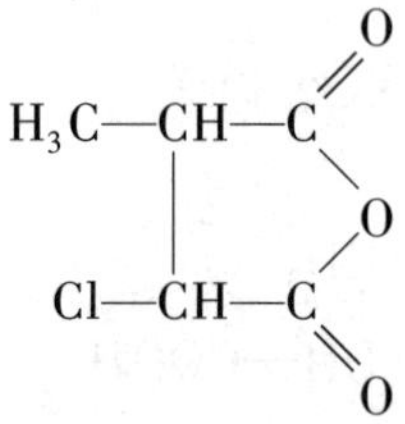 O
$H_3C—CH—C$
O
$Cl—CH—C$
O

13. 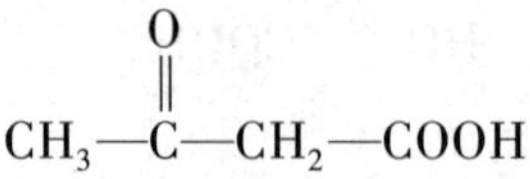 $CH_3—\overset{O}{\overset{\|}{C}}—CH_2—COOH$

14. 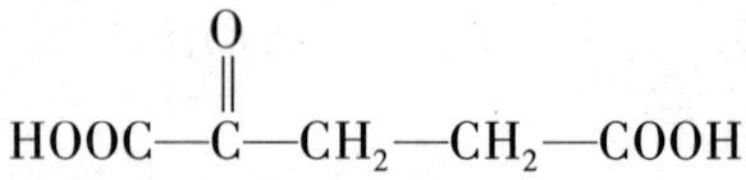 $HOOC—\overset{O}{\overset{\|}{C}}—CH_2—CH_2—COOH$

15. 2,4-二碘苯氧乙酸

16. 对甲氧基苯甲酸苄酯

17. 对溴苯甲酰氯

18. 2-甲基-3-羟基丁二酸酐

19. 邻羟基苯甲酰乙酸

20. 邻苯二甲酸酐

21. 乳酸

22. 水杨酸

二、选择题

1. 下列化合物中哪种酸性最强(　　)

A. CH_3COOH　　B. H_2CO_3　　C. 苯酚（OH 取代苯环）　　D. H_2O

2. 下列化合物中酸性最强的是(　　)

A. 乙酸　　B. 二氯乙酸　　C. 三氯乙酸　　D. 甲酸

3. 下列化合物中酸性最强的是(　　)

A. CH_3COOH　　B. $(CH_3)_3CCOOH$

C. HCOOH　　D. $(CH_3)_2CHCOOH$

4. 下列化合物中哪种酸性最强(　　)

A. $HC\equiv CH$　　B. CH_3CH_2OH　　C. H_2O　　D. $H_2C=CH_2$

5. 下列化合物中哪种酸性最强(　　)

A. H_2CO_3　　B. CH_3COOH　　C. 苯酚（OH 取代苯环）　　D. CH_3CH_2OH

6. 下列化合物中酸性最强的是(　　)

A. 氟乙酸　　B. 氯乙酸　　C. 溴乙酸　　D. 碘乙酸

7. 下列化合物中酸性大小排序正确的是(　　)

A. $CH_3COOH>H_2CO_3>$ 苯酚（OH 取代苯环） $>H_2O>CH_3CH_2OH>HC\equiv CH>H_2C=CH_2$

OH

B. $H_2CO_3>CH_3COOH>$ $>CH_3CH_2OH>H_2O>HC\equiv CH>H_2C=CH_2$

OH

C. $CH_3COOH>H_2CO_3>$ $>CH_3CH_2OH>H_2O>HC\equiv CH>H_2C=CH_2$

OH

D. $H_2CO_3>CH_3COOH>CH_3CH_2OH>$ $>H_2O>HC\equiv CH>H_2C=CH_2$

8. 下列化合物中沸点最高的是(　　)

A. $C_3H_7OC_3H_7$　　B. $C_3H_7COOC_3H_7$　　C. $C_6H_{13}OH$　　D. $CH_3(CH_2)_4COOH$

OH

9. 下列化合物中哪种能鉴别 CH_3COOH 和 (　　)

A. NaOH　　B. HCl　　C. $NaHCO_3$　　D. H_2O

10. 下列化合物中哪种酸性最强(　　)

A. COOH, CH_3　　B. COOH, OCH_3　　C. COOH　　D. COOH, Br

11. 下列化合物中熔点最高的是(　　)

A. 乙酰胺　　B. 丙酸　　C. 苯甲酸　　D. 甘氨酸

12. 下列化合物中沸点最高的是(　　)

A. 乙烷　　B. 乙醇　　C. 乙酸　　D. 乙醛

13. 下列化合物中酸性最强的是(　　)

A. COOH　　B. COOH, NO_2, NO_2　　C. COOH, CH_3　　D. COOH, NO_2

14. 下列化合物中沸点最高的是(　　)

A. CH_3CH_2COOH　　B. CH_3COCH_3　　C. $CH_3CH_2CH_2OH$　　D. $CH_3OCH_2CH_3$

15. 下列化合物的酸性强弱顺序是: $Cl_3CCOOH > Cl_2CHCOOH > ClCH_2COOH > CH_3COOH$,其主要原因是(　　)

A. 共轭效应　　B. 诱导效应　　C. 空间效应　　D. 场效应

16. 下列化合物中酸性大小排序正确的是(　　)

A. $C_6H_5SO_3H>C_6H_5OH>C_6H_5SH>C_6H_5COOH$

B. $C_6H_5SO_3H>C_6H_5COOH>C_6H_5OH>C_6H_5SH$

C. $C_6H_5SO_3H>C_6H_5COOH>C_6H_5SH>C_6H_5OH$

D. $C_6H_5SO_3H>C_6H_5SH>C_6H_5COOH>C_6H_5OH$

17. 根据下列反应,化合物 P 是(　　)

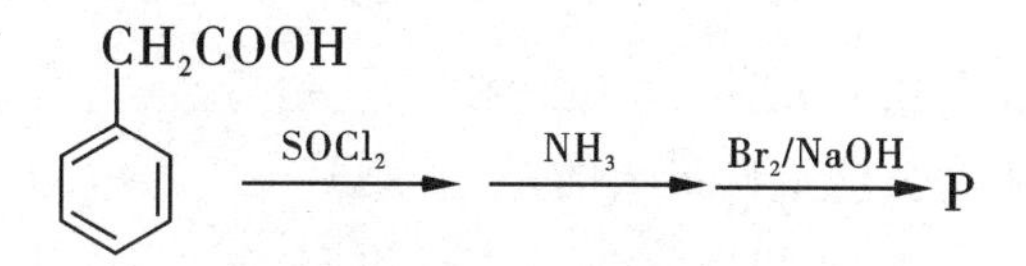

A. 酸性的　　B. 中性的　　C. 碱性的　　D. 都不是

18. 用下述饱和溶液从乙酸乙酯粗产品中除去乙酸、乙醇和水的洗涤分液顺序是(　　)

A. $NaCl \rightarrow CaCl_2 \rightarrow Na_2CO_3$　　B. $Na_2CO_3 \rightarrow CaCl_2 \rightarrow NaCl$

C. $Na_2CO_3 \rightarrow NaCl \rightarrow CaCl_2$　　D. $CaCl_2 \rightarrow NaCl \rightarrow Na_2CO_3$

19. 下列羧酸衍生物中亲核加成反应活性最高的是(　　)

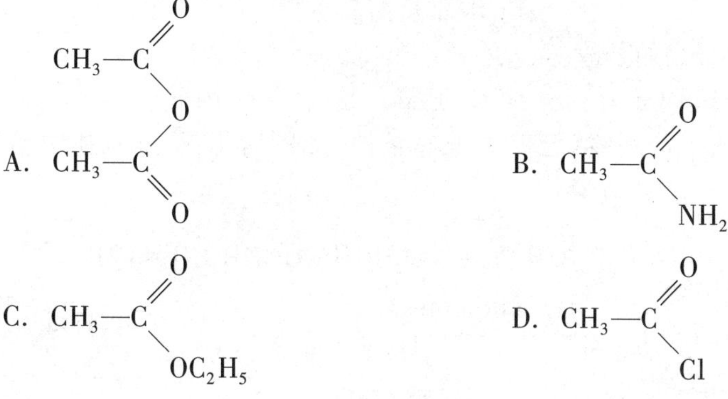

20. 下列化合物中 $LiAlH_4$ 不能还原的是(　　)

A. RCHO　　B. RCOOH　　C. RCH_2OH　　D. RCOR

21. $LiAlH_4$ 可将 $H_2C{=}CHCH_2COOH$ 还原为(　　)

A. $CH_3CH_2CH_2COOH$　　B. $CH_3CH_2CH_2CH_2OH$

C. $H_2C{=}CHCH_2CH_2OH$　　D. $H_2C{=}CHCH_2CHO$

22. 合成乙酸乙酯时,为了提高效率,最好采用下列哪种方法(　　)

A. 在反应过程中不断蒸出水　　B. 增加催化剂用量

C. 使乙醇过量　　D. A 和 C 并用

23. 下列化合物中酸性最强的是(　　)

A. 苯酚　　B. 醋酸　　C. 苯甲酸　　D. 三氯乙酸

24. 下列化合物中酸性最强的是(　　)

A. 3-氯丙酸　　B. 2-氯丙酸　　C. 丙酸　　D. 2,2-二氯丙酸

25. 下列说法错误的是(　　)

A. 乙醇和乙酸都是常用调味品的主要成分

B. 乙醇和乙酸的沸点和熔点都比 C_2H_6、C_2H_4 的沸点和熔点高

C. 乙醇和乙酸都能发生氧化反应和消除反应

D. 乙醇和乙酸之间能发生酯化反应

26. 下列化合物中既可与新制 $Cu(OH)_2$ 悬浊液共热产生红色沉淀,又可与 Na_2CO_3 溶液反应的是(　　)

A. 苯甲酸　　B. 甲酸　　C. 乙二酸　　D. 乙醛

27. 下列化合物中水解反应活性最大的是(　　)

A. RCOCl　　B. RCOOR′　　C. $(RCO)_2O$　　D. $RCONH_2$

28. 阿司匹林的结构为 (苯环邻位分别连 COOH 和 $OCOCH_3$)。它在人体中最可能发生的反应是(　　)

A. 苯环的硝化　　B. 苯环的氧化

C. 羧基的取代反应　　D. 酯基的水解

29. 从苯酚中除去少量的苯甲酸,合适的方法是用(　　)

A. 乙醚萃取　　B. 饱和 $NaHCO_3$ 洗涤

C. NaOH 洗涤　　D. 水重结晶

30. 下列化合物中沸点最高的是(　　)

A. 乙醇　　B. 丙醇　　C. 乙酸　　D. 丙酸

31. 食品香精菠萝酯的生产路线(已略去反应条件)如图所示,下列叙述中错误的是(　　)

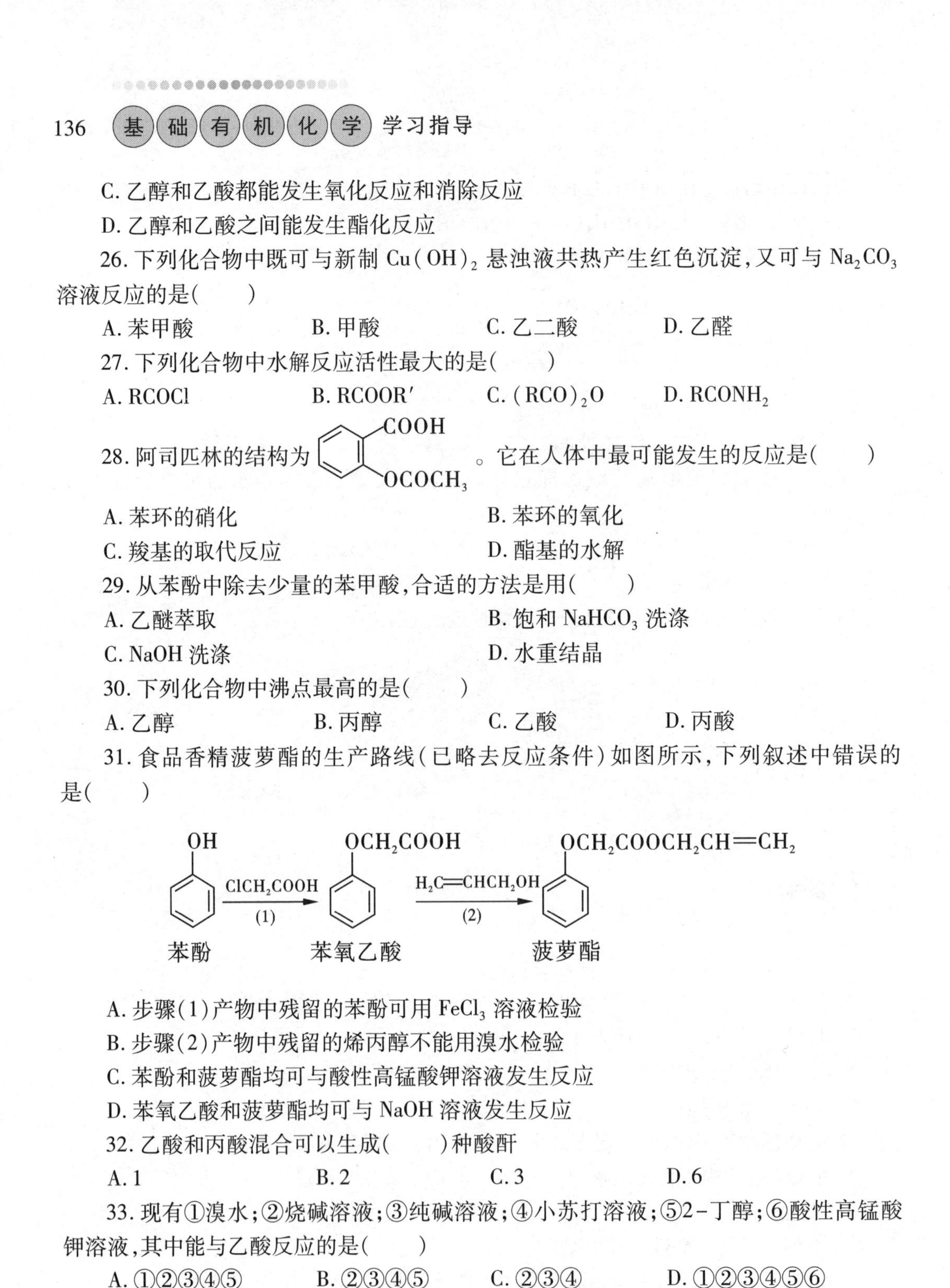

A. 步骤(1)产物中残留的苯酚可用 $FeCl_3$ 溶液检验

B. 步骤(2)产物中残留的烯丙醇不能用溴水检验

C. 苯酚和菠萝酯均可与酸性高锰酸钾溶液发生反应

D. 苯氧乙酸和菠萝酯均可与 NaOH 溶液发生反应

32. 乙酸和丙酸混合可以生成(　　)种酸酐

A. 1　　B. 2　　C. 3　　D. 6

33. 现有①溴水;②烧碱溶液;③纯碱溶液;④小苏打溶液;⑤2-丁醇;⑥酸性高锰酸钾溶液,其中能与乙酸反应的是(　　)

A. ①②③④⑤　　B. ②③④⑤　　C. ②③④　　D. ①②③④⑤⑥

34. 化合物 $H_3C—CH(OH)—C(=O)—OH$ 不能发生的反应是(　　)

A. 酯化　　B. 取代　　C. 消除　　D. 水解

35. 化合物①甲醇;②甲酸;③甲醛;④甲酸甲酯,能在一定条件下发生银镜反应的是(　　)

A. ①②③　　B. ②③④　　C. ①②③④　　D. 都可以

36. 下列哪一种试剂可将甲醇、甲醛、甲酸和乙酸区别开(　　)

A. 紫色石蕊溶液　　B. 浓溴水

C. 新制的 $Cu(OH)_2$　　D. 银氨溶液

37. 天然色素 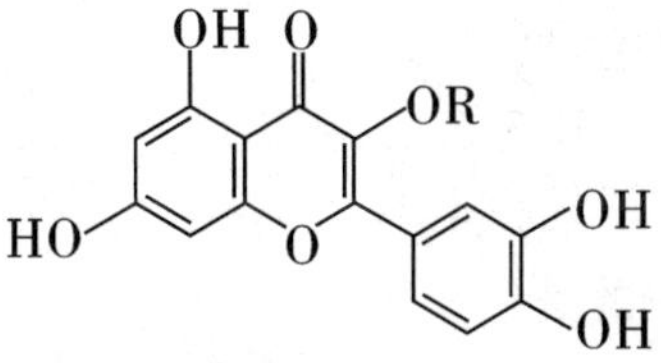 存在于槐树花蕾中,它是一种营养增补剂,关于该色素的性质叙述错误的是(　　)

A. 可以和溴水反应　　B. 可用有机溶剂萃取

C. 分子中含有酯基　　D. 可以和 NaOH 反应

38. 有10种化合物:①苯甲酸、②苯酚、③乙酸、④乙酸乙酯、⑤1-羟基乙酸、⑥甲醛、⑦溴水、⑧NaOH 溶液、⑨金属钠、⑩$FeCl_3$ 溶液。前五种物质中的一种能与后五种物质反应,后五种物质中的一种能与前五种物质反应,这两种物质是(　　)

A. ③⑧　　B. ②⑧　　C. ②⑦　　D. ⑤⑨

39. 咖啡鞣酸具有较广泛的抗菌作用,其结构简式如下所示:

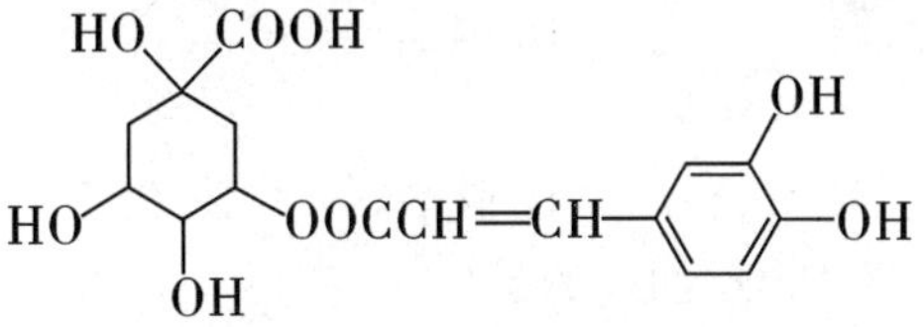

,关于咖啡鞣酸的下列说法不正确的是(　　)

A. 分子既有 π-π 共轭,又有 p-π 共轭

B. 与苯环直接相连的原子都在同一平面上

C. 咖啡鞣酸不能发生水解反应

D. 与浓溴水既能发生取代反应又能发生加成反应

40. 实验室制备乙酸丁酯的环境温度(反应温度)是115 ~ 125 ℃,其他有关数据如下表,则以下关于实验室制备乙酸丁酯的叙述错误的是(　　)

物质	乙酸	1-丁醇	乙酸丁酯	98%浓硫酸
沸点/℃	117.9	117.2	126.3	338.0
溶解性	溶于水和有机溶剂	溶于水和有机溶剂	微溶于水,溶于有机溶剂	与水混溶

A. 相对低廉的乙酸与1-丁醇的物质的量之比应大于1∶1

B. 不能水浴加热是因为乙酸丁酯的沸点高于100 ℃

C. 从反应后混合物分离出粗产物的方法:用 Na_2CO_3 溶液洗涤后分液

D. 对粗产物提纯需进行的一步操作:加吸水剂处理后蒸馏

41. 下列化合物中属于酚酸的是(　　)

A. 草酸　　B. 乳酸　　C. 水杨酸　　D. 琥珀酸

42. 下列化合物中不能发生银镜反应的是(　　)

A. 甲酸酯　　B. 甲酰胺　　C. 甲酸　　D. 甲基酮

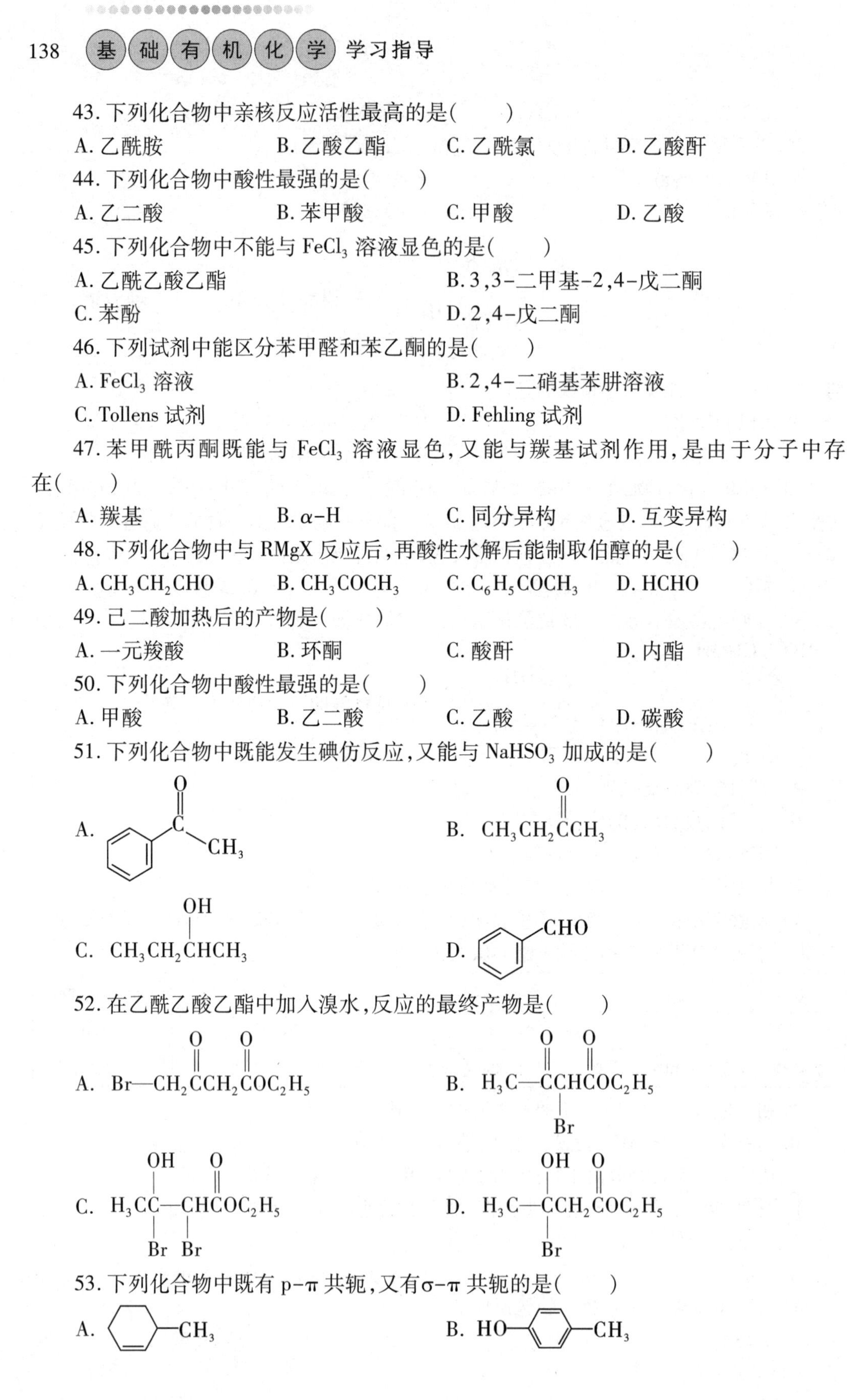

43. 下列化合物中亲核反应活性最高的是(　　)

A. 乙酰胺　　B. 乙酸乙酯　　C. 乙酰氯　　D. 乙酸酐

44. 下列化合物中酸性最强的是(　　)

A. 乙二酸　　B. 苯甲酸　　C. 甲酸　　D. 乙酸

45. 下列化合物中不能与 $FeCl_3$ 溶液显色的是(　　)

A. 乙酰乙酸乙酯　　B. 3,3-二甲基-2,4-戊二酮

C. 苯酚　　D. 2,4-戊二酮

46. 下列试剂中能区分苯甲醛和苯乙酮的是(　　)

A. $FeCl_3$ 溶液　　B. 2,4-二硝基苯肼溶液

C. Tollens 试剂　　D. Fehling 试剂

47. 苯甲酰丙酮既能与 $FeCl_3$ 溶液显色,又能与羰基试剂作用,是由于分子中存在(　　)

A. 羰基　　B. α-H　　C. 同分异构　　D. 互变异构

48. 下列化合物中与 RMgX 反应后,再酸性水解后能制取伯醇的是(　　)

A. CH_3CH_2CHO　　B. CH_3COCH_3　　C. $C_6H_5COCH_3$　　D. HCHO

49. 己二酸加热后的产物是(　　)

A. 一元羧酸　　B. 环酮　　C. 酸酐　　D. 内酯

50. 下列化合物中酸性最强的是(　　)

A. 甲酸　　B. 乙二酸　　C. 乙酸　　D. 碳酸

51. 下列化合物中既能发生碘仿反应,又能与 $NaHSO_3$ 加成的是(　　)

A. $C_6H_5\overset{O}{\overset{\|}{C}}CH_3$　　B. $CH_3CH_2\overset{O}{\overset{\|}{C}}CH_3$

C. $CH_3CH_2\overset{OH}{\overset{|}{C}}HCH_3$　　D. C_6H_5CHO

52. 在乙酰乙酸乙酯中加入溴水,反应的最终产物是(　　)

A. $Br—CH_2\overset{O}{\overset{\|}{C}}CH_2\overset{O}{\overset{\|}{C}}OC_2H_5$　　B. $H_3C—\overset{O}{\overset{\|}{C}}\underset{Br}{\underset{|}{C}}H\overset{O}{\overset{\|}{C}}OC_2H_5$

C. $H_3C\underset{Br}{\underset{|}{\overset{OH}{\overset{|}{C}}}}—\underset{Br}{\underset{|}{C}}H\overset{O}{\overset{\|}{C}}OC_2H_5$　　D. $H_3C—\underset{Br}{\underset{|}{\overset{OH}{\overset{|}{C}}}}CH_2\overset{O}{\overset{\|}{C}}OC_2H_5$

53. 下列化合物中既有 p-π 共轭,又有σ-π 共轭的是(　　)

A. (环己烯环)—CH_3　　B. HO—C_6H_4—CH_3

C. C_6H_5—COOH　　D. C_6H_5—CH_3

54. 下列化合物中最容易与 NaOH 水溶液反应的是(　　)

A. H_3C—C_6H_4—Cl (对位)　　B. C_6H_5—CH_2CH_2Cl

C. H_3C—C_6H_4—Cl (间位)　　D. C_6H_5—CH_2COCl

55. 具有互变异构现象的化合物是(　　)

A. $CH_3COC_2H_5$　　B. $CH_3COCH_2COC_2H_5$

C. $CH_3CH(OH)CH_2COOCH_3$　　D. $H_3CC(=O)—C(CH_3)_2—C(=O)CH_3$

三、完成下列反应方程式

1. $CH_3CH_2COOH + PCl_3 \longrightarrow$ (　　　　)

2. $H_3C—CH(OH)CH_2COOH \xrightarrow{\triangle}$ (　　　　)

3. $H_3C—C(=O)—O—C(=O)—CH_3 + NH_3 \longrightarrow$ (　　　　) + (　　　　)

4. $HO—CH_2—CH_2—CH(CH_3)COOH \xrightarrow{\triangle}$ (　　　　)

5. $H_3C—CH_2C(=O)COOH \xrightarrow[\triangle]{稀硫酸}$ (　　　　)

6. C_6H_5—$COOCH_3 + CH_2COOC_2H_5 \xrightarrow{C_2H_5ONa}$ (　　　　) + (　　　　)

7. $H_3C—CH(CH_3)—CH_2COOH + Br_2 \xrightarrow{红磷}$ (　　　　)

8. $CH_3—CH_2—CH(OH)COOH \xrightarrow{\triangle}$ (　　　　)

9. $H_3C—CH_2C(=O)COOH \xrightarrow{Tollen试剂}$ (　　　　)

10. $CH_3—CH_2—CH(OH)COOH \xrightarrow[\triangle]{稀硫酸}$ (　　　　) + (　　　　)

11. $CH_3CH_2COOH \xrightarrow{P_2O_5}$ (　　　　　　　　)

12. $HOOC—CH_2COOH \xrightarrow{\triangle}$ (　　　　　　　　)

13. $CH_3—CH_2—CH(OH)COOH \xrightarrow[\triangle]{\text{Tollen试剂}}$ (　　　　　　　　)

14. $H_3C—CH(CH_3)—CH_2COOH \xrightarrow{LiAlH_4}$ (　　　　　　　　)

15. $H_3C—CH(CH_3)—CH_2—C(=O)—Cl \xrightarrow[Ni]{H_2}$ (　　　　　　　　) $\xrightarrow[Ni]{H_2}$ (　　　　　　　　)

16. 邻羟基苯甲酸（苯环上 —COOH、—OH） $\xrightarrow{200\sim300\ ℃}$ (　　　　　　　　)

17. $H_3C—CH(CH_3)—CH_2—C(=O)—OC_2H_5 \xrightarrow[\triangle]{Na+C_2H_5OH}$ (　　　　　　) + (　　　　　　)

18. $H_3C—CH(CH_3)—CHO \xrightarrow[H^+]{K_2Cr_2O_7}$ (　　　　　　　　) $\xrightarrow[\triangle]{NH_3}$ (　　　　　　　　)

19. $HOCH_2CH_2CH(COOH)COOH \xrightarrow{\triangle}$ (　　　　　　　　) $\xrightarrow{\triangle}$ (　　　　　　　　)

20. $CH_3C(=O)—CH_2CH_2COOH \xrightarrow{LiAlH_4}$ (　　　　　　　　) $\xrightarrow[\triangle]{H^+}$ (　　　　　　　　)

21. β-丙内酯（环中氧为 ^{18}O） + $OH^-/H_2O \longrightarrow$ (　　　　　　　　)

22. 苯—CHO + $CH_2(COOC_2H_5)_2 \xrightarrow{C_2H_5ONa}$ (　　　　　　　　)

23. 邻苯二甲酸酐 $\xrightarrow{C_2H_5OH/H^+}$ (　　　　　　　　) $\xrightarrow{SOCl_2}$ (　　　　　　　　)

24. 邻羟基苯甲酸（苯环上 —COOH、—OH） $\xrightarrow[\triangle]{C_5H_{11}{}^{18}OH/H^+}$ (　　　　　　　　) $\xrightarrow{CH_3COCl}$ (　　　　　　　　)

25. $CH_2(COOC_2H_5)_2 \xrightarrow{C_2H_5ONa} \xrightarrow{ClCH_2COONa}$ (　　　　　　　　) $\xrightarrow{H_2O/H^+}$

(　　　　　　　　)

四、完成下列转化(无机试剂任选)

1. $H_3C—CH_2—Br \longrightarrow H_3C—CH(OH)—CH_2COOH$

2. $H_3C—CH_3 \longrightarrow H_3C—COOH$

3. $H_2C=CH_2 \longrightarrow H_3C—C(=O)—COOH$

4. $(H_3C)_2C=CH_2 \longrightarrow (H_3C)_3C—COOH$

5. $C_6H_5—CH_2Br \longrightarrow C_6H_5—CH_2COOCH_2—C_6H_5$

6. $CH_3CH_2OH \longrightarrow CH_2(COOC_2H_5)_2$

7. $HOCH_2—CH_2—CH_2OH \longrightarrow HOOC—(CH_2)_3—COOH$

8. $H_2C{=}CH_2 \longrightarrow$ $\begin{matrix} COOC_2H_5 \\ | \\ CH_2 \\ | \\ CH_2 \\ | \\ COOC_2H_5 \end{matrix}$

9. $CH_3CHO \longrightarrow CH_3(CH_2)_3COOH$

10. 以不超过6个碳原子的环状化合物为原料合成 戊二酸酐（六元环状酸酐结构式）

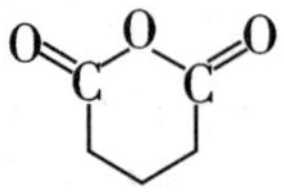

11. $CH_3CHO \longrightarrow$ $H_3CHC{=}CHCH(OH)COOH$

12.  环己烷 $\longrightarrow$ $\begin{matrix} COOH \\ | \\ (CH_2)_4 \\ | \\ COOH \end{matrix}$

五、用简单的化学方法区别下列各组化合物

1. 甲酸、乙酸、乙二酸、乙醛

2. 苯酚、苯甲酸、水杨酸、苯甲酰胺

3. 乳酸、丙酮酸、丙醛酸、丙酸

4. 乙酸、己醇、对甲苯酚

5. 苯酚、环已酮、苯胺、2,4,6-三硝基苯甲酸

6. 丙醛、丙酮、丙酸、丙酰胺

7. 苯甲酸、苯乙酮、苯酚

8. 乙二酸、丁烯二酸、丙酸、丙二酸

9. 甲酸、乙酸、乙二酸

10. 乳酸、乙酰乙酸、乙酰乙酸乙酯

11. 乙酰氯、乙酰胺、甲酸乙酯、乙酸甲酯

12. 硝基苯、苯酚、水杨酸、甲苯

六、推导结构

1. 化合物 A、B 和 C 的分子式均为 $C_3H_6O_2$,只有 A 能与 $NaHCO_3$ 作用放出二氧化碳,B 和 C 可在氢氧化钠溶液中水解,B 的水解产物之一能发生碘仿反应。试推导 A、B、C 的结构式。

2. 某化合物A的分子式为$C_7H_6O_3$,能溶于氢氧化钠溶液、碳酸钠溶液,并与三氯化铁溶液发生显色反应,其硝化后主要得到一种一元硝基化合物。试推导A的结构式。

3. 化合物A的分子式为$C_7H_{12}O_3$,能与苯肼反应生成苯腙,能与金属钠作用生成氢气,能与三氯化铁溶液发生显色反应,能使溴的四氯化碳溶液褪色。将A与氢氧化钠溶液共热并酸化后得到B和异丙醇。B的分子式为$C_4H_6O_3$,B容易发生脱羧反应,其脱羧后的产物C能够发生碘仿反应。试推导出A、B、C的结构式。

4. 化合物A的分子式为$C_6H_8O_4$,能使溴水褪色,用臭氧分解时得到丙酮酸,加热则生成酸酐和水。试推导A的结构式。

5. 化合物A的分子式为$C_4H_6O_2$,它不溶于碳酸钠溶液,但可使溴水褪色。它与氢氧化钠溶液共热后生成乙酸钠和乙醛。试推导A的结构式。

6. 化合物 A 和 B 互为同分异构体，分子式均为 $C_4H_6O_4$。它们均可溶于氢氧化钠溶液，与碳酸钠作用放出二氧化碳。A 加热可失去一分子水生成酸酐 $C_4H_4O_3$；B 加热则放出二氧化碳并生成三个碳原子的酸。试推导 A 和 B 的结构式。

7. 化合物 A 的分子式为 $C_4H_6O_4$，A 加热后可生成化合物 B，B 的分子式为 $C_4H_4O_3$。A 在硫酸存在下可与过量甲醇反应生成化合物 C，C 的分子式为 $C_6H_{10}O_4$。用 $LiAlH_4$ 还原化合物 A 能得到化合物 D，D 的分子式为 $C_4H_{10}O_2$。试推导 A、B、C、D 的结构式。

8. 化合物 A 的分子式为 $C_{10}H_{12}$，其经臭氧氧化、还原水解后得到化合物 B 和化合物 C。C 的分子式为 C_3H_6O，且其不能与银氨溶液反应。B 的分子式为 C_7H_6O，其能够和银氨溶液反应，且该反应产物经酸化后能得到化合物 D。D 的分子式为 $C_7H_6O_2$，D 可先与三氯化磷反应再与氨作用后得到化合物 E。E 的分子式为 C_7H_7NO。试推导 A、B、C、D、E 的结构式。

9. 化合物 A 的分子式为 $C_{10}H_{12}O_3$，其不溶于水、稀酸和碳酸氢钠，但可溶于氢氧化钠溶液。A 与氢氧化钠反应再酸化后能得到化合物 B 和化合物 C。化合物 B 的分子式为 C_3H_8O，且 B 能够发生碘仿反应。化合物 C 的分子式为 $C_7H_6O_3$，C 可与碳酸氢钠反应放出二氧化碳，与三氯化铁作用显紫色，且其一硝化产物只有一种。试推导出 A、B、C 的结构式。

10. 化合物 A($C_4H_4O_3$)在三氯化铝存在下与苯作用生成化合物 B($C_{10}H_{10}O_3$)，B 与锌汞齐和浓盐酸反应得到化合物 C($C_{10}H_{12}O_2$)。A、B 和 C 均可与碳酸氢钠溶液作用生成二氧化碳。C 与五氯化磷反应生成化合物 D，D 在氯化锌存在下加热可生成化合物 E($C_{10}H_{10}O$)。D 可在 Pd-$BaSO_4$ 和少量含硫物质存在下催化氢化得到化合物 F($C_{10}H_{12}O$)。E 和 F 均不与金属钠反应，但可与 $NH_2OH \cdot HCl$ 反应生成肟。试推断 A ~ F 的结构式。

参考答案

第 10 章　有机含氮化合物

【学习要求】

(1)掌握胺和酰胺的结构和命名。

(2)掌握胺和酰胺的化学性质。

(3)了解硝基化合物的性质,偶氮化合物、重氮盐和季铵类物质的命名。

【重点总结】

一、胺

1. 胺的分类和命名

胺可视为氨(NH_3)的烃基衍生物。氨分子中的 1 个、2 个或 3 个氢原子被烃基取代形成的化合物,分别被称为伯胺(1°胺)、仲胺(2°胺)和叔胺(3°胺)。

2. 胺的化学性质

(1)碱性。

气相中碱性大小:$(CH_3)_3N>(CH_3)_2NH>CH_3NH_2>NH_3>$苯胺>二苯胺>三苯胺。

溶液中碱性大小:$(CH_3)_2NH>CH_3NH_2>(CH_3)_3N>NH_3$。

(2)烃基化反应。氨与卤代烃发生亲核取代反应,形成伯、仲、叔胺和季铵盐。

(3)酰基化反应。伯胺或仲胺与酰基化试剂,如酰卤、酸酐及酯等作用,发生酰基化反应,生成 *N*-取代酰胺或 *N*,*N*-二取代酰胺。因叔胺氮原子上没有氢原子,所以不能发生酰化反应。

$$RNH_2+C_6H_5COCl \longrightarrow C_6H_5CONHR$$

由于芳香族胺的碱性比脂肪胺弱得多,所以酰化反应缓慢得多,而且芳胺只能被酰卤、酸酐所酰化,不能和酯类反应。

(4)Hinsberg 反应(磺酰化反应)。

$$RNH_2+C_6H_5SO_2Cl \longrightarrow C_6H_5SO_2NHR\text{(溶于 NaOH 水溶液)}$$

$$R_2NH+C_6H_5SO_2Cl \longrightarrow C_6H_5SO_2NR_2\text{(不溶于 NaOH 水溶液)}$$

$$R_3N+C_6H_5SO_2Cl \longrightarrow \text{不反应}$$

利用上述反应的差异,可以分离和鉴别伯、仲、叔三种胺。

(5)芳香胺的亲电取代反应。芳香胺的芳环容易受亲电试剂进攻,发生卤代、硝化和磺化反应。

(6)胺与亚硝酸反应。伯胺与亚硝酸反应定量放出氮气;仲胺与亚硝酸反应不放出氮气,而是得到 *N*-亚硝基胺;叔胺不与亚硝酸反应。

RNH_2 ($R<R'$):

- $+ HX \longrightarrow RN_3 + X^-$ 碱性
- $\xrightarrow{RX} R_2NH \xrightarrow{RX} R_3N \xrightarrow{RX} R_4N^+X^- \xrightarrow{AgOH} R_4N^+ OH^-$ 烃基化
- $+ R'COCl \longrightarrow RNHCOR'$ 酰基化(与酰卤、酸酐或酯反应)
- $+ NaNO_2 + HCl \longrightarrow ROH + N_2\uparrow$ 与亚硝酸反应

注:$R_2NH + NaNO_2 + HCl \longrightarrow R_2N—N=O$ $R_3N + NaNO_2 + HCl \longrightarrow$ 不反应

(7)芳香族重氮盐与偶联反应。芳香族伯胺在低温、强酸溶液中与亚硝酸钠反应生成重氮盐。芳香重氮盐的重氮基易被取代,生成相应的芳香族化合物。

$$C_6H_5NH_2 + NaNO_2 + 2\,HCl \xrightarrow{0\sim5\ ℃} C_6H_5\overset{+}{N}\equiv NCl^- + NaCl + 2H_2O$$

$$C_6H_5\overset{+}{N}\equiv NX^- \longrightarrow$$

- $\xrightarrow{HX+CuX} C_6H_5X + N_2\uparrow$ (X=Cl, Br)
- $\xrightarrow{KCN+CuCN} C_6H_5CN + N_2\uparrow$
- $\xrightarrow{H_3PO_2} C_6H_6 + N_2\uparrow$
- $\xrightarrow{KI} C_6H_5I + N_2\uparrow$
- $\xrightarrow{H_2O} C_6H_5OH + N_2\uparrow$

二、酰胺

1. 酰胺的酸碱性

酰胺的碱性比胺的碱性要弱一些,同时 N—H 键极性增强表现出微弱的酸性。

2. 酰胺的水解反应

酰胺一般要与酸或碱共热才会水解。伯酰胺、低级一元和二元取代酰胺的碱性水解产生氨或胺,使石蕊溶液变蓝,可用于鉴别酰胺。

3. 酰胺与亚硝酸反应

酰胺能与亚硝酸反应释放出氮气。

4. 酰胺的 Hofmann 降级反应

酰胺在碱溶液中与溴或氯反应，脱去羰基生成伯胺，称为 Hofmann 降级反应。

$$\mathrm{R\overset{\displaystyle O}{\overset{\|}{C}}NH_2} \xrightarrow[\mathrm{Br_2}]{\mathrm{NaOH}} \mathrm{RNH_2}$$

三、硝基化合物

(1)脂肪族硝基化合物的 α-H 具有酸性。

(2)在碱性条件下，α-C(硝基碳负离子)可以作为亲核试剂，与醛发生类似“醛、酮的羟醛缩合反应”的反应。

(3)硝基化合物催化加氢(或在“Fe+HCl”等还原体系下)被还原为胺。

【练习题】

一、命名或写出结构式

1. $(CH_3CH_2)_3N$

2. 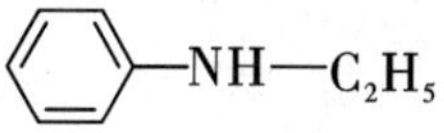 C_6H_5—NH—C_2H_5（苯环结构）

3. 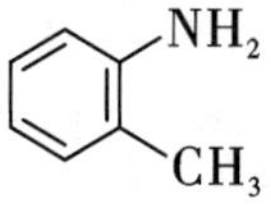 苯环邻位取代：NH_2、CH_3（结构式）

4. $[(C_2H_5)_2N(CH_3)_2]^+Br^-$

5. 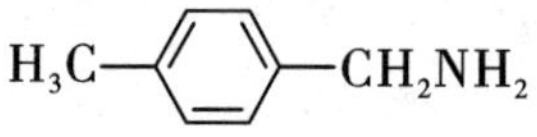 H_3C—C_6H_4—CH_2NH_2（对位，苯环结构）

6. $(CH_3)_3C—C(C_2H_5)_2NH_2$

7. 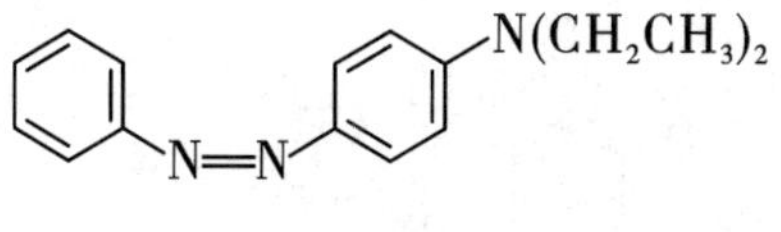 C_6H_5—N=N—C_6H_4—$N(CH_2CH_3)_2$（对位，苯环结构）

8. 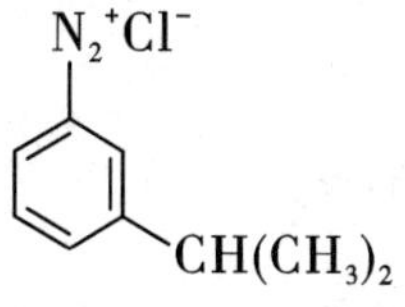 苯环间位取代：$N_2^+Cl^-$、$CH(CH_3)_2$（结构式）

9. 异丁基叔丁胺

10. 2-甲基-5-二甲氨基己烷

11. 反-1,4-环己二胺

12. 苯甲酰苯胺

13. 对-硝基苯胺

14. 氢氧化四甲铵

15. *N*,*N*-二甲基-2,4-二乙基苯

二、选择题

1. 下列物质中碱性最弱的是(　　)

A. 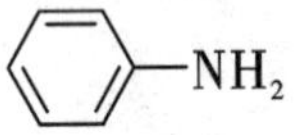 —NH_2

B. 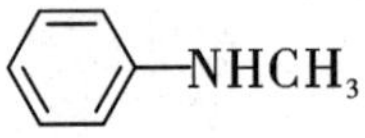 —$NHCH_3$

C. 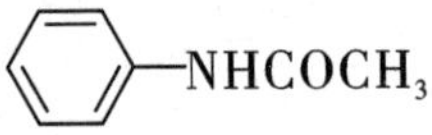 —$NHCOCH_3$

D. 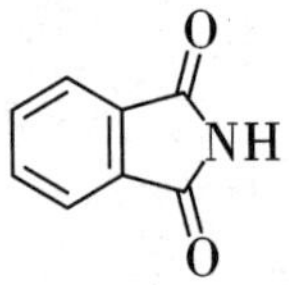 O, NH, O

2. 碱性最强的是(　　)

A. $(CH_3)_2NH$　　B. $CH_3CONHCH_3$　　C. $PhNHCH_3$

3. 下列四种含氮化合物中,能够发生 Cope 消去反应(β-碳上有氢的氧化胺加热到150～200 ℃时发生热分解,生成羟胺和烯烃)的是(　　)

A. 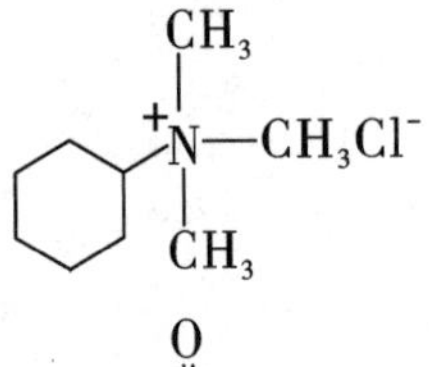 CH_3, $\overset{+}{N}$—CH_3Cl^-, CH_3

B. 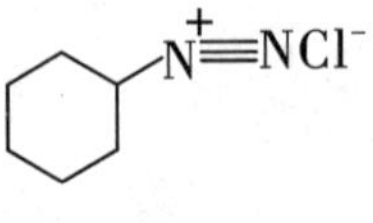 $\overset{+}{N}\equiv NCl^-$

C. 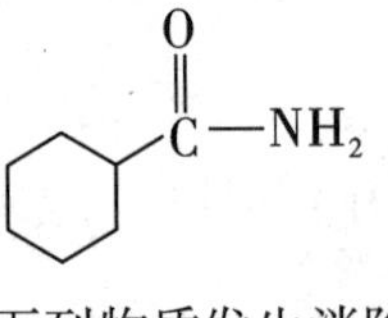 O, C—NH_2

D. 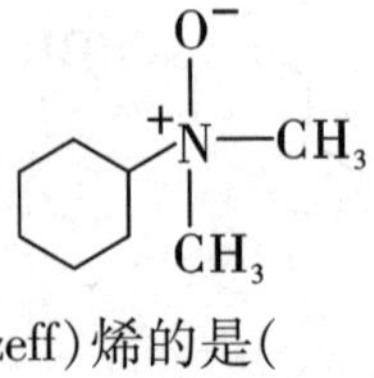 O^-, $\overset{+}{N}$—CH_3, CH_3

4. 下列物质发生消除反应,产物为扎依切夫(Saytzeff)烯的是(　　)

A. 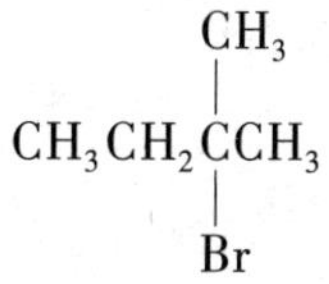 $CH_3CH_2C(CH_3)(Br)CH_3$

B. 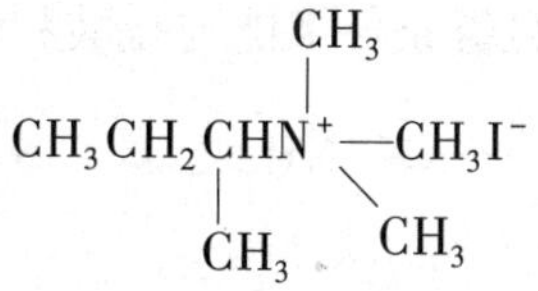 $CH_3CH_2CH(CH_3)N^+(CH_3)_2—CH_3I^-$

C. 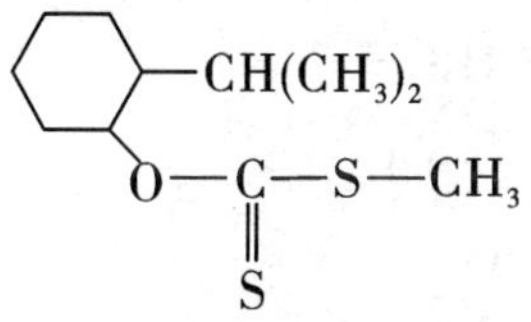 2-$CH(CH_3)_2$-环己基—O—C(=S)—S—CH_3

5. 下列物质发生消去反应,主要产物为霍夫曼(Hofmann)烯的是(　　)

A. 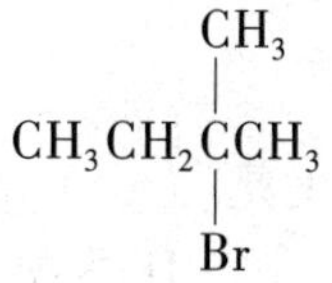 $CH_3CH_2C(CH_3)(Br)CH_3$

B. 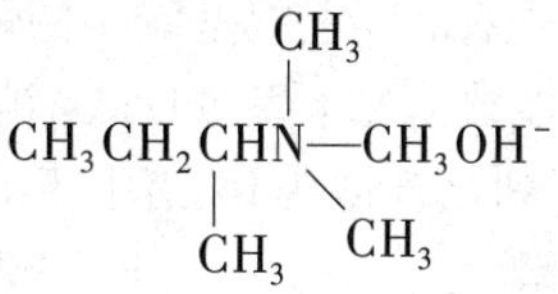 $CH_3CH_2CH(CH_3)N(CH_3)_2—CH_3OH^-$

C. 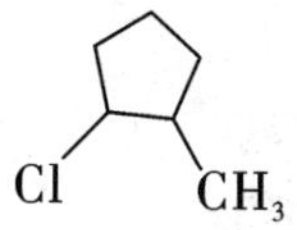 1-Cl-2-CH_3-环戊烷

6. 下列化合物中碱性最强的是(　　)

A. 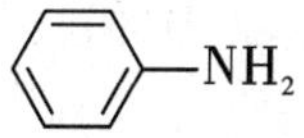 $C_6H_5—NH_2$

B. 邻氯苯胺(NH_2, Cl)

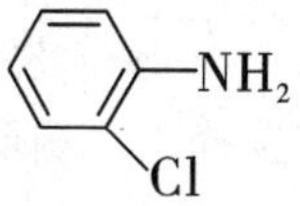

C. $O_2N—C_6H_4—NH_2$

D. $CH_3CH_2NH_2$

7. 下列化合物碱性最强的是(　　)

A. 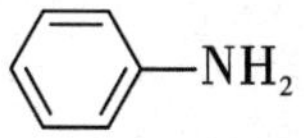 $C_6H_5—NH_2$

B. $H_3CO—C_6H_4—NH_2$

C. $Cl—C_6H_4—NH_2$

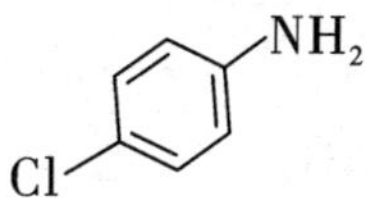

D.  $O_2N—C_6H_4—NH_2$

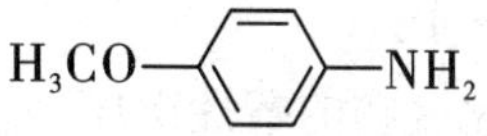

8. 下列化合物中哪种不是芳香胺(　　)

A. 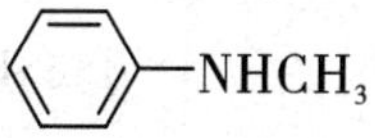 $C_6H_5—NHCH_3$

B. $C_6H_5—NH—C_6H_5$

C. $C_6H_5—NH_2$

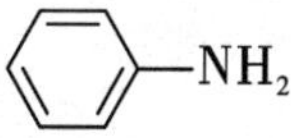

D. 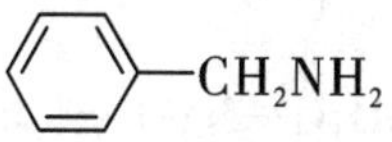 $C_6H_5—CH_2NH_2$

9. 下列化合物中属于季铵盐类的化合物是(　　)

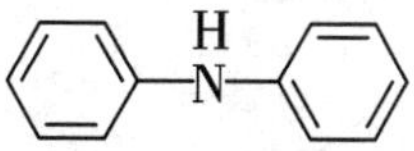

A. 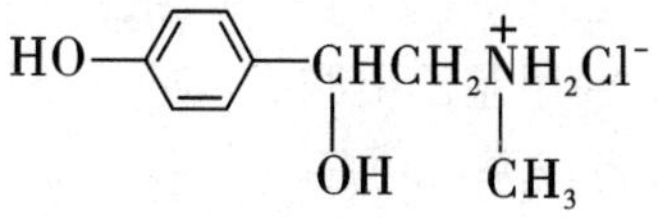 $HO—C_6H_4—CH(OH)CH_2\overset{+}{N}H_2(CH_3)Cl^-$

B. $C_6H_5—NH—C_6H_5$

C. $C_6H_5—\overset{+}{N}H_3Cl^-$

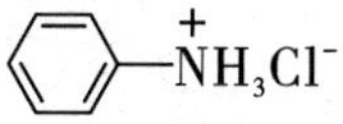

D. 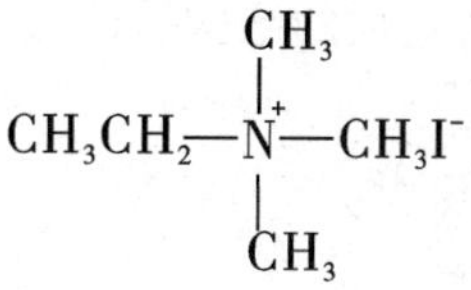 $CH_3CH_2—N^+(CH_3)_2—CH_3I^-$

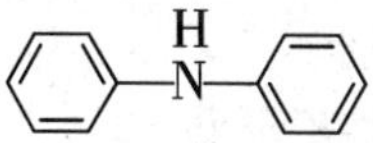

10. 在低温条件下能与盐酸和亚硝酸钠反应生成重氮盐的是(　　)

A. $C_6H_5-CH(NH_2)-NH_2$　　B. $C_6H_5-CH_2-NH_2$

C. $H_3C-C_6H_3(Br)-NH_2$（Br 位于 NH_2 邻位，CH_3 位于 NH_2 对位）　　D. $CH_3CH_2CH(CH_3)$ 上连 NH_2（按原图：CH_3CH_2CH，左端下连 NH_2，CH 下连 CH_3）

11. 有关 Hofmann 消除反应的特点，下列说法不正确的是(　　)

A. 生成双键碳上烷基较少的烯

B. 生成双键碳上烷基较多的烯

C. 在多数情况下发生反式消除

12. 下列化合物在 IR 谱中于 1680～1800 cm^{-1}之间有强吸收峰的是(　　)

A. 乙醇　　B. 丙炔　　C. 丙胺　　D. 丙酮

13. 能将伯、仲、叔胺分离开的试剂为(　　)

A. 斐林试剂　　B. 硝酸银的乙醇溶液

C. 苯磺酰氯的氢氧化钠溶液　　D. 碘的氢氧化钠溶液

14. 脂肪胺中与亚硝酸反应能够放出氮气的是(　　)

A. 季铵盐　　B. 叔胺　　C. 仲胺　　D. 伯胺

15. 干燥苯胺不应选择下列哪种干燥剂(　　)

A. K_2CO_3　　B. $CaCl_2$　　C. $MgSO_4$　　D. 粉状 NaOH

16. ①三苯胺、②*N*-甲基苯胺、③对硝基苯胺、④苯胺按碱性递减排列顺序是(　　)

A. ②>④>③>①　　B. ①>②>③>④

C. ③>②>④>①　　D. ④>①>③>②

17. 下列化合物的酸性次序是(　　)

a. $CH_3CH_2C(=O)\overset{+}{N}H_3$　　b. $ClCH_2CH_2\overset{+}{N}H_3$

c. $CH_3CH_2CH_2\overset{+}{N}H_3$　　d. $CH_3CH_2SO_2\overset{+}{N}H_3$

A. d>a>b>c　　B. a>c>b>d　　C. b>c>a>d　　D. d>c>b>a

18. 化合物 $CH_3C(=O)-N(CH_3)-CH_3$ 的正确名称是(　　)

A. 二甲基乙酰胺　　B. *N*-甲基乙酰胺

C. *N*,*N*-二甲基乙酰胺　　D. 乙酰基二甲胺

19. 单线态碳烯的结构是(　　)

A.　　B.

C. 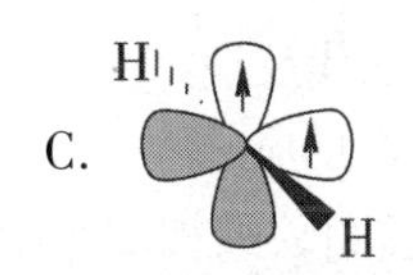

D. 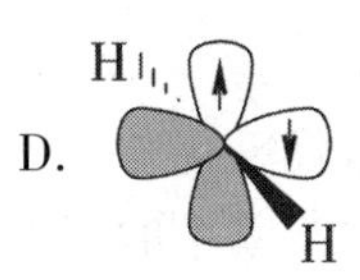

20. 碱性最强的是(　　)

A. $C_6H_5-NH_2$

B. $C_6H_5-NHCH_3$

C. $C_6H_5-NHCOCH_3$

D. $C_6H_4(CO)_2NH$

21. 下列四种含氮化合物中,能够发生 Cope 消除反应的是(　　)

A. $H_3C-\overset{+}{N}(CH_3)_2-CH_3Cl^-$

B. C_6H_{10}

C. $H_3C-\overset{O}{\overset{\|}{C}}-NH_2$

D. $H_3C-\overset{+}{N}(O^-)(CH_3)-CH_3$

22. 下面三种化合物与 CH_3ONa 发生 S_N 反应,活性最高的是(　　)

A. $o-O_2N-C_6H_4-CH_2Cl$

B. $2-CH_3-4-Br-C_6H_3-NO_2$

C. $2-CH_3-4-F-C_6H_3-NO_2$

23. 能与亚硝酸作用定量地放出氮气的化合物是(　　)

A. $(CH_3)_2NCH_2CH_3$

B. $C_6H_5-N(CH_3)_2$

C. $CH_3(CH_2)_4NH_2$

D. $CH_3CH_2CH(CH_3)(CH_2)_2NHCH_3$

24. 下列哪种化合物不能与重氮盐反应生成偶氮化合物(　　)

A. C_6H_5-OH

B. $C_6H_5-N(CH_3)_2$

C. $O_2N-C_6H_4-NH_2$

D. $H_3C-C_6H_4-OH$

25. 四种化合物:a. 苯胺、b. 对硝基苯胺、c. 间硝基苯胺、d. 邻硝基苯胺。它们的碱性由强到弱排列正确的是(　　)

A. a>c>b>d

B. a>b>c>d

C. b>d>c>a

D. b>a>d>c

26. 在下列反应过程中,生成碳正离子中间体的反应是(　　)

A. Diels-Alder 反应　　B. 芳环上的亲电取代反应

C. 芳环上的亲核取代反应　　D. 烯烃的催化加氢反应

27. 下列各异构体中，哪个的氯原子特别活泼，容易被羟基取代（和碳酸钠的水溶液共热）（　　）

A. 2,3-二硝基氯苯　　B. 2,4-二硝基氯苯　　C. 2,5-二硝基氯苯

28. 能与亚硝酸作用生成难溶于水的黄色油状物 *N*-亚硝基胺化合物的是（　　）

A. 二甲基卞基胺　　B. *N*,*N*-二甲基甲酰胺

C. 乙基胺　　D. 六氢吡啶

29. Fe+NaOH 还原硝基苯可以得到（　　）

A. 苯胺　　B. 氧化偶氮苯　　C. *N*-羟基苯胺　　D. 偶氮苯

30. 与 HNO_2 反应能生成 *N*-亚硝基化合物的是（　　）

A. 伯胺　　B. 仲胺　　C. 叔胺　　D. 所有胺

31. 把下列化合物碱性按由强到弱次序排列，正确的是（　　）

a. （吡咯，N-H）　　b. （吡啶，N）　　c. （吗啉，O，N-H）　　d. （哌啶，N-H）

A. a>b>c>d　　B. b>a>c>d　　C. b>c>a>d　　D. d>c>b>a

32. 由 $C_6H_5-\overset{+}{N}\equiv NBr^-$ 制备 C_6H_5-Br 所需要的试剂是（　　）

A. CH_3CH_2Br　　B. HBr　　C. CuBr　　D. Br_2

33. 由 $H_3C-C_6H_4-\overset{+}{N}_2H\overset{-}{S}O_4$ 制备 $H_3C-C_6H_4-OH$ 所需要的试剂是（　　）

A. H_3PO_2　　B. H_2O/加热　　C. C_2H_5OH　　D. HCl

34. 由苯重氮盐制备 C_6H_5-CN 所需要的试剂是（　　）

A. CuCN/KCN　　B. CH_3CN/KCN　　C. KCN/H_2O　　D. HCN/KCN

35. 由 （邻位 OCH_3、NH_2 取代苯） 合成 （邻位 OCH_3、$NHCOCH_3$ 取代苯） 所需要的试剂是（　　）

A. CH_3COOH　　B. CH_3CH_2OCH

C. $(CH_3CO)_2O$　　D. CH_3CH_2OCHO

36. 苯胺的官能团是（　　）

A. 甲基　　B. 氨基　　C. 次氨基　　D. 亚氨基

37. 下列化合物属于叔胺的是（　　）

A. 三甲胺　　B. 二甲胺　　C. 甲胺　　D. *N*-甲基苯胺

38. 下列物质不能发生水解反应的是（　　）

A. 乙酰苯胺　　B. *N*-甲基苯胺　　C. 尿素　　D. 甲酰胺

39. 能与苯胺反应生成白色沉淀的是（　　）

A. 盐酸　B. 溴水　C. 氢氧化钠　D. 苯甲酰氯

40. 关于苯胺的性质叙述正确的是(　　)

A. 易被空气中的氧气氧化　B. 能与氢氧化钠作用生成季铵盐

C. 能与酰氯或酸酐反应生成酰胺　D. 能与高锰酸钾作用产生白色沉淀

41. 氨、甲胺、苯胺三者的碱性比较,由强到弱的顺序是(　　)

A. 甲胺>氨>苯胺　B. 甲胺>苯胺>氨

C. 苯胺>氨>甲胺　D. 氨>苯胺>甲胺

42. 下列化合物在室温下和亚硝酸反应得到氮气的是(　　)

A. 脂肪族伯胺　B. 脂肪族仲胺　C. 脂肪族叔胺　D. 芳香族伯胺

43. 下列物质中能与亚硝酸反应生成 *N*-亚硝基化合物的是(　　)

A. CH_3NH_2　B. $C_6H_5NHCH_3$

C. $(CH_3)_2CHNH_2$　D. $(CH_3)_3N$

44. 下列物质属于仲胺的是(　　)

A. $(CH_3)_3CNH_2$　B. $(CH_3)_3N$

C. $(CH_3)_2NH$　D. $(CH_3)_2CHNH_2$

45. 在碱性条件下,下列各组物质能用苯磺酰氯鉴别的是(　　)

A. 甲胺和二甲胺　B. 甲胺和乙胺

C. 甲丙胺和甲乙胺　D. 二苯胺和 *N*-甲基苯胺

46. 下列化合物为季铵盐的是(　　)

A. $(CH_3CH_2)_3NHCl$　B. $C_6H_5N_2^+Cl^-$

C. $(CH_3)_3N^+CH_2CH_3Cl^-$　D. NH_4Cl

47. 下列化合物中碱性最强的是(　　)

A. 甲胺　B. 氨　C. 二甲胺　D. 苯胺

48. 下列化合物中,与亚硝酸反应生成黄色中性不溶于水的化合物的是(　　)

A. CH_3NH_2　B. $C_6H_5NHCH_3$

C. $C_2H_5N(CH_3)_2$　D. $(CH_3CH_2)_3N$

49. 常用于皮肤、创伤面及手术器械等消毒的药物是(　　)

A. EDTA　B. 肾上腺素　C. 新洁尔灭　D. 巴比妥酸

50. 不与重氮盐生成偶氮化合物的是(　　)

A. C_6H_5OH　B. $C_6H_5N(CH_3)_2$

C. $C_6H_5CH_2NH_2$　D. $C_6H_5NH_2$

51. 下列胺中,碱性最弱的是(　　)

A. 二乙胺　B. 三乙胺　C. 二苯胺　D. 三苯胺

52. 一般重氮盐与芳香胺的偶联反应是在(　　)介质中进行

A. 强酸性　B. 弱酸性　C. 强碱性　D. 弱碱性

53. 偶氮化合物的作用不包括(　　)

A. 酸碱指示剂　B. 染料　C. 消毒剂　D. 乳化剂

54. 下列化合物不能发生酰化反应的是(　　)

A. 苯胺　　B. 二丙胺　　C. 三丙胺　　D. 丙胺

55. 下列试剂中能用于鉴别伯、仲、叔胺的是(　　)

A. 三氯化铁溶液　　B. I_2+NaOH 溶液　　C. 斐林试剂　　D. 苯磺酰氯

三、完成下列反应方程式

1. NO_2, NO_2 $\xrightarrow[C_2H_5OH,加热]{NaHS}$ (　　　　)

2. $\overset{+}{N}H_3HSO_4^-$ $\xrightarrow{180\sim190\ ℃}$ (　　　　)

3. Cl, O_2N, NO_2, NO_2 $\xrightarrow[H^+室温]{H_2O}$ (　　　　)

4. $CH_3CH_2NH_2$ $\xrightarrow{C_6H_5-SO_2Cl}$ (　　　　)

5. $H_3C-C_6H_4-NH_2$ $\xrightarrow[HCl,0\sim5\ ℃]{NaNO_2}$ (　　　　)

6. NH $\xrightarrow{2CH_3I}$ (　　　　)

7. $CH_3CH_2CH(CH_3)\overset{+}{N}(CH_3)_3OH^-$ $\xrightarrow{加热}$ (　　　　) + (　　　　)

8. $H_3C-C_6H_4-\overset{+}{N}_2HSO_4^-$ $\xrightarrow[HBr]{CuBr}$ (　　　　)

9. =O $\xrightarrow{CH_2N_2}$ (　　　　)

10. +$HCCl_3$ $\xrightarrow[50\%\ NaOH]{C_6H_5CH_2N(C_2H_5)Cl}$ (　　　　)

11. $(CH_3CH_2)_3\overset{+}{N}CH_2CH_2C_6H_5OH^-$ $\xrightarrow{\triangle}$ (　　　　) + (　　　　)

12. $H_2C{=}CHCH_2CH_2NHCH_2CH_3$ $\xrightarrow{过量CH_3I}$ $\xrightarrow{Ag_2O}$ $\xrightarrow{\triangle}$ (　　　　) + (　　　　)

13. D, H, $\overset{+}{N}(CH_3)_3I^-$, H, H_3C, H $\xrightarrow{Ag_2O}$ $\xrightarrow{\triangle}$ (　　　　) + (　　　　)

14. 3-甲基哌啶（3-methylpiperidine） $\xrightarrow{\text{过量}CH_3I}$ $\xrightarrow{Ag_2O}$ $\xrightarrow{\triangle}$ (　　　　　)

15. 2-甲基-6-乙基哌啶（H_3C, CH_2CH_3 取代，NH） $\xrightarrow{\text{过量}CH_3I}$ $\xrightarrow{Ag_2O}$ $\xrightarrow{\triangle}$ (　　　　　)

16. 3,3,5-三甲基哌啶（H_3C, CH_3, CH_3 取代，NH） $\xrightarrow{\text{过量}CH_3I}$ $\xrightarrow{Ag_2O}$ $\xrightarrow{\triangle}$ (　　　　　)

17. 1-羟基-1-氨甲基环辛烷（OH, CH_2NH_2） $\xrightarrow{HNO_2}$ (　　　　　)

18. $(CH_3)_2CHCH_2NH_2$ $\xrightarrow{HNO_2}$ (　　　　　)

19. $(CH_3)_3CCH_2NH_2$ $\xrightarrow{HNO_2}$ (　　　　　)

20. 2-甲基-N,N-二甲基环己胺（$N(CH_3)_2$, CH_3） $\xrightarrow[\triangle]{CH_3CO_3H}$ (　　　　　)

21. $CH_3CH_2\underset{}{CH}(N(CH_3)_2)CH_2C_6H_5$ $\xrightarrow[\triangle]{H_2O_2}$ (　　　　　) + (　　　　　)

四、完成下列转化

1. $H_2C{=}CHCH_3 \longrightarrow H_2C(CH_2NH_2)-CH(CH_2NH_2)CH_3$

2. 甲苯（CH_3 取代苯） $\longrightarrow$ 对甲苯胺（CH_3, NH_2 对位取代苯）

3. $CH_3(CH_2)_3Br \longrightarrow CH_3(CH_2)_3CH_2NH_2$

4. $CH_3(CH_2)_3Br \longrightarrow CH_3CH_2CH_2NH_2$

5. $C_6H_{11}\text{—}COOH \longrightarrow C_6H_{11}\text{—}NH_2$

6. $C_6H_{10}{=}O \longrightarrow C_6H_{11}\text{—}NH_2$

7. $CH_3CH_2\overset{O}{\overset{\|}{C}}OH \longrightarrow CH_3CH_2\overset{O}{\overset{\|}{C}}NH_2$

8. $m\text{-}Cl\text{—}C_6H_4\text{—}CH_3 \longrightarrow m\text{-}Cl\text{—}C_6H_4\text{—}NH_2$

9. $CH_2{=}CHCH{=}CH_2 \longrightarrow NH_2CH_2CH_2CH_2CH_2CH_2CH_2NH_2$

10. $C_6H_6 \longrightarrow o\text{-}NH_2\text{—}C_6H_4\text{—}NO_2$

五、用简单的化学方法区别下列各组化合物

1. $CH_3CH_2NH_2$、$CH_3\overset{O}{\overset{\|}{C}}NH_2$

2. $C_6H_{11}\text{—}NH_2$、$C_5H_{10}NH$（六元环 NH）

3. 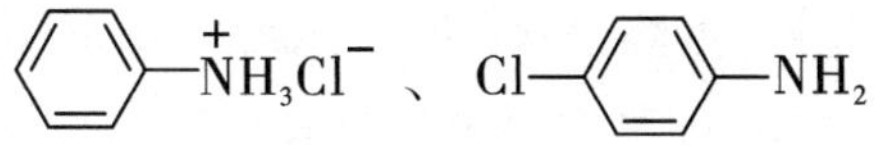 $C_6H_5\overset{+}{N}H_3Cl^-$ 、 $Cl-C_6H_4-NH_2$

4. $CH_2=CHCH_2NH_2$、$CH_3CH_2CH_2NH_2$

5. 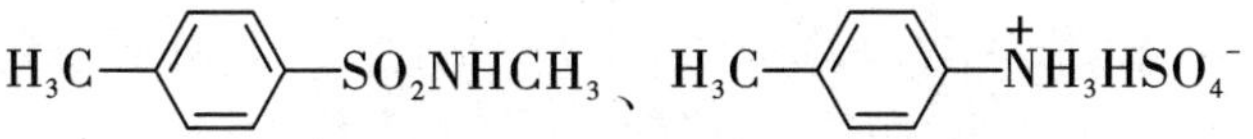 $H_3C-C_6H_4-SO_2NHCH_3$、$H_3C-C_6H_4-\overset{+}{N}H_3HSO_4^-$

6. $(CH_3CH_2CH_2)_4\overset{+}{N}Cl^-$、$(CH_3CH_2CH_2)_3\overset{+}{N}HCl^-$

7. 邻甲基苯胺、*N*-甲基苯胺和 *N*,*N*-二甲基苯胺

8. 苯胺、苯酚、苯甲酸、甲苯

9. 苄胺、*N*-乙基苯胺、苄醇和对甲基苯酚

10. 乙胺、二乙胺和三乙胺

11. 间甲基苯胺和苄胺

六、推导结构

1. 胆碱具有化学式 $C_5H_{15}O_2N$,它易溶于水,形成强碱性溶液。它可以用环氧乙烷与三甲胺在有水存在下反应制得。请写出胆碱以及乙酰胆碱的构造式。

2. 化合物 A 的分子式为 $C_4H_9NO_2$，有旋光性，不溶于水，可溶于盐酸，也可逐渐溶于氢氧化钠溶液，A 与亚硝酸在低温下作用立即放出氮气，试推导出该化合物可能的立体结构，并用费歇尔投影式表示。

3. 化合物 A 的分子式为 $C_9H_{17}N$，不含双键，经霍夫曼甲基化三个循环后得到一分子三甲胺和一分子多烯烃 B，B 的分子式为 C_9H_{14}。已知每一霍夫曼甲基化循环只能吸收一分子碘甲烷，B 经臭氧氧化后生成两分子甲醛、一分子丙二醛和一分子丁二醛。试推测 A 和 B 的结构。

4. 化合物 A 的分子式为 $C_7H_9NO_2$，A 能溶于水，不能溶于乙醚和苯。A 加热失去一分子水，生成 B（分子式为 C_7H_7NO），B 与溴的氢氧化钠溶液作用得到 C（分子式为 C_6H_7N），C 与亚硝酸钠/盐酸溶液在低温下作用所得产物可与亚磷酸反应生成苯。试推测 A、B、C 的结构。

5. 化合物 A 的分子式为 $C_6H_{15}N$，能溶于稀盐酸。A 与亚硝酸在室温下作用可放出氮气，同时得到化合物 B，B 能发生碘仿反应，B 与浓硫酸共热可得到化合物 C，其分子式为 C_6H_{12}。C 能使酸性高锰酸钾水溶液褪色，同时生成乙酸和 2-甲基丙酸。试推测 A、B、C 的结构。

参考答案

第 11 章　含硫、含磷有机化合物

【学习要求】

(1)掌握含硫和含磷有机化合物的类型和命名规律。

(2)掌握硫醇、硫酚和硫醚在性质上的主要特点。

(3)了解有机磷农药的结构、分类和命名。

【重点总结】

一、含硫有机化合物

硫和氧归属于同一主族元素,具有类似的价电子层结构,所以含硫有机化合物和含氧有机化合物结构相似。

1. 含硫有机化合物的命名

有对应氧化物的含硫有机化合物主要包括硫醇、硫酚和硫醚。这类硫化物的命名只需在相应的含氧有机化合物命名前加“硫”字。硫醇、硫酚的官能团是巯基(—SH),硫醚的官能团是烃硫基(—SR)。无对应氧化物的硫化物可看作是硫酸或亚硫酸的衍生物,如磺酸、亚磺酸和砜、亚砜等。

2. 含硫有机化合物的物理性质

硫醇和硫酚的巯基之间相互作用弱,难以形成氢键,沸点比相应的醇或酚低;同时它们也很难与水分子形成氢键,在水中的溶解度也较低。

3. 含硫有机化合物的化学性质

硫醇和硫酚的化学性质主要体现在酸性和氧化性。硫醇和硫酚的酸性较相应的醇、酚强。硫醇也易与重金属盐反应,生成不溶于水的硫醇盐。硫醇比醇易被氧化,温和条件下硫醇能被氧化成二硫化物。硫醇和硫酚遇强氧化剂能被氧化成磺酸。

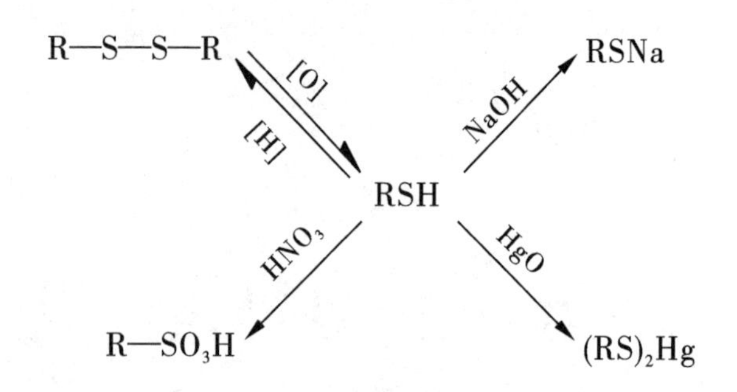

硫醚的化学性质主要体现在亲核性和氧化性。硫醚具有较强的亲核性，能与卤代烃形成稳定的锍盐。硫醚在室温下可被硝酸、过氧化氢等氧化成亚砜；或在高温下被高锰酸钾等强氧化剂氧化成砜。

$$\left[R-\overset{\overset{\displaystyle R}{|}}{S}-R\right]^+X^- \xleftarrow{RX} RSR \xrightarrow{[O]} R-\overset{\overset{\displaystyle O}{\uparrow}}{S}-R \xrightarrow{[O]} R-\underset{\underset{\displaystyle O}{\downarrow}}{\overset{\overset{\displaystyle O}{\uparrow}}{S}}-R$$

二、含磷有机化合物

磷和氮分别归属于同一主族元素，具有类似的价电子层结构。所以含磷有机化合物和含氮有机化合物结构相似。对应于含氮有机化合物，磷也可以形成与胺类相似的膦化合物，主要包括膦酸、膦酸酯及磷酸酯类。膦酸是磷酸分子的羟基被烃基取代后的产物，分子中含有 C—P 键。

【练习题】

一、命名或写出结构式

1. 环己基—SH（环己硫醇结构式）

2. $H_3C-S-S-CH_3$

3. $H_3C-C_6H_4-SH$（对位）

4. $H_3CH_2C-S-\underset{\displaystyle CH_3}{\underset{|}{CH}}CH_3$

5. $HO—CH_2CH_2CH_2—SH$

6. $CH_3CH_2SO_2Cl$

7. $CH_3CH_2SO_2CH_2CH_3$

8. 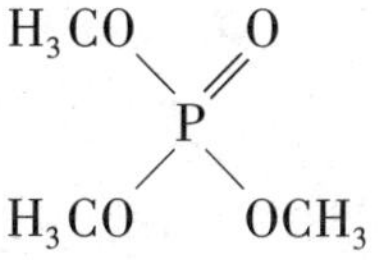 $(H_3CO)_2P(=O)OCH_3$

9. 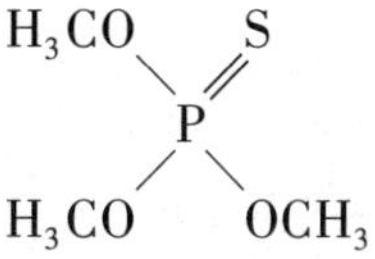 $(H_3CO)_2P(=S)OCH_3$

10. 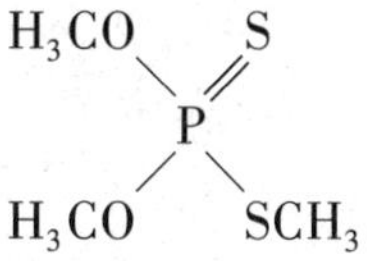 $(H_3CO)_2P(=S)SCH_3$

11. 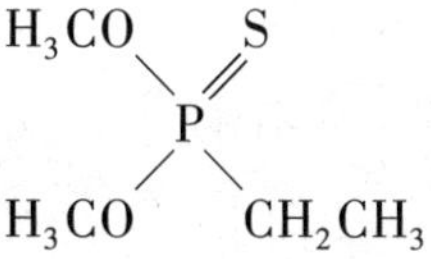 $(H_3CO)_2P(=S)CH_2CH_3$

12. 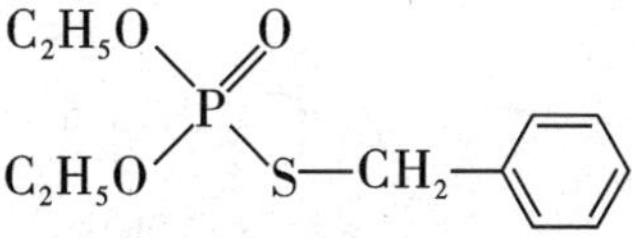 $(C_2H_5O)_2P(=O)—S—CH_2—C_6H_5$

13. 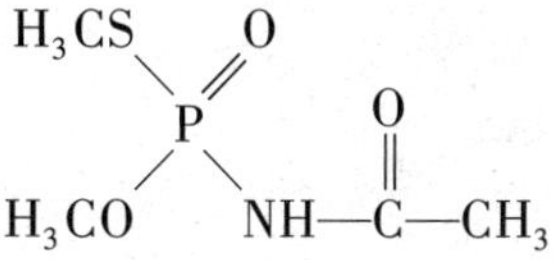 $H_3CS—P(=O)(OCH_3)—NH—C(=O)—CH_3$

14. 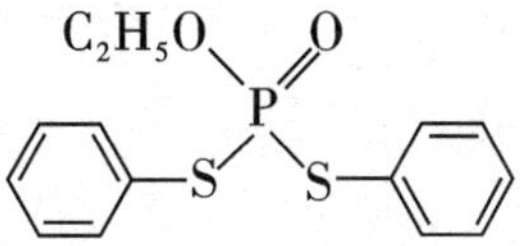 $C_2H_5O—P(=O)(S—C_6H_5)_2$

二、选择题

1. 下列化合物的酸性大小排序正确的是(　　)

A. 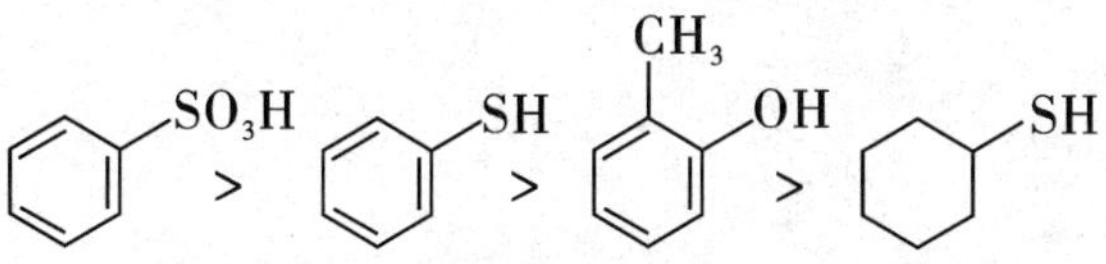 $C_6H_5SO_3H > C_6H_5SH >$ 邻甲基苯酚 ($o-CH_3C_6H_4OH$) $>$ 环己硫醇 ($C_6H_{11}SH$)

B. 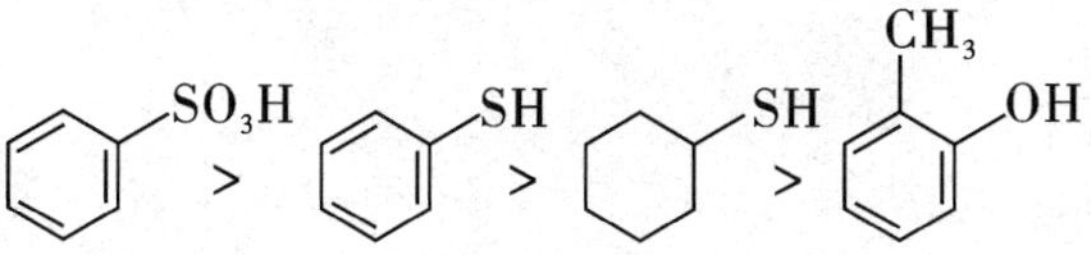 $C_6H_5SO_3H > C_6H_5SH >$ 环己硫醇 ($C_6H_{11}SH$) $>$ 邻甲基苯酚 ($o-CH_3C_6H_4OH$)

C. $C_6H_5-SH > C_6H_5-SO_3H > C_6H_{11}-SH > o-CH_3C_6H_4-OH$

D. $C_6H_5-SO_3H > o-CH_3C_6H_4-OH > C_6H_{11}-SH > C_6H_5-SH$

2. 下列化合物的酸性大小排序正确的是(　　)

A. $CH_3CH_2SO_2NHCH_3>CH_3OSO_2OCH_3>CH_3CH_2SO_2OH$

B. $CH_3CH_2SO_2OH>CH_3CH_2SO_2NHCH_3>CH_3OSO_2OCH_3$

C. $CH_3OSO_2OCH_3>CH_3CH_2SO_2OH>CH_3CH_2SO_2NHCH_3$

D. $CH_3CH_2SO_2OH>CH_3OSO_2OCH_3>CH_3CH_2SO_2NHCH_3$

3. 下列化合物的酸性大小排序正确的是(　　)

A. $C_6H_5-SO_3H > O_2N-C_6H_4-COOH > C_6H_5-OH > C_6H_5-SH$

B. $O_2N-C_6H_4-COOH > C_6H_5-SO_3H > C_6H_5-SH > C_6H_5-OH$

C. $C_6H_5-SO_3H > O_2N-C_6H_4-COOH > C_6H_5-SH > C_6H_5-OH$

D. $O_2N-C_6H_4-COOH > C_6H_5-SH > C_6H_5-SO_3H > C_6H_5-OH$

4. 下列化合物中沸点高低排序正确的是(　　)

A. 甲硫醚>乙硫醇>乙醇

B. 乙醇>甲硫醚>乙硫醇

C. 乙醇>乙硫醇>甲硫醚

D. 乙硫醇>乙醇>甲硫醚

5. 下列化合物中沸点最高的是(　　)

A. 异丁醇

B. 正丁硫醇

C. 异丁硫醇

D. 正丁醇

6. 一农药分子的结构式为 $(H_3CO)_2P(=S)-CH_2-C(=O)-NHCH_3$ ，它属于下列哪类农药(　　)

A. 硫代膦酸酯

B. 磷酸酯

C. 一硫代磷酸酯

D. 二硫代磷酸酯

三、完成下列反应方程式

1. $CH_3CH_2SH + NaOH \longrightarrow$ (　　　　) + (　　　　)

2. $CH_3CH_2SH +$ 浓 $HNO_3 \longrightarrow$ (　　　　)

3. $C_6H_5-SH + NaHCO_3 \longrightarrow$ (　　　　) + (　　　　) +

(　　　　　　　　　　)

4. $H_3CH_2C—S—S—CH_2CH_3 \xrightarrow{Zn+HCl}$ (　　　　　　　　　　)

5. $C_6H_5—S—S—C_6H_5$ + 浓 $HNO_3 \longrightarrow$ (　　　　　　　　　　)

6. $ClH_2C—CH_2—P(=O)(OH)—OH \xrightarrow{pH>4}$ (　　　　　　　　) + (　　　　　　　　) + (　　　　　　　　)

7. $2CH_3CH_2SH + HgO \longrightarrow$ (　　　　　　　　　　) + (　　　　　　　　　　)

8. $2CH_3CH_2SH + I_2 \xrightarrow[25\ ℃]{C_2H_5OH/H_2O}$ (　　　　　　　　) + (　　　　　　　　)

四、用简单的化学方法区别下列各组化合物

1. 对甲苯酚、苄醇、苯甲硫醇、环己醇

2. $C_6H_5—SH$、$C_6H_{11}—SH$、$C_6H_{11}—SCH_3$

3. $H_3C—C_6H_4—SO_3H$、$C_6H_5—SO_3CH_3$

参考答案

第 12 章　杂环化合物及生物碱

【学习要求】

(1)掌握杂环化合物的分类和命名。

(2)掌握呋喃、吡咯、噻吩和吡啶的化学性质。

(3)了解一些重要的、常见的杂环衍生物和生物碱。

【重点总结】

1. 杂环化合物的分类

分子中由碳原子和其他杂原子(氧、硫、氮等)形成的比较稳定的具有环状结构的化合物称为杂环化合物。按照杂环的结构,杂化化合物大致分为单杂环和稠杂环两大类。本章主要介绍五元单杂环化合物呋喃、噻吩、吡咯和六元单杂环吡啶。

2. 杂环化合物的命名

(1)译音命名法。杂环母体的名称按英文名称音译,选用简单的同音汉字,加上“口”字旁,如呋喃(furan)、噻吩(thiophene)、吡咯(pyrrole)。有取代基时,环上原子的编号从杂原子开始,并遵循最低系列原则,使各取代基的位次尽可能小;单杂环上有不同杂原子时,则按 O、S、N 的顺序编号;如果单杂环上的两个杂原子都是 N,则由连有 H 或取代基的 N 原子开始编号,并使杂原子的位次尽可能小。稠杂环的编号有特定的编号顺序。

(2)系统命名法。系统命名法把杂环看成是相应的碳环中的碳原子被杂原子取代而形成的化合物,命名时在相应的碳环母体名称前加上“杂”字(也可不加),并在杂字前加上杂原子的名称,如呋喃命名为氧(杂)茂,吡啶可命名为氮(杂)苯。

3. 杂环化合物的结构

在杂环化合物中,组成环的原子均为 sp^2 杂化,处于同一平面,环上的每个原子均还剩下一个未参与杂化的 p 轨道,这些 p 轨道以“肩并肩”形式重叠成大 π 键,组成一个环状闭合共轭体系,符合 Hückle 规则,具有芳香性,属于芳香杂环化合物。

4. 杂环化合物的化学性质

(1) 亲电取代反应。

①卤代反应。五元杂环化合物可以直接发生卤代反应，主要取代 α-位上的氢。吡咯极易发生卤代，如在碱性介质中与碘作用，生成四碘吡咯。而吡啶的卤代反应不但需要催化剂，而且要在较高的温度下才能进行。

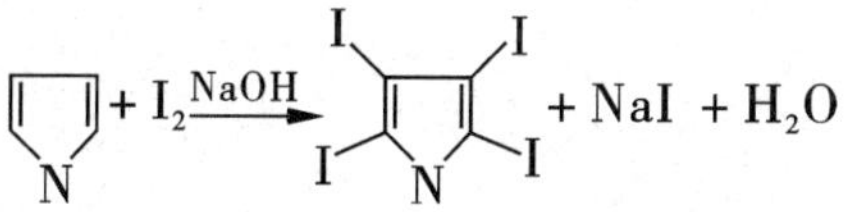

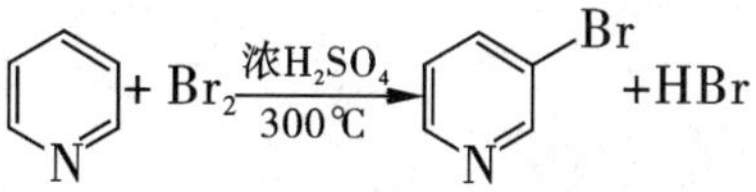

$$\text{N} + I_2 \xrightarrow{NaOH} \text{I, I, I, I, N} + NaI + H_2O$$

$$\text{N} + Br_2 \xrightarrow[300\,^\circ C]{浓 H_2SO_4} \text{Br, N} + HBr$$

②硝化反应。五元杂环的硝化反应一般不用硝酸作硝化剂（呋喃、吡咯在酸性条件下易氧化导致环的破裂或聚合），而是用温和的硝化剂（乙酰基硝酸酯）在低温下进行。吡啶的硝化反应要在浓酸和高温条件下才能进行。

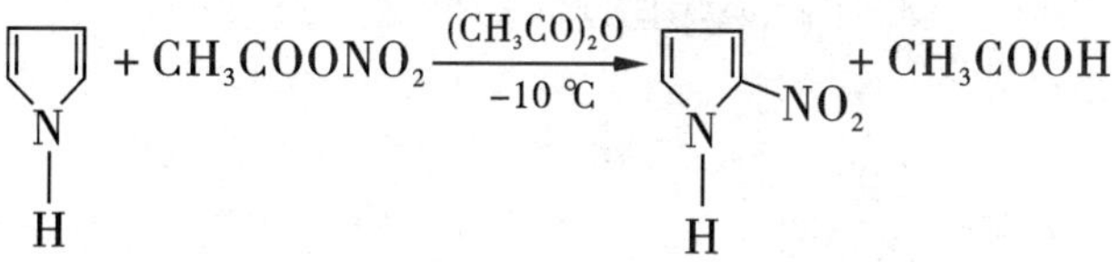

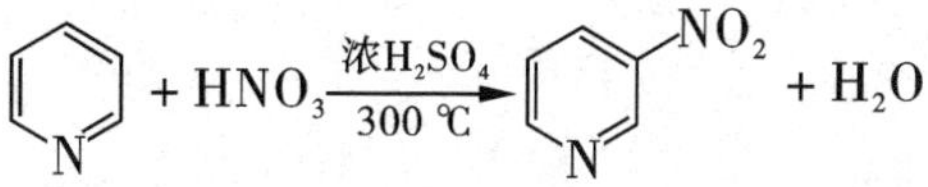

$$\text{N–H} + CH_3COONO_2 \xrightarrow[-10\,^\circ C]{(CH_3CO)_2O} \text{N–H, } NO_2 + CH_3COOH$$

$$\text{N} + HNO_3 \xrightarrow[300\,^\circ C]{浓 H_2SO_4} \text{N, } NO_2 + H_2O$$

③磺化反应。吡咯、呋喃不能直接用硫酸磺化，一般采用吡啶与三氧化硫的加合物作磺化剂；吡咯在室温下能与浓硫酸发生磺化反应；吡啶在催化剂和加热条件下才能发生磺化反应。

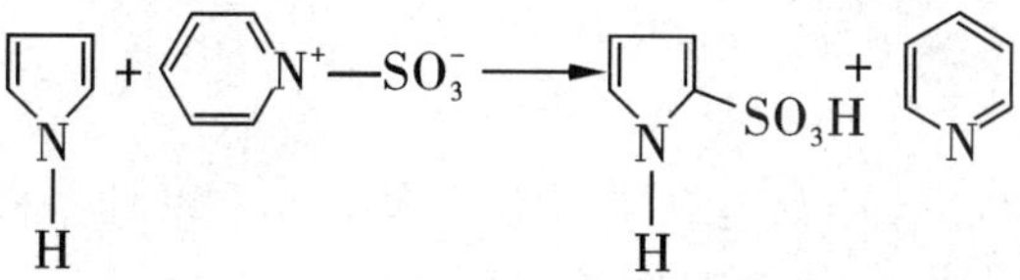

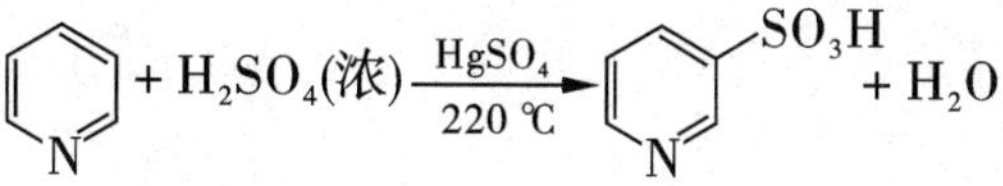

$$\text{N–H} + \text{N}^+–SO_3^- \longrightarrow \text{N–H, } SO_3H + \text{N}$$

$$\text{N} + H_2SO_4(浓) \xrightarrow[220\,^\circ C]{HgSO_4} \text{N, } SO_3H + H_2O$$

④傅-克酰基化反应。五元杂环化合物都能发生傅-克酰基化反应，而吡啶一般不反应。

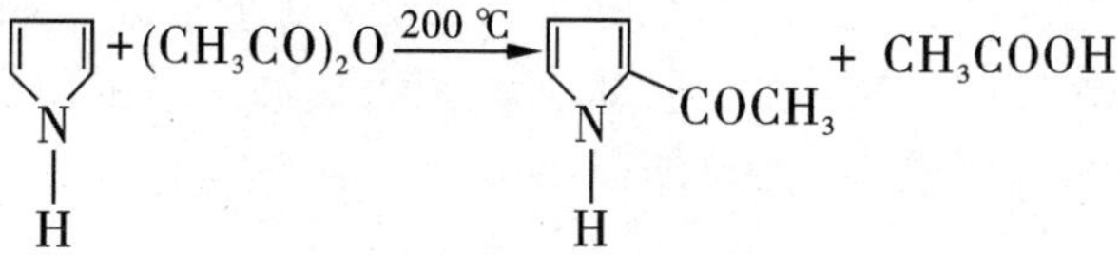

$$\text{N–H} + (CH_3CO)_2O \xrightarrow{200\,^\circ C} \text{N–H, } COCH_3 + CH_3COOH$$

(2)加成反应。杂环化合物都比苯容易发生加成反应,如催化加氢反应。呋喃的芳香性最弱,它还可以发生1,4-加成反应。

$$\text{吡咯} + H_2 \xrightarrow[150\sim300\ ℃]{Ni, 7\ MPa} \text{四氢吡咯}$$

$$\text{吡啶} \xrightarrow[[H]]{Na+C_2H_5OH} \text{六氢吡啶}$$

(3)吡咯和吡啶的酸碱性。吡咯由于其N(氮原子)上的孤对电子参与共轭,使N的电子云密度降低,N—H键的极性增强,所以它的碱性比苯胺弱得多,而且显微弱的酸性。吡啶分子中N上的孤对电子不参与共轭,与质子结合力较强,因此吡啶显碱性,且比苯胺的碱性强。

$$\text{吡咯} + KOH(\text{固}) \longrightarrow \text{吡咯}N^-K^+ + H_2O$$

$$\text{吡啶} + HCl \longrightarrow \text{吡啶}\cdot HCl$$

(4)吡啶的亲核取代反应。吡啶是缺电子杂环化合物,能与强的亲核试剂发生取代反应,一般发生在α-位上。

$$\text{吡啶} + NaNH_2 \xrightarrow[(CH_3)_2NC_6H_5]{100\sim150\ ℃} \text{2-氨基吡啶}(NH_2) + 1/2H_2\uparrow + Na^+$$

(5)氧化反应。呋喃、吡咯易与氧化剂作用,特别是在酸性条件下氧化反应更容易发生,导致环的破裂或聚合物的生成,噻吩相对要稳定一些。吡啶对氧化剂比苯还要稳定,很难被氧化。吡啶的烃基衍生物在强氧化剂的作用下只发生侧链氧化,生成吡啶甲酸。

5. 生物碱

生物碱(natural base)是一类存在于生物体(主要是植物)中的含氮的碱性有机化合物。它们多为含氮杂环衍生物,大多数是无色结晶固体,一般都有苦味,不溶或难溶于水,易溶于乙醇、丙酮和苯等有机溶剂中。大多数生物碱分子中具有手性碳原子,具有旋光性。生物碱一般呈碱性,能与无机酸和有机酸结合成易溶于水盐。一般生物碱的中性或酸性水溶液均可与数种或某种沉淀试剂(如碘化汞钾和碘化铋钾等)反应,生成沉淀。利用生物碱的沉淀反应,可以检验生物碱的存在。

【练习题】

一、命名或写出结构式

1. 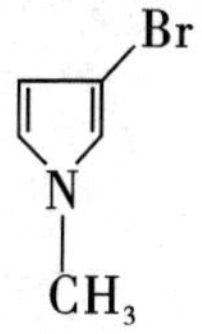 Br N CH_3

2. CH_3 O COOH

3. $(CH_3)_2HC$ N S

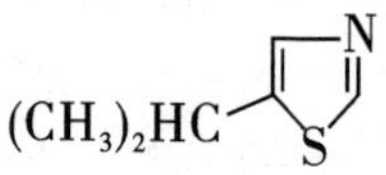

4. 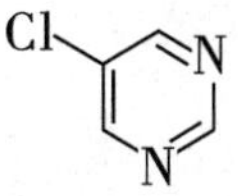 Cl N N

5. 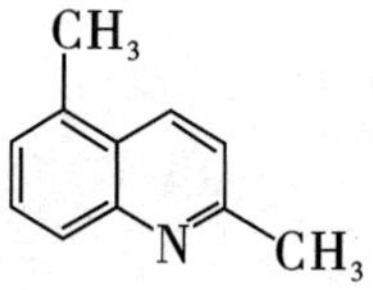 CH_3 N CH_3

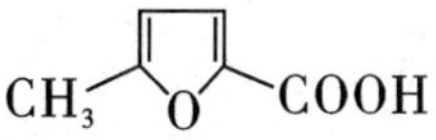

6. 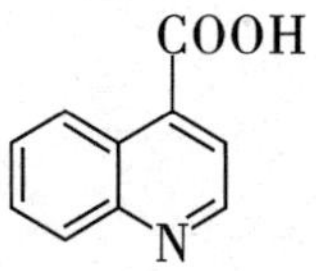 COOH N

7. 糠醛

8. 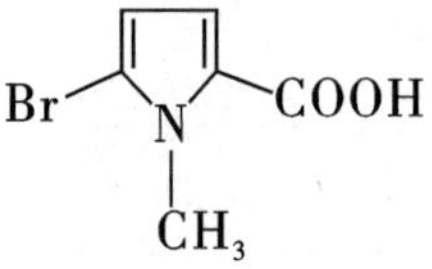 Br N COOH CH_3

9. 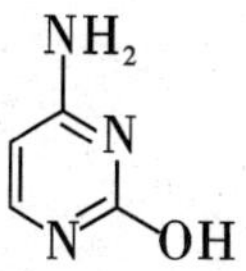 NH_2 N N OH

10. 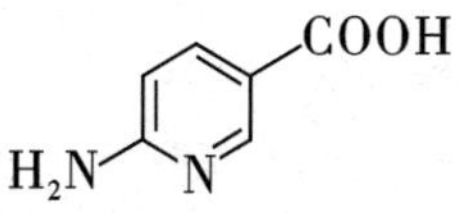 COOH H_2N N

11. 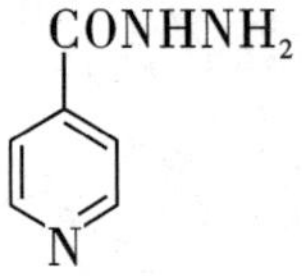 $CONHNH_2$ N

12. 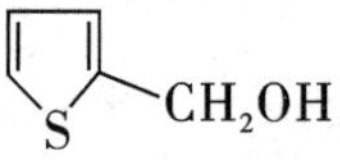 S CH_2OH

13. 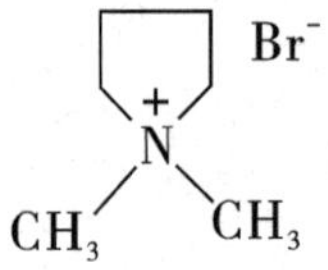 Br^- $\overset{+}{N}$ CH_3 CH_3

14. 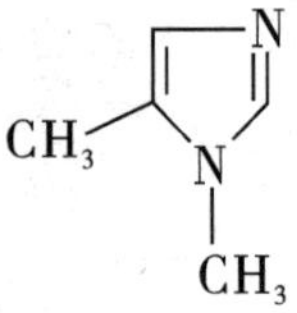 N CH_3 N CH_3

15. 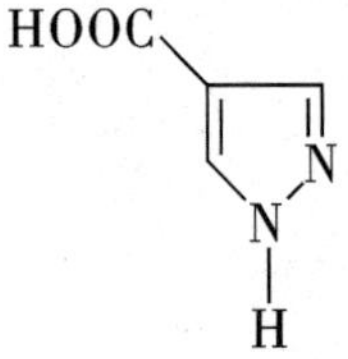 HOOC N N H

16. 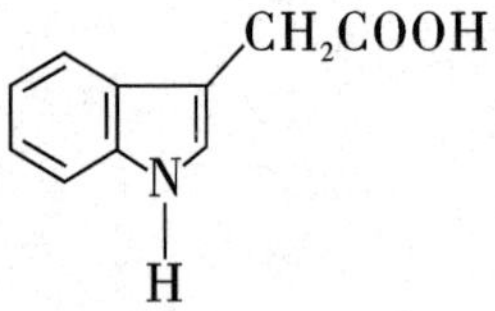 CH_2COOH N H

17. 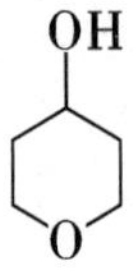 OH O

18. 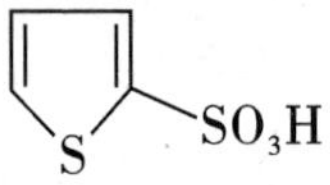 S SO_3H

19. 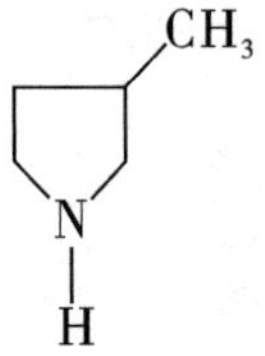 CH_3 N H

20. 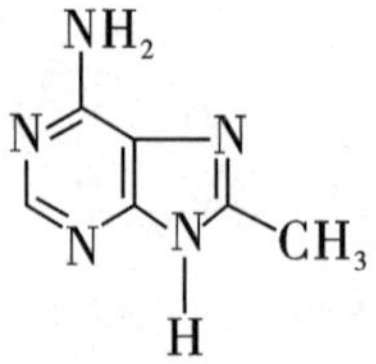 NH_2 N N N N CH_3 H

二、选择题

1. 下列哪种化合物的碱性最小(　　)

A. 苯胺　　B. 吡咯　　C. 吡啶　　D. 氨

2. 下列哪种化合物的碱性最大(　　)

A. 四氢吡咯　　B. 吡咯　　C. 吡啶　　D. 苯胺

3. 下列化合物碱性由强到弱的排序是(　　)

a. 吡啶　b. 吡咯　c. 咪唑　d. 吡唑

A. a>c>d>b　　B. c>a>d>b　　C. d>b>a>c　　D. b>c>d>a

4. 下列化合物不具有芳香性的是(　　)

A. 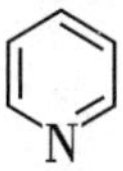 N　　B. 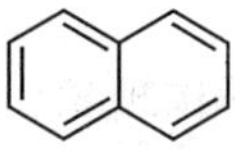　　C. 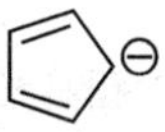 ⊖　　D.  O

5. 吡啶、吡咯、苯进行亲电取代反应的活性次序为(　　)

A. 吡啶>吡咯>苯　　B. 吡咯>苯>吡啶

C. 苯>吡啶>吡咯　　D. 苯>吡咯>吡啶

6. 生物碱是一类存在于生物体内,对人和物有强烈生理作用的碱性含(　　)有机物

A. S　　B. O　　C. N　　D. P

7. 下列化合物不具有芳香性的是(　　)

A. 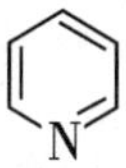 N　　B. 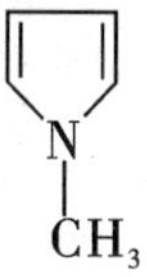 N—CH_3　　C. 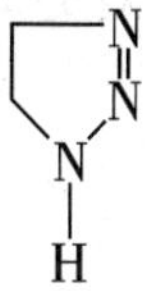 N—H, N, N　　D.  N, S

8. 下列叙述错误的是(　　)

A. 呋喃、吡咯、噻吩均比苯更容易进行亲电取代反应

B. 苯中混有少量噻吩,可以用浓硫酸除去

C. 吡咯的碱性比吡啶弱

D. 芳香性的顺序为呋喃>吡咯>噻吩

9. 下列化合物没有芳香性的是(　　)

A. 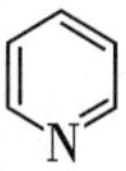 N　　B.  O　　C. 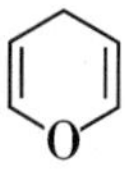 O　　D. 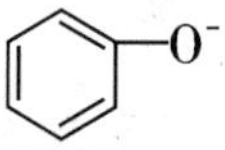 O^-

10. 下列化合物中显碱性的是(　　)

A.  N—H　　B. 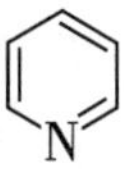 N　　C. 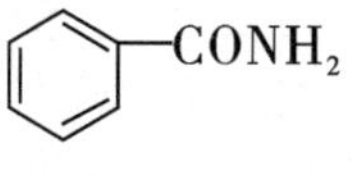 $CONH_2$　　D. $(CH_3)_4N^+Cl^-$

11. 下列化合物发生亲电取代反应活性最大的是(　　)

A. 苯　　B. 噻吩　　C. 呋喃　　D. 吡咯

12. 可用盐酸-松木片鉴别下列哪种化合物(　　)

A. 呋喃　　B. 吡喃　　C. 噻吩　　D. 嘧啶

13. 下列不属于呋喃衍生物的是(　　)

A. 糠醛　　B. 糠酸　　C. 糠醇　　D. 烟酸

14. 下列哪种化合物存在烯醇式和酮式的互变异构现象(　　)

A. 吡喃　　B. 鸟嘌呤　　C. 苯并呋喃　　D. 丙酮

15. 盐酸-松木片可用来鉴别下列哪种化合物(　　)

A. 吡啶　　B. 噻吩　　C. 吲哚　　D. 嘌呤

16. 下列哪种列化合物亲电取代反应主要发生在β-位(　　)

A. 呋喃　　B. 吡咯　　C. 吡啶　　D. 噻吩

17. 下列哪种化合物能发生亲核取代反应(　　)

A. 噻唑　　B. 吡啶　　C. 咪唑　　D. 咔唑

18. 下列哪种化合物存在烯醇式和酮式的互变异构现象(　　)

A. 乙酸乙酯　　B. 呋喃　　C. 胞嘧啶　　D. 苯甲醛

19. 下列化合物亲核性最强的是(　　)

A. 吡啶　　B. 苯胺　　C. 吡咯　　D. 四氢吡咯

20. 吡咯中 N 原子与环上碳原子相连接的轨道类型是(　　)

A. sp 杂化轨道　　B. sp^2 杂化轨道

C. sp^3 杂化轨道　　D. sp^2 不等性杂化轨道

21. 吡啶中 N 原子的未共用电子对类型是(　　)

A. p 电子　　B. s 电子　　C. sp^2 电子　　D. sp^3 电子

22. 吡咯磺化所用的磺化剂是(　　)

A. 浓硫酸　　B. 发烟硫酸　　C. 混酸　　D. 吡啶/三氧化硫

23. 吡咯硝化所用的硝化剂是(　　)

A. 稀硝酸　　B. 浓硝酸　　C. 乙酰基硝酸酯　　D. 混酸

24. 区分吡啶和 2-乙基吡啶的试剂是(　　)

A. 浓硝酸　　B. $KMnO_4/H^+$　　C. Fehling 试剂　　D. $AgNO_3$/乙醇

25. 下列哪种试剂不能用于鉴别糠醛和糠酸(　　)

A. Tollen 试剂　　B. Lucas 试剂

C. 苯胺/醋酸　　D. $NaHCO_3$/澄清石灰水

三、完成下列反应方程式

1. O + $(CH_3CO)_2O$ $\xrightarrow{BF_3}$ (　　　　) $\xrightarrow[-10\ ℃]{CH_3COONO_2}$ (　　　　)

2. N–H + HO_3S–C_6H_4–$N_2^+Cl^-$ $\longrightarrow$ (　　　　)

3. 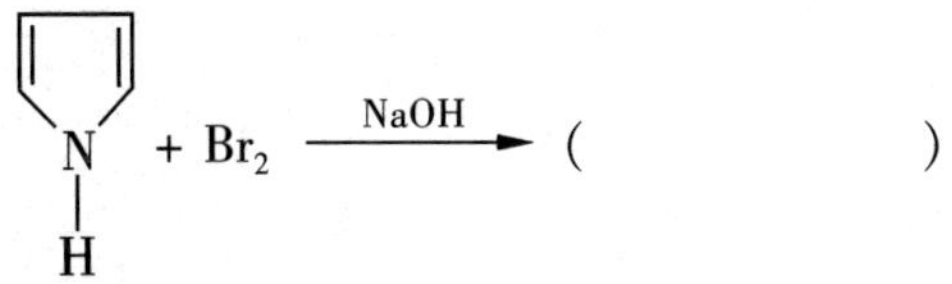 吡咯 + Br_2 $\xrightarrow{NaOH}$ (　　　　)

4. 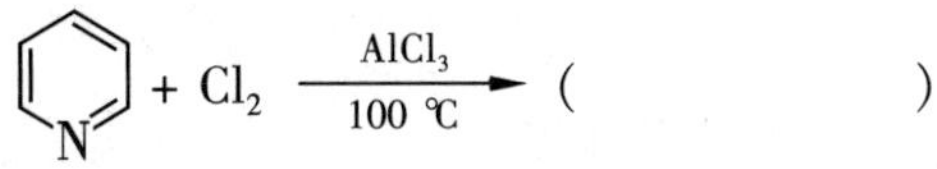 吡啶 + Cl_2 $\xrightarrow[100\ ℃]{AlCl_3}$ (　　　　)

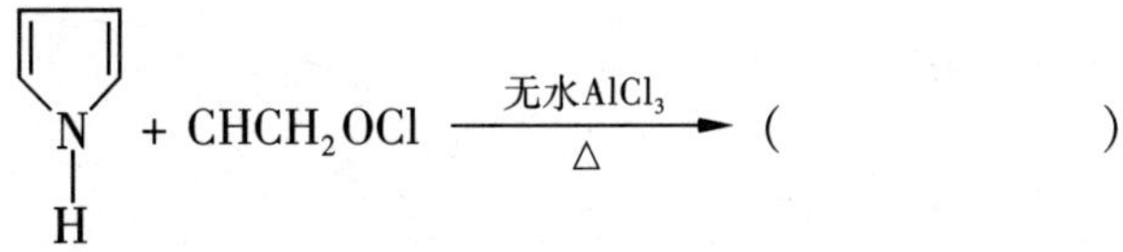

5. 吡咯 + $CHCH_2OCl$ $\xrightarrow[\triangle]{无水AlCl_3}$ (　　　　)

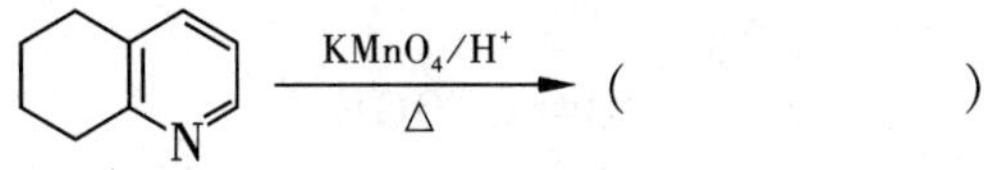

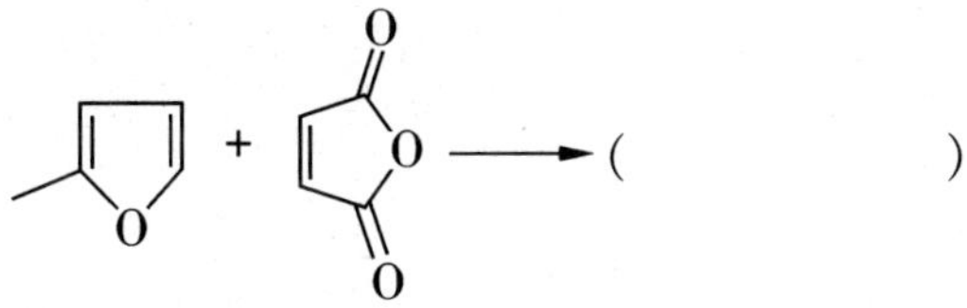

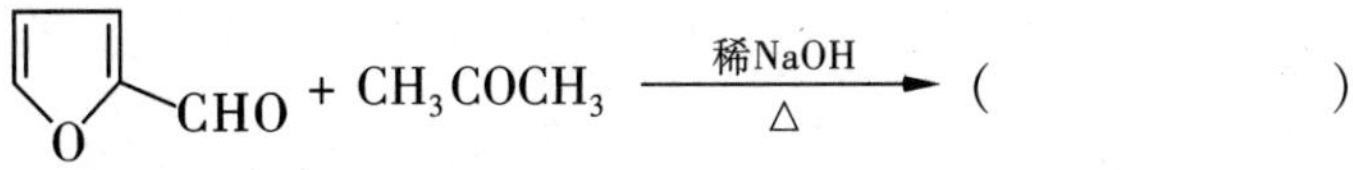

6. 5,6,7,8-四氢喹啉 $\xrightarrow[\triangle]{KMnO_4/H^+}$ (　　　　)

7. 2-甲基呋喃 + 顺丁烯二酸酐 $\longrightarrow$ (　　　　)

8. 糠醛 + CH_3COCH_3 $\xrightarrow[\triangle]{稀NaOH}$ (　　　　)

9. 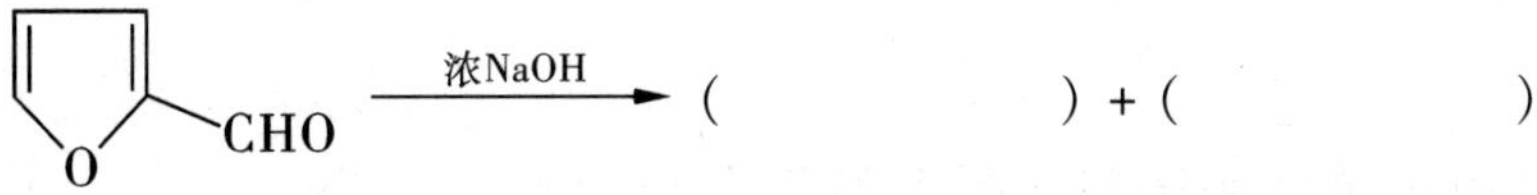 糠醛 $\xrightarrow{浓NaOH}$ (　　　　) + (　　　　)

10.  吡啶 $\xrightarrow{H_2/Pt}$ (　　　　) $\xrightarrow{过量CH_3I}$ (　　　　)

11.  噻吩 + 邻苯二甲酸酐 $\xrightarrow{无水AlCl_3}$ (　　　　)

12. 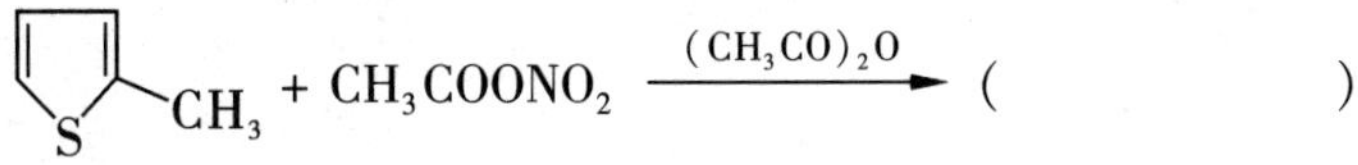 2-甲基噻吩 + CH_3COONO_2 $\xrightarrow{(CH_3CO)_2O}$ (　　　　)

13. 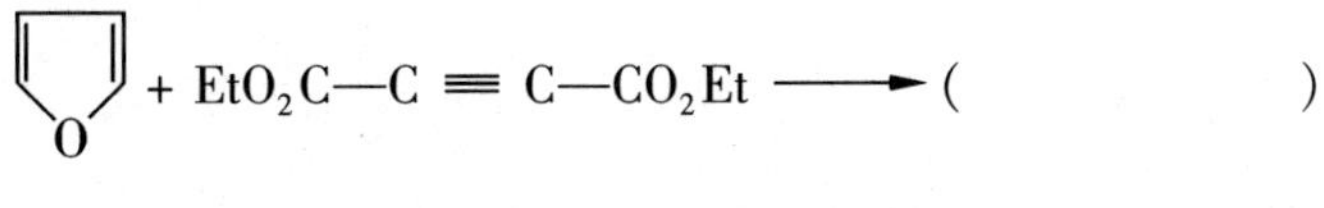 呋喃 + $EtO_2C—C \equiv C—CO_2Et$ $\longrightarrow$ (　　　　)

四、完成下列转化(无机试剂任选)

1. 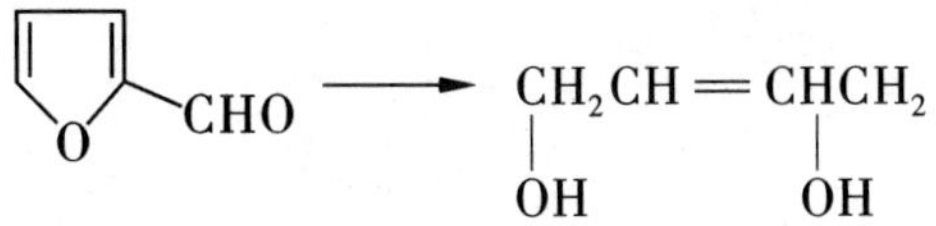 糠醛 $\longrightarrow$ $\underset{OH}{CH_2}CH=CH\underset{OH}{CH_2}$

2. 吡啶 $\longrightarrow$ 2-羟基吡啶

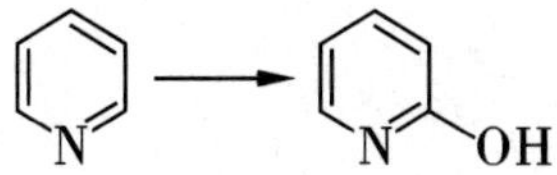

3. 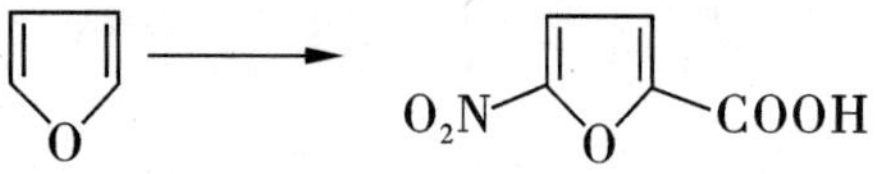 呋喃 ⟶ 5-硝基-2-呋喃甲酸（O_2N—呋喃环—COOH）

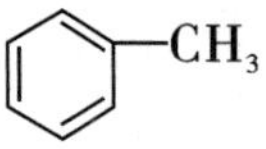

4. 用 甲苯（$C_6H_5-CH_3$）和 $CH_2(OH)-CH(OH)-CH_2(OH)$ 合成6-甲基喹啉

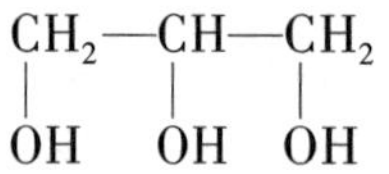

5. 用 $CH_3CH_2CH_2OH$ 和 糠醛（呋喃环—CHO） 合成 呋喃环—$CH=C(CH_3)COOH$

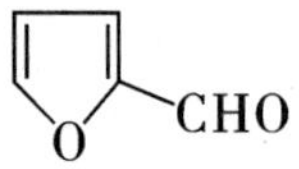

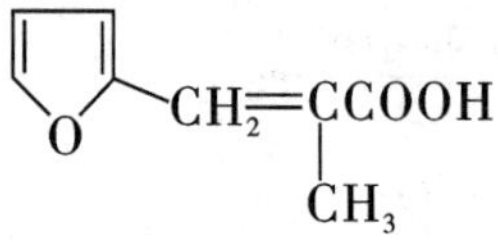

6. 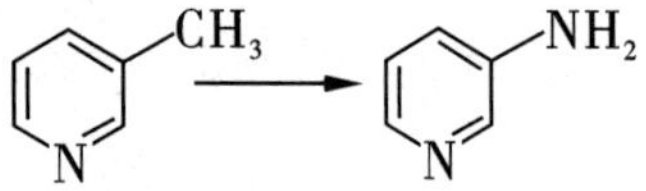 3-甲基吡啶（吡啶环—CH_3） ⟶ 3-氨基吡啶（吡啶环—NH_2）

五、用简单的化学方法区别下列各组化合物

1. 呋喃、吡咯、吡啶

2. 吡啶、苯胺、氨、吡咯

3. 苯、噻吩、苯酚

4. 吡咯、噻吩、四氢吡咯

5. 苯甲醛、糠醛、乙醛

6. 糠酸、糠醛、糠醇

7. NH_2 、 N—H 、 NH_2 、 N

六、推导结构

1. 甲基喹啉氧化得到一种三元羧酸,该酸脱水时可得到两种酸酐的混合物。试推导其结构式。

2. 杂环化合物 $C_5H_4O_2$ 经氧化后生成羧酸 $C_5H_4O_3$。把此羧酸的钠盐与碱石灰作用,转变为 C_4H_4O,后者与金属钠不起作用,也不具有醛和酮的性质。试推断 $C_5H_4O_2$ 原来的结构。

3. 古柯碱 A($C_8H_{15}NO$)是一种生物碱,存在于古柯植物中。它不溶于 NaOH 溶液,但溶于 HCl;不与苯磺酰氯作用,但与苯肼反应生成相应的苯腙,与 I_2-NaOH 作用生成黄色沉淀和一个羧酸 B($C_7H_{13}NO_2$),B 被 CrO_3 强烈氧化为古柯酸 C($C_6H_{11}NO_2$),即 *N*-甲基-2-四氢吡咯甲酸。试写出 A、B、C 的结构式。

参考答案

第 13 章　碳水化合物

【学习要求】

(1)掌握糖类的定义和分类。

(2)掌握单糖的结构、变旋现象和化学性质。

(3)了解二糖和多糖的结构和性质。

【重点总结】

1. 糖的定义

碳水化合物亦称糖,是脂肪族多羟基醛、多羟基酮或能水解成多羟基醛或多羟基酮的化合物。由于它们中的大多数符合通式 $C_m(H_2O)_n$,氢原子和氧原子的比例与水分子中的比例一样,故称碳水化合物。

2. 糖的分类

按水解情况分为单糖、低聚糖和多糖;按与 Tollen 试剂等碱性氧化剂作用分为还原糖和非还原糖。

3. 单糖的构型

在费歇尔(Fischer)投影式中,编号最大的手性碳原子上的羟基在右侧为 D 构型,在左侧为 L 构型。天然单糖多属于 D-系列。

4. 单糖的化学性质

(1)氧化反应:醛糖用溴水氧化成糖酸,用稀硝酸氧化成糖二酸,用高碘酸氧化发生碳链断裂。

(2)还原反应:用 $NaBH_4$ 或催化氢化还原成多元醇。

(3)生成脎的反应:糖与苯肼作用生成糖脎。

(4)成苷、成醚、成酯反应:与羟基化合物发生成苷反应;与 CH_3I/Ag_2O 或 $(CH_3)_2SO_4$ 发生成醚反应;与磷酸发生反应生成一磷酸酯和二磷酸酯,还可与 $(CH_3CO)_2O$ 发生成酯反应。

(5)关于单糖的重要化学反应:关于单糖的重要化学反应如下所示。

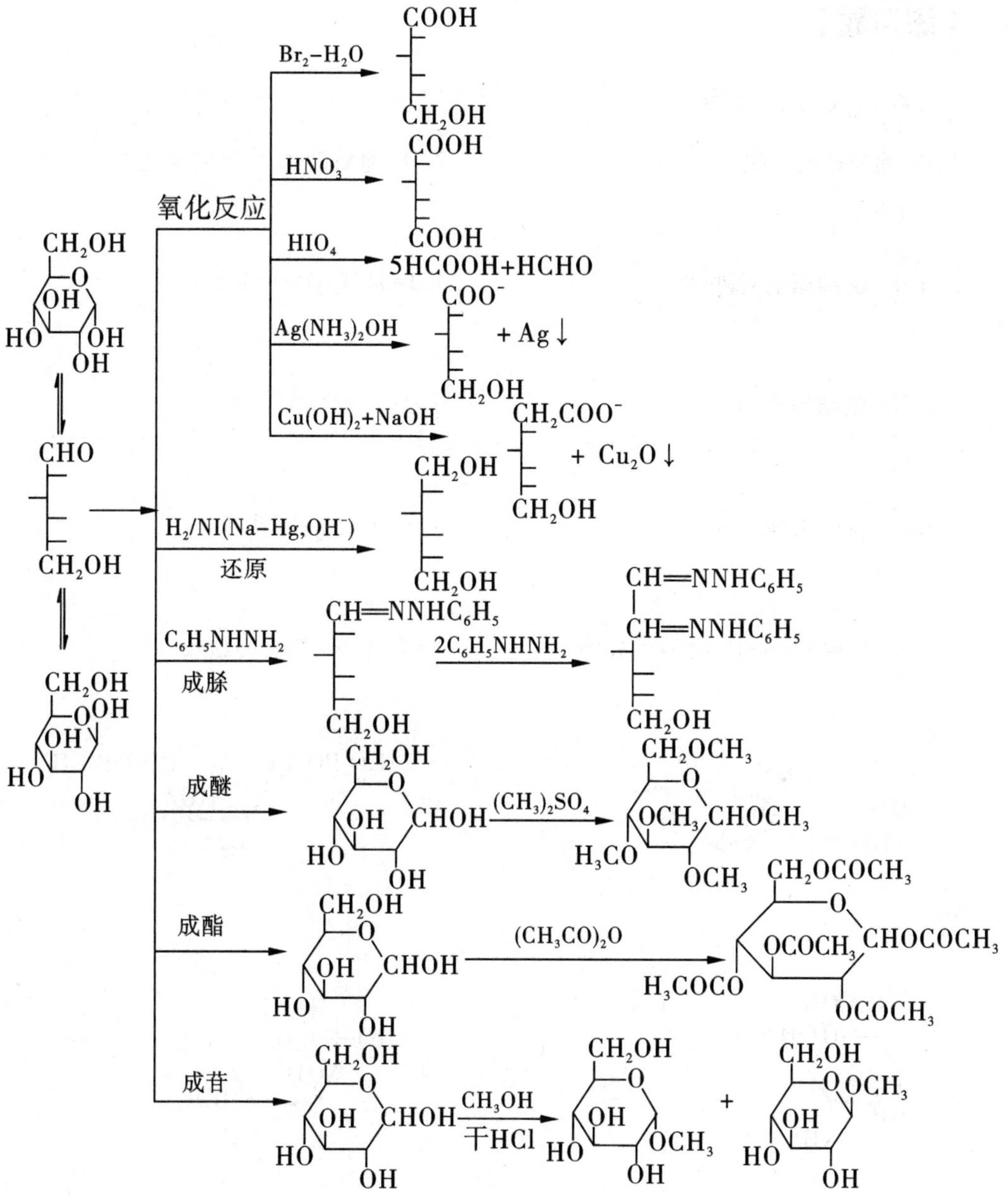

5. 双糖

双糖是由两个单糖单元通过糖苷键相连构成的碳水化合物，二糖酸性水解产生两分子单糖。根据糖苷键的位置不同，二糖可分为还原性二糖和非还原性二糖。麦芽糖、纤维二糖、乳糖分子中有半缩醛羟基存在，为还原糖；蔗糖以缩醛（缩酮）形式存在，为非还原糖。

6. 多糖

多糖是许多单糖（主要为葡萄糖）通过糖苷键相连构成的。如纤维素由 β-1,4-糖苷键相连；直链淀粉由 α-1,4-糖苷键连接。

【练习题】

一、命名或写出结构式

1. D-葡萄糖的对映体

2. D-葡萄糖的2-差向异构体

3. α-D-葡萄糖的对映体

4. 3-氨基-β-D-葡萄糖

5. α-D-吡喃葡萄糖

6. β-L-吡喃葡萄糖

7. β-D-吡喃果糖

8. β-D-吡喃半乳糖

9. N-乙酰氨基-α-D-吡喃半乳糖

10. β-D-吡喃葡萄糖酸

11. 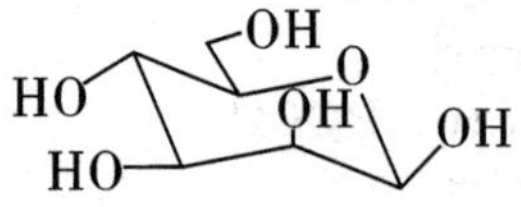 HO OH O OH HO OH

12. 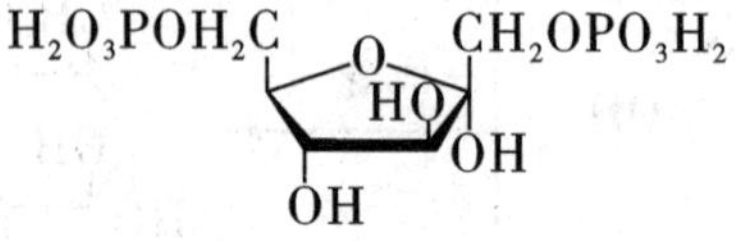 $H_2O_3POH_2C$ O $CH_2OPO_3H_2$ HO OH OH

13. 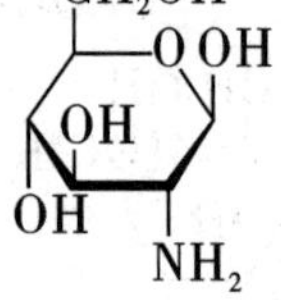 CH_2OH O OH OH OH NH_2

14. 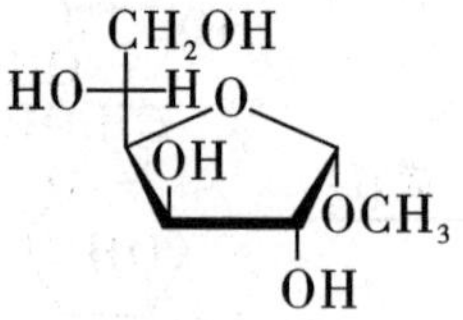 CH_2OH HO—H O OH OCH_3 OH

15. 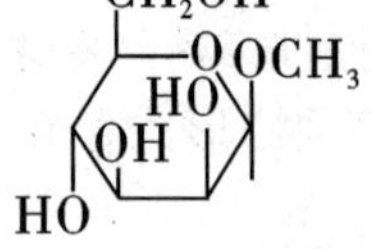 CH_2OH O OCH_3 HO OH HO

二、选择题

1. 以下各类糖和盐酸、间苯二酚反应,很快变红的是(　　)

A. 淀粉　　B. 果糖　　C. 葡萄糖　　D. 蔗糖

2. 下列化合物不能成脎的是(　　)

A. D-果糖　　B. D-葡萄糖　　C. 蔗糖　　D. 麦芽糖

3. 果糖属酮糖,但能被 Tollen 试剂氧化,是因为(　　)

A. 果糖与葡萄糖能形成相同的脎

B. 果糖与葡萄糖互为结构异构体

C. 果糖在碱性条件下可通过烯醇式转变为葡萄糖

D. 果糖有变旋现象

4. 关于糖类 D/L 构型的说法,以下错误的是(　　)

A. 天然糖主要是 D 型

B. D/L 判断依据是编号最大的手性碳

C. 从 D 型甘油醛通过不改变绝对构型的方式转化而来的糖还是 D 型糖

D. D 型糖的旋光方向为右旋

5. 关于葡萄糖和果糖的结构,下列表述不正确的是(　　)

A. 水溶液中,葡萄糖分子大部分以环状结构存在

B. 果糖分子既可能形成五元环状结构,也可能形成六元环状结构

C. 从果糖的开链结构只能形成一种呋喃式结构和一种吡喃式结构

D. 葡萄糖分子存在变旋现象

6. 葡萄糖不发生下列(　　)反应

A. 使溴水褪色　　B. 可以和两分子醇发生缩醛反应

C. 和菲林试剂反应得到红色沉淀　　D. 与过量苯肼生成葡萄糖脎

7. 下列化合物溶于水有变旋现象的是(　　)

A. 蔗糖　　B. 甲基-α-D-甘露糖苷

C. 麦芽糖　　D. 甲基-α-D-葡萄糖苷

8. 下列多糖中,与碘不发生颜色反应的是(　　)

A. 糊精　　B. 淀粉　　C. 纤维素　　D. 糖原

9. 下列化合物中能还原 Fehling 试剂的是(　　)

A. $CH_2OH-C(=O)-CH_2OH$

B. HOH_2C, O, HO, =O, HO, OH

C. HOH_2C, O, HO, OCH_3, HO, OH

D. $CH_2OH-(CHOH)_3-CH_2OH$

10. 糖结构中通常不包含以下(   )结构

A. 醛基　　B. 羟基　　C. 羰基　　D. 羧基

11. β-麦芽糖中两个葡萄糖单元是以(   )结合的

A. 1,4-β-苷键　　B. 1,4-α-苷键　　C. 1,6-β-苷键　　D. 1,6-α-苷键

12. 蔗糖、麦芽糖、淀粉属于还原糖的是(   )

A. 蔗糖　　B. 麦芽糖　　C. 淀粉

13. D-葡萄糖的碱性水溶液中不可能存在(   )

A. D-葡萄糖　　B. D-半乳糖　　C. D-果糖　　D. D-甘露糖

14. D-葡萄糖与D-甘露糖互为(   )异构体

A. 官能团　　B. 位置　　C. 碳架　　D. 差向

15. 葡萄糖的半缩醛羟基是(   )

A. C_1OH　　B. C_2OH　　C. C_3OH　　D. C_4OH

16. 纤维素经酶或酸水解最后的产物是(   )

A. 葡萄糖　　B. 蔗糖　　C. 纤维二糖　　D. 麦芽糖

17. 葡萄糖是属于(   )

A. 己酮糖　　B. 戊酮糖　　C. 戊醛糖　　D. 己醛糖

18. 果糖是属于(   )

A. 醛糖　　B. 戊醛糖　　C. 己醛糖　　D. 己酮糖

19. 果糖的半缩醛羟基是(   )

A. C_1OH　　B. C_2OH　　C. C_3OH　　D. C_4OH

20. 纤维素的结构单位是(   )

A. D-葡萄糖　　B. 纤维素二糖　　C. L-葡萄糖　　D. 核糖

21. 下列哪一组糖生成的糖脎是相同的(   )

A. 乳糖、葡萄糖、果糖　　B. 甘露糖、果糖、半乳糖

C. 麦芽糖、果糖、半乳糖　　D. 甘露糖、果糖、葡萄糖

22. D-(+)-葡萄糖手性碳原子R,S符号是(   )

A. 2R,3S,4S,5R　　B. 2R,3S,4R,5R

C. 2R,3R,4S,5R　　D. 2S,3S,4S,5S

23. 水解前和水解后的溶液都能发生银镜反应的物质是(   )

A. 核糖　　B. 蔗糖　　C. 果糖　　D. 麦芽糖

24. β-D-(+)-葡萄糖的构象式是(   )

A. CH_2OH O OH OH HO OH

B. CH_2OH HO O HO OH HO

C. 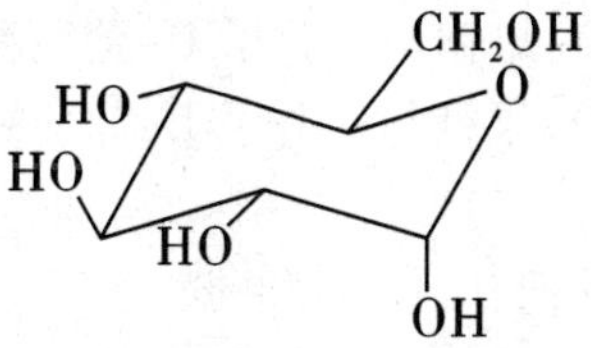　　　　　　　　　　　　D.

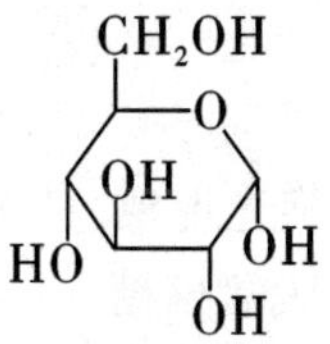

25. 下列结构中具有变旋现象的是(　　)

A. 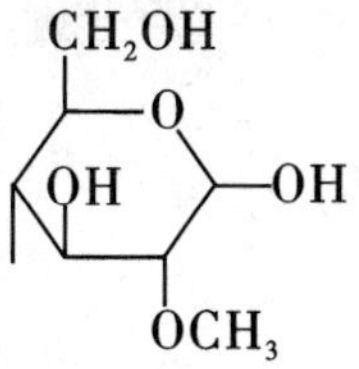　　　　　　　　　　　　B.

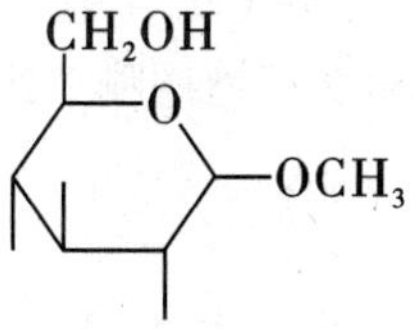

C. 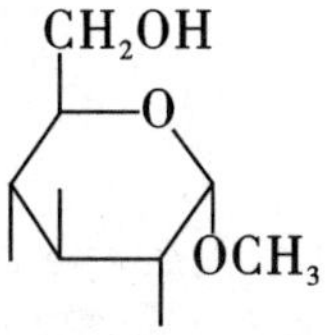　　　　　　　　　　　　D. 以上都不是

26. 单糖不具有的性质是(　　)

A. 成酯　　B. 水解　　C. 还原　　D. 成苷

27. β-D-(+)-吡喃果糖的 Haworth 式是(　　)

A. 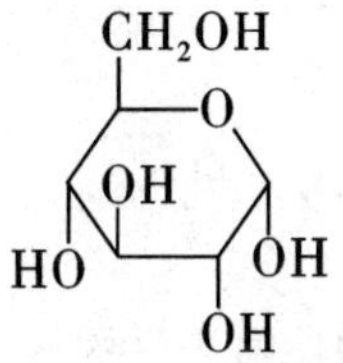　　　　　　　　　　　　B.

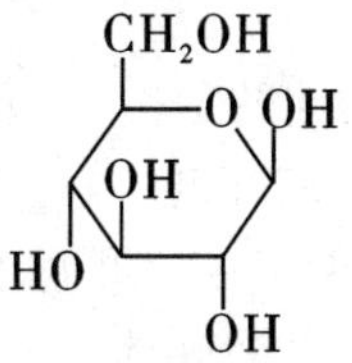

C. 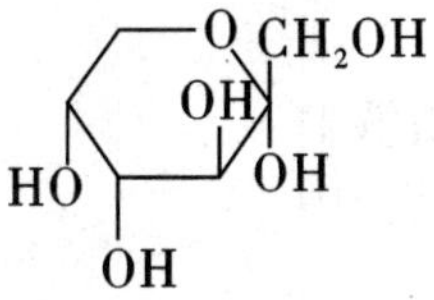　　　　　　　　　　　　D.

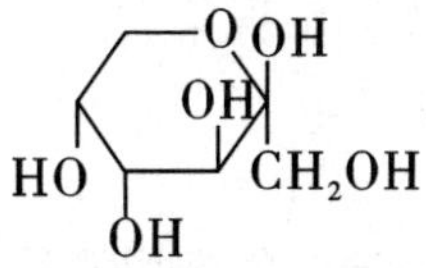

28. 下列二糖中为非还原性糖的是(　　)

A. 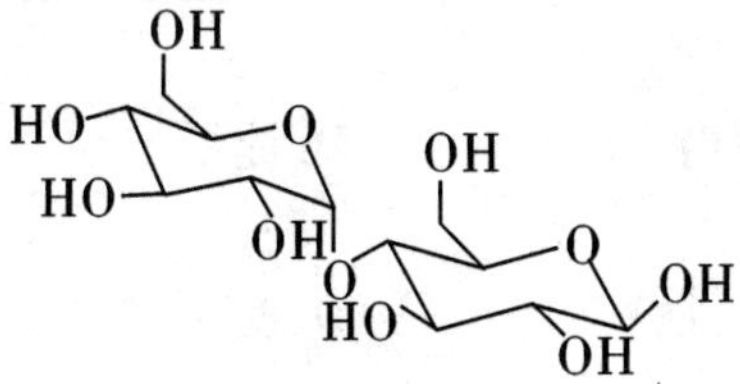　　　　　　　　　　　　B.

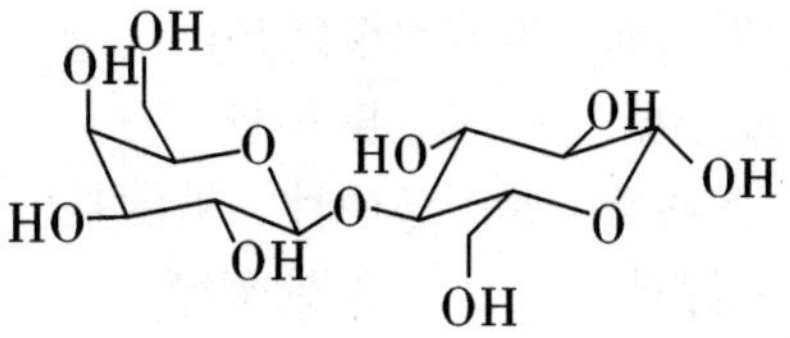

C. 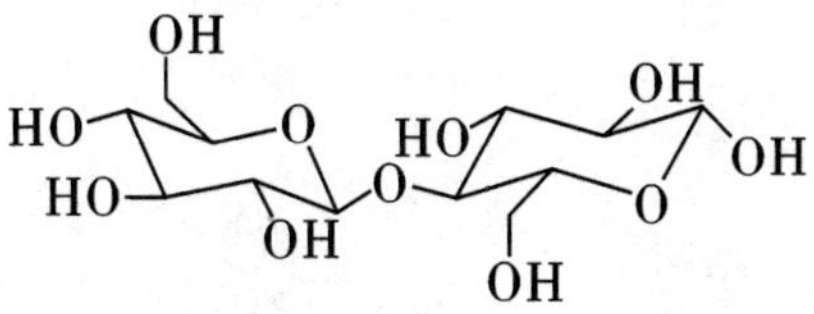　　　　　　　　　　　　D.

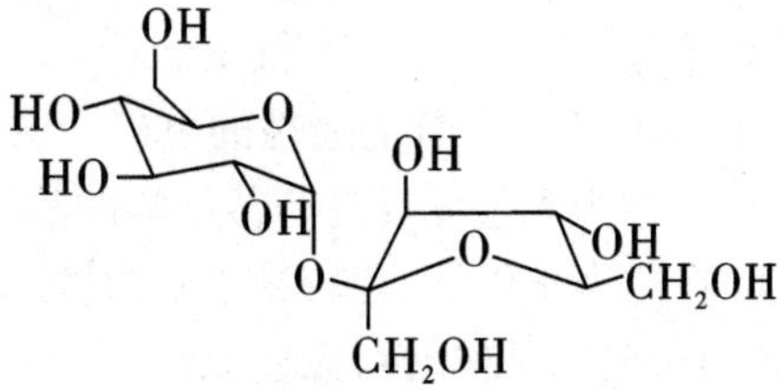

29. 蔗糖是由以下哪两种单糖组成的(　　)

A. 两分子 D-果糖　　B. 一分子 D-果糖与一分子 D-葡萄糖

C. 两分子 D-葡萄糖　　D. 一分子 D-果糖与一分子 L-葡萄糖

30. 下列物质既没有变旋光现象,又无还原性的是(　　)

A. 葡萄糖　　B. 脱氧核糖　　C. 甲基半乳糖苷　　D. 果糖

31. 蔗糖分子中,两个单糖连接键是(　　)

A. α-1,4 苷键　　B. α-1,2 苷键　　C. β-1,4 苷键　　D. α-1,6 苷键

32. 区别淀粉、甘油和麦芽糖用哪一组试剂(　　)

A. I_2+KI　　B. $CuSO_4$+NaOH(加热)

C. Ag_2O　　D. 都不好

33. 下列单糖中,β-D-呋喃核糖是(　　)

A. 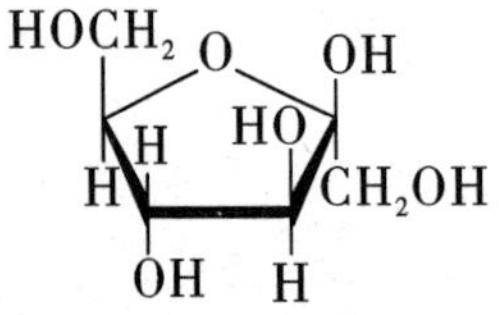　　B.

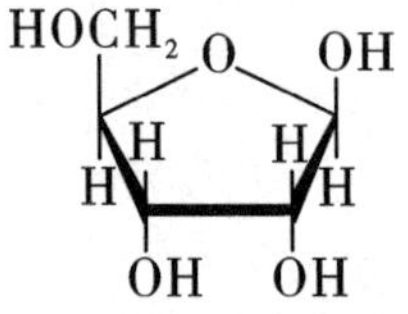

C. 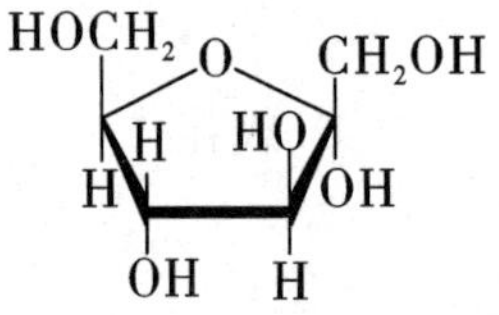　　D.

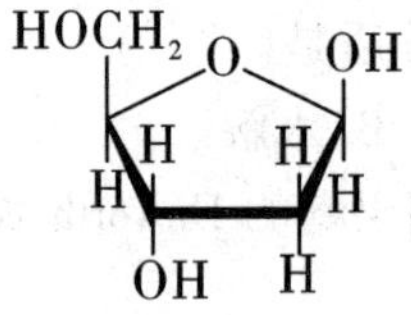

34. 与乳糖的分子式相同的是(　　)

A. 葡萄糖　　B. 麦芽糖　　C. 果糖　　D. 半乳糖

35. D-(+)-葡萄糖和 D-(-)-果糖互为何种异构体(　　)

A. 对映体　　B. 非对映体　　C. 差向异构体　　D. 构造异构体

36. 下列哪种情况无变旋现象(　　)

A. 葡萄糖溶于水中　　B. 蔗糖溶于酸性溶液中

C. 果糖溶于水中　　D. 蔗糖溶于碱性溶液中

37. 鉴别葡萄糖与糖原不能选用哪种试剂(　　)

A. Fehling 试剂　　B. 碘　　C. Tollen 试剂　　D. 亚硫酸氢钠

38. 下列糖中不能水解的是(　　)

A. 麦芽糖　　B. 核糖　　C. 蔗糖　　D. 淀粉

39. 下列糖中属于还原性二糖的是(　　)

A. 麦芽糖　　B. 葡萄糖　　C. 半乳糖　　D. 淀粉

40. 能被人体直接吸收的碳水化合物是(　　)

A. 多糖　　B. 低聚糖　　C. 二糖　　D. 单糖

41. 下列不属于苷的通性的是(　　)

A. 苷均为无色无臭具有苦涩味的晶体

B. 在适当条件下,苷较易水解为糖和糖苷配基两部分

C. 苷都具有旋光性,无还原性

D. 苷酶水解常需专一性酶

42. 水解麦芽糖将产生(　　)

A. 两分子葡萄糖　　B. 果糖+葡萄糖

C. 半乳糖+葡萄糖　　D. 甘露糖+葡萄糖

43. 下列哪个试剂不能与单糖作用生成金属或金属的低价氧化物(　　)

A. 托伦(Tollen)试剂　　B. 班迪特(Benedict)试剂

C. 菲林(Fehling)试剂　　D. 格氏(Grignard)试剂

44. 葡萄糖和果糖结合形成的二糖为(　　)

A. 麦芽糖　　B. 蔗糖　　C. 乳糖　　D. 棉籽糖

45. 下列糖中哪一个不与 Fehling 试剂反应(　　)

A. D-葡萄糖　　B. D-果糖　　C. 麦芽糖　　D. 蔗糖

46. 乳糖的结构式是(　　)

A.
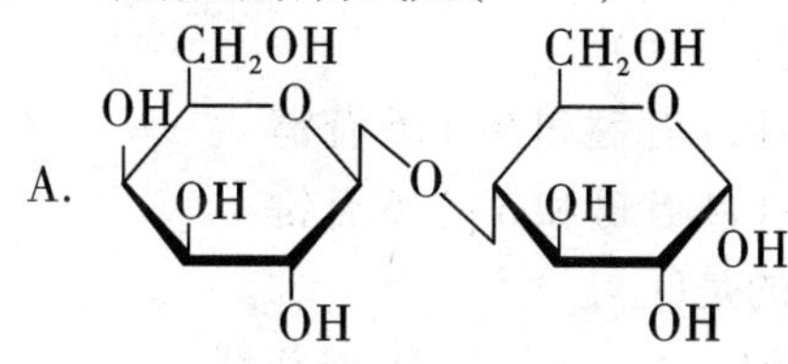

B.

C.
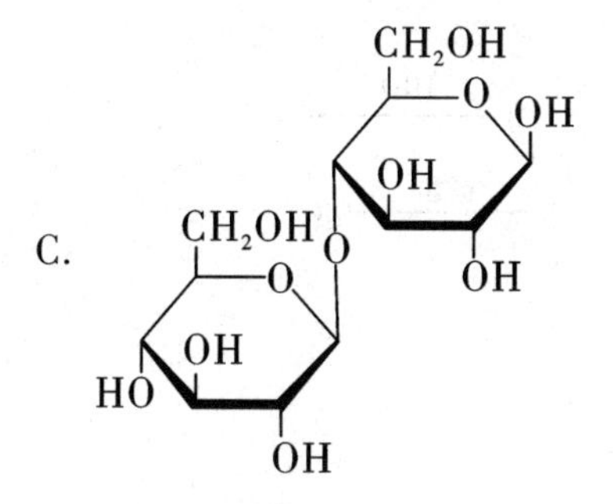

D.

47. α-D-(+)-吡喃葡萄糖的 Haworth 式是(　　)

A. CH_2OH, O, OH, HO, OH, OH (pyranose ring structure)

B. OH, OH, O, CH_2OH, OH OH (pyranose ring structure)

C. OH, OH, OH, O OH, CH_2OH (pyranose ring structure)

D. OH, CH_2OH, O, OH, OH, OH (pyranose ring structure)

48. 鉴别果糖和葡萄糖的试剂是(　　)

A. Tollen 试剂　　B. 苯肼　　C. HNO_3　　D. Br_2+H_2O

49. 支链淀粉分子结构中结构单元中的苷键是(　　)

A. α-1,4 苷键和 β-1,4 苷键　　B. α-1,4 苷键和 β-1,6 苷键

C. α-1,4 苷键和 α-1,6 苷键　　D. β-1,4 苷键和 α-1,6 苷键

50. 下列物质中,不能与 Tollen 试剂生成银镜的是(　　)

A. 乳糖　　B. 葡萄糖　　C. 糖原　　D. 麦芽糖

三、完成下列反应方程式

1. D-甘油醛 $\xrightarrow[HCl]{(CH_3)_2CO}$ (　　　　) $\xrightarrow{CH_2=CHMgCl}$ (　　　　) + (　　　　) $\xrightarrow{O_3+}$ (　　　　) + (　　　　)

2. α-D-呋喃阿拉伯糖 $\xrightarrow[无水HCl]{CH_3OH}$ (　　　　) $\xrightarrow{HIO_4}$ (　　　　)

3. α-D-呋喃甘露糖 $\xrightarrow[无水HCl]{CH_3OH}$ (　　　　) $\xrightarrow{酸酐}$ (　　　　)

4. CHO; H—C—OH; H—C—OH; CH_2OH (Fischer projection) $\xrightarrow{HNO_3}$ (　　　　)

5. HO, O, CH_2OH (Haworth-type structure) + $Ag(NH_3)_2^+$ $\xrightarrow{H_2O}$ (　　　　)

6. HOH_2C, O, OH, H, H, H, H, HO, HO (furanose ring structure) + NH_2-benzene $\xrightarrow[\triangle]{乙醇}$ (　　　　)

7. + $(CH_3)_2SO_4$ $\xrightarrow{OH^-}$ (　　　　　)

8. $\xrightarrow[\text{吡啶}]{(CH_3CO)_2O}$ (　　　　　)

9. $\xrightarrow[\text{吡啶}]{(CH_3CO)_2O\text{过量}}$ (　　　　　) $\xrightarrow{HBr}$ (　　　　　)

$\xrightarrow[NaOH]{\text{2-萘酚}}$ (　　　　　)

10. $\xrightarrow[\triangle]{C_6H_5NH_2}$ (　　　　　) $\xrightarrow[NaOH]{Me_2SO_4}$ (　　　　　)

11. $\xrightarrow[NaOH]{C_6H_5CH_2Cl\ \text{过量}}$ (　　　　　)

12. $\xrightarrow[H_2O]{NaBH_4}$ (　　　　　)

13. $\xrightarrow[\triangle]{NH_3}$ (　　　　　)

14. $\xrightarrow[H_2O]{Ag(NH_3)_2^+}$ (　　　　　)

15. $\xrightarrow[NaOH]{(CH_3)_2SO_4}$ (　　　　　) $\xrightarrow[H_2O]{HCl}$ (　　　　　)

$\xrightarrow[\triangle]{HNO_3}$ (　　　　　) + (　　　　　)

16. 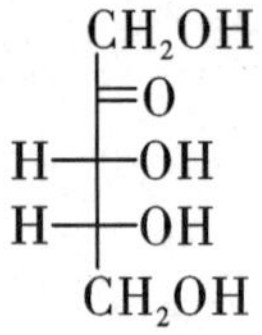 CH_2OH / $C{=}O$ / $H-C-OH$ / $H-C-OH$ / CH_2OH $+ 3C_6H_5NHNH_2 \longrightarrow$ (　　　　)

17. 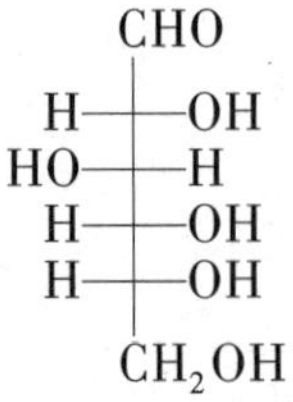 CHO / $H-C-OH$ / $HO-C-H$ / $H-C-OH$ / $H-C-OH$ / CH_2OH $+ LiAlH_4 \longrightarrow$ (　　　　)

18. 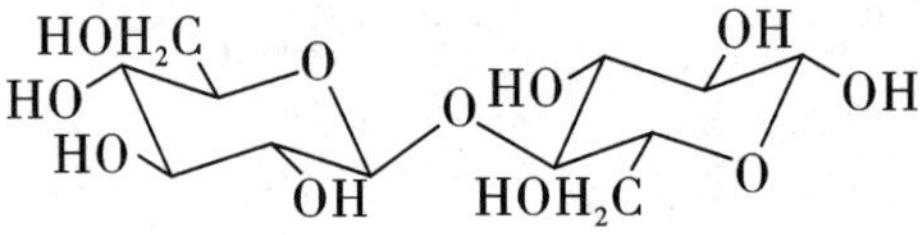 HOH_2C, O, HO, HO, OH, O, HO, OH, OH, HOH_2C, O $\xrightarrow[2.\ H_2O]{1.\ Br_2/H_2O}$ (　　　　) + (　　　　)

四、完成下列转化(无机试剂任选)

1. D-吡喃半乳糖 ⟶ 2,3,4,6-四甲基-D-吡喃半乳糖甲苷

2. 葡萄糖 ⟶ 葡萄糖脎

3.  CH_2OH, HO, O, H, H, H, OH, H, OH, H, OH ⟶ CH_3, HO, O, H, H, H, OH, H, OH, H, OH

4. 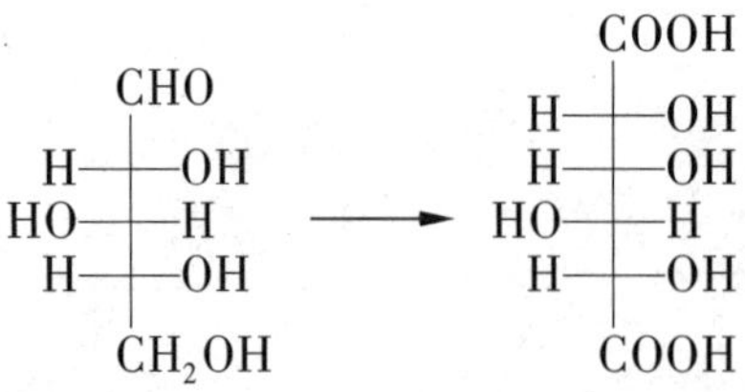 CHO / $H-C-OH$ / $HO-C-H$ / $H-C-OH$ / CH_2OH ⟶ $COOH$ / $H-C-OH$ / $H-C-OH$ / $HO-C-H$ / $H-C-OH$ / $COOH$

(D-木糖)　　(D-古罗糖二酸)

5. 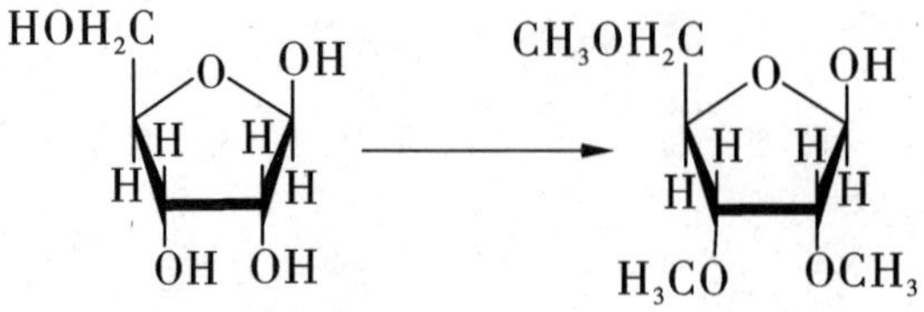 HOH_2C, O, OH, H, H, H, H, OH, OH ⟶ CH_3OH_2C, O, OH, H, H, H, H, H_3CO, OCH_3

6. D-葡萄糖 ⟶ D-葡萄糖酸

7. D-葡萄糖 ⟶ D-葡萄糖二酸

8. D-(+)-半乳糖 ⟶ 2,3,4,6-四甲基-D-半乳糖

9. D-吡喃半乳糖 ⟶ 四基-β-D-半乳糖苷

五、用简单的化学方法区别下列各组化合物

1. 蔗糖、淀粉、葡萄糖

2. 半乳糖、葡萄糖

3. 麦芽糖、淀粉、纤维素

4. 麦芽糖、糖苷

5. 己六醇、D-葡萄糖

6. 葡萄糖、果糖

7. D-葡萄糖、D-葡萄糖苷

8. 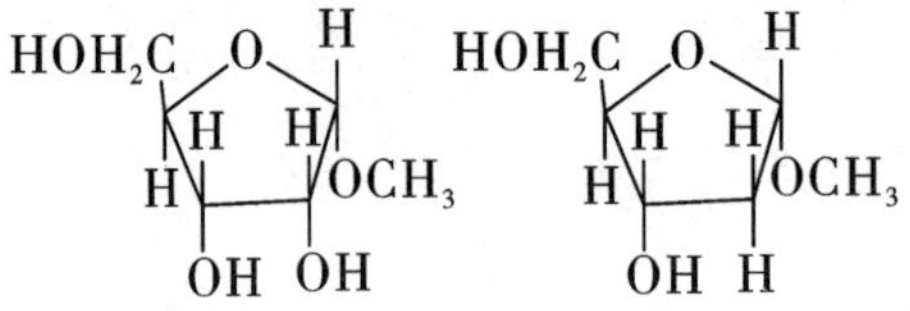 HOH_2C O H / H H / H OCH_3 / OH OH　　HOH_2C O H / H H / H OCH_3 / OH H

9. α-葡萄糖苷、β-葡萄糖苷

10. 甲基葡萄糖苷、2-甲基葡萄糖、3-甲基葡萄糖

11. 核糖、糖原、半乳糖

六、推导结构

1. 由 $NaBH_4$ 还原 D-己醛糖 A 得到具有旋光活性的糖醇 B。A 经鲁夫降解再用 $NaBH_4$ 还原生成非旋光活性的糖醇 C。若把 D-己醛糖的—CHO 和—CH_2OH 交换位置所得结构与 A 完全相同。写出 A、B、C 的构型式。

2. 有两种化合物 A 和 B，分子式均为 $C_5H_{10}O_4$，与 Br_2 作用得到了分子式相同的 $C_5H_{10}O_5$，与乙酐反应均生成三乙酸酯，用 HI 还原 A 和 B 都得到戊烷，用 HIO_4 作用都得到一分子 H_2CO 和一分子 HCO_2H，与苯肼作用 A 能生成脎，而 B 则不生成脎，推导 A 和 B 的结构。

3. 根据下列反应推出A、B、C、D的结构。

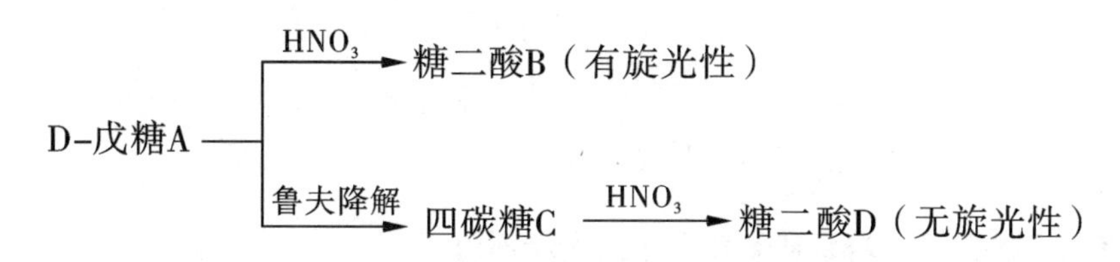

4. 一个双糖A（$C_{11}H_{20}O_{10}$），可被α-葡萄糖苷酶水解生成一个D-葡萄糖和一个戊糖。经$(CH_3)_2SO_4$处理生成七甲基醚B。B在酸性条件下水解生成2,3,4,6-四甲基-D葡萄糖和三甲基戊糖C。C用Br_2/H_2O处理生成2,3,4-三甲基-D-核糖酸。写出A、B、C的哈沃斯式。

5. 有一戊糖$C_5H_{10}O_4$与羟胺反应生成肟，与硼氢化钠反应生成$C_5H_{12}O_4$。后者有光学活性，与乙酐反应得四乙酸酯。戊糖（$C_5H_{10}O_4$）与CH_3OH、HCl反应得$C_6H_{12}O_4$，再与HIO_4反应得$C_6H_{10}O_4$。它（$C_6H_{10}O_4$）在酸催化下水解，得等量乙二醛（OHC—CHO）和D-乳糖（$CH_3CHOHCHO$）。从以上实验导出戊糖$C_5H_{10}O_4$的构造式。

参考答案

第 14 章　蛋白质和核酸

【学习要求】

(1)掌握氨基酸的结构特点及其性质。

(2)了解蛋白质和核酸的组成、构型构象和性质。

【重点总结】

一、氨基酸

1. 氨基酸的分类和结构

氨基酸结构上既包含氨基也包含羧基。

其结构通式为：$\mathrm{R{-}\underset{\displaystyle NH_2\ \ \ }{\overset{}{CH}}{-}COOH}$

$$\begin{array}{c} \mathrm{NH_2} \\ | \\ \mathrm{R{-}CH{-}COOH} \end{array}$$

。其中,R 表示不同的侧链基团。

2. 氨基酸的物理性质

氨基酸多为无色晶型固体,其熔点比相应的羧酸或胺类要高。氨基酸具有一定的水溶性,但不溶于苯、石油醚等非极性溶剂。

3. 氨基酸的化学性质

氨基酸结构上含有氨基和羧基,属于两性化合物。其可以和酸、碱反应生成盐,并且自身还可生成内盐。氨基酸在水溶液中的存在形式随 pH 不同而有所变化。当氨基酸处于电中性时,溶液的 pH 称为氨基酸的等电点,用 pI 表示。在等电点时,氨基酸的溶解度最小,可从水溶液中析出。

氨基酸除了具有氨基和羧基的性质之外,还受到该两种特征基团的相互影响,表现出特殊的性质。比如 α-氨基酸与水合茚三酮在弱酸性溶液中共热,生成蓝紫色物质,称为茚三酮反应。再比如一分子氨基酸的羧基与另一分子氨基酸的氨基发生分子间脱水缩合反应,可形成以肽键(本质上是酰胺键)连接的肽结构。由多个氨基酸缩合形成的结构称为多肽结构。

$$R-CH(NH_2)-COOH \longrightarrow$$

羧基的反应

$$+NH_3 \xrightarrow{C_2H_5OH} R-CH(NH_2)-CONH_2$$

$$+NaOH \longrightarrow R-CH(NH_2)-COONa + H_2O$$

$$+C_2H_5OH \xrightarrow{HCl} R-CH(NH_2)-COOC_2H_5 + H_2O$$

$$+Ba(OH)_2 \xrightarrow{\triangle} R-CH_2-NH_2$$

氨基的反应

$$+HCl \longrightarrow R-CH(NH_3^+Cl^-)-COOH$$

$$+HNO_2 \longrightarrow R-CH(OH)-COOH + H_2O + N_2\uparrow$$

$$+2HCHO \longrightarrow R-CH(N(CH_2OH)_2)-COOH$$

$$\xrightarrow{[O]} R-C(=NH)-COOH \longrightarrow R-C(H_2N)(OH)-COOH \longrightarrow R-C(=O)-COOH$$

羧基和氨基共同反应

$$+R'-CH(NH_2)-COOH \longrightarrow R-CH(NH_2)-C(=O)-NH-CH(R')-COOH$$

$$+\text{水合茚三酮（C(OH)}_2\text{）} \longrightarrow \text{还原茚三酮（C(H)(OH)）} + RCHO + CO_2\uparrow + NH_3\uparrow$$

$$\xrightarrow[\text{+ 水合茚三酮}]{NH_3} \text{（C=O）}_2\text{C(OH)}-N=\text{C（C=O）}_2 \text{（蓝紫色）}$$

二、蛋白质

1. 蛋白质的组成与结构

蛋白质是由一条或多条肽链组成的复杂生物大分子。肽链在三维空间上具有特定的走向和排布。蛋白质的结构通常用一级结构、二级结构、三级结构、四级结构等四种不同的层次和深度来描述。一级结构是蛋白质分子结构的基础，二级、三级、四级结构又统称为蛋白质的空间结构或构象。这些不同的等级结构决定了蛋白质分子的物理、化学性质和生理功能。

2. 蛋白质的理化性质

两性性质和等电点:由于蛋白质多肽链的C-端含有羧基、N-端含有氨基,其侧链结构中也含有未结合的碱性基团和酸性基团,因而蛋白质也和氨基酸溶液类似具有两性性质和等电点。

蛋白质的沉淀:蛋白质能形成稳定的亲水胶体溶液,但在一定条件下如除去水化膜或中和粒子表面所带的电荷等,蛋白质溶液可以发生凝聚而产生沉淀。

蛋白质的变性:蛋白质受物理因素或化学因素的影响,导致其理化性质改变、生理活性丧失的现象。蛋白质变性的实质是其构象发生了很大的改变。

蛋白质的水解:在酶的作用下,简单蛋白质彻底水解,都会生成各种α-氨基酸的混合物。

蛋白质的显色反应:蛋白质的碱性溶液中加入硫酸铜会出现紫红色的显色反应。蛋白质与水合茚三酮共热生成蓝紫色物质。这两个显色反应都可用于蛋白质的定性与定量分析。

三、核酸

核酸是由许多核苷酸通过3,5-磷酸二酯键相互连接而成的大分子化合物,由碳、氢、氧、氮、磷五种元素组成。根据所含糖的种类分为核糖核酸(RNA)和脱氧核糖核酸(DNA)两大类。细胞内的RNA主要存在与细胞质中,其主要是控制蛋白质的合成。DNA主要存在于细胞核中,它决定着生物体的繁殖、遗传和变异。

【练习题】

一、命名或写出结构式

1. 天冬酰胺
2. 脯氨酸
3. 甲硫氨酸
4. 赖氨酸
5. 组氨酸
6. 还原型γ-谷胱甘肽

7. 门冬酰酪氨酸　　8. 3′-腺苷酸

9. 脲苷-2′,3′-磷酸　　10. 苯丙氨酰腺苷酸

二、选择题

1. 维系蛋白质分子一级结构的化学键是(　　)

A. 肽键　B. 共价键　C. 二硫键　D. 离子键

2. 盐析蛋白质最常用的盐析剂是(　　)

A. KCl　B. H_2SO_4　C. KOH　D. $(NH_4)_2SO_4$

3. 下列氨基酸中,pI 值最小的是(　　)

A. Lys　B. Trp　C. Asp　D. Val

4. 在强碱溶液中,与稀 $CuSO_4$ 溶液作用时,出现紫红色的化合物是(　　)

A. 球蛋白　B. 丙甘肽　C. 甘油　D. 乙醇

5. 下列氨基酸,pH=4.6 的缓冲溶液中向正极泳动的是(　　)

A. 赖氨酸　B. 丙氨酸　C. 脯氨酸　D. 谷氨酸

6. 有一 pI=9 的蛋白质,溶于 pH=7 的纯水中,所得水溶液的 pH (　　)

A. 小于 7　B. 大于 7　C. 大于 7 且小于 9　D. 等于 7

7. 由 3 种不同氨基酸组成的肽,其异构体的数目是(　　)

A. 3 个　B. 4 个　C. 5 个　D. 6 个

8. 在 pH=8 的溶液中,主要以阳离子形式存在的氨基酸是(　　)

A. 缬氨酸　B. 天冬氨酸　C. 色氨酸　D. 精氨酸

9. 组成人体蛋白质的氨基酸中,pI 值最小的是(　　)

A. 天冬酰胺　B. 谷氨酰胺　C. 天冬氨酸　D. 谷氨酸

10. 氧化剂和还原剂能使蛋白质变性,主要是影响(　　)

A. 二硫键　B. 氢键　C. 离子键　D. 肽键

11. 赖氨酸在蒸馏水中带正电荷,它的 pI 可能是(　　)

A. 3.22　B. 9.74　C. 7.00　D. 5.98

12. 由动、植物提取的蛋白质,其中 N 元素的质量分数是(　　)

A. 50% ~55%　B. 6.0% ~7.0%　C. 19% ~20%　D. 13% ~19%

13. 关于蛋白质性质的说法中,不正确的是(　　)

A. 蛋白质溶液中加入任何盐溶液,都会使蛋白质发生变性

B. 蛋白质水解的最终产物是多种氨基酸

C. 微热条件下,任何蛋白质遇到浓硝酸时都会显黄色

D. 蛋白质既能与强酸反应又能与强碱反应

14. 能用于鉴别淀粉、肥皂和蛋白质三种溶液的一种试剂是(　　)

A. 碘水　　B. 烧碱溶液　　C. 浓硝酸　　D. $MgSO_4$ 溶液

15. 蛋白质溶液分别做如下处理后,仍不失去生理作用的是(　　)

A. 加热　　B. 紫外线照射

C. 加饱和硫酸钠溶液　　D. 加福尔马林

16. 甘氨酸与丙氨酸混合,在一定条件下发生缩合反应生成二肽的化合物共有(　　)

A. 4 种　　B. 3 种　　C. 2 种　　D. 1 种

17. 组成生物体蛋白质的 12 种氨基酸的平均相对分子质量为 128,一条含有 100 个肽键的多肽链的相对分子质量为(　　)

A. 12928　　B. 11128　　C. 12800　　D. 11000

18. 关于氨基酸,不正确的说法是(　　)

A. 天然氨基酸有数百种,但是组成蛋白质的只有数十种

B. 氨基酸都有手性

C. 氨基酸分为酸性、碱性和中性等类型的氨基酸

D. 氨基酸存在等电点 pI

19. 某一氨基酸等电点为 9.8,在溶液 pH 为 7 的环境下,外加电场时,该氨基酸粒子应(　　)

A. 产生沉淀　　B. 向阴极移动　　C. 向阳极移动　　D. 不移动

20. 在 pH=6 的缓冲溶液中,赖氨酸(pI=9.74)的主要存在形式是(　　)

A. 阴离子　　B. 阳离子　　C. 内盐　　D. 分子

21. 下列化合物发生双缩脲反应的是(　　)

A. $H_3C—C(=O)—NH_2$　　B. $HOOC—CH(CH_3)—NH_2$

C. $H_2NC(=O)NHC(=O)NH_2$　　D. $H_2NC(=O)NH_2$

22. 下列有关中性氨基酸的说法正确的是(　　)

A. 在电场作用下,中性氨基酸在 pH 为 7.0 的水溶液中不发生迁移

B. 中性氨基酸等电点为 7.0

C. 中性氨基酸是分子中含有一个氨基和一个羧基的氨基酸

D. 中性氨基酸水溶液的 pH 为 7.0

23. 蛋白质的一级结构是指(　　)

A. 分子链折叠的方式

B. 肽链内、肽链间的氢键形成情况

C. 肽链间的聚集形态

D. 分子中氨基酸的组成种类、数目和排列顺序

24. 中性氨基酸溶于水，其水溶液一般呈现(　　)

A. 中性　　B. 弱酸性　　C. 弱碱性　　D. 强酸性

25. 谷氨酸的 R 基为—$C_3H_5O_2$，一个谷氨酸分子中，含有 C、H、O、N 的原子数分别是(　　)

A. 4,4,5,1　　B. 5,9,4,1　　C. 5,8,4,1　　D. 4,9,4,1

26. 以下蛋白质的反应，属于可逆变性的是(　　)

A. 蛋白质和重金属离子结合发生沉淀

B. 蛋白质加热后生成白色不溶物

C. 蛋白质水溶液中加入饱和硫酸铵溶液，析出固体

D. 蛋白质被酶水解

27. 以下属于酸性氨基酸的是(　　)

A. 丝氨酸　　B. 赖氨酸　　C. 脯氨酸　　D. 谷氨酸

28. 多肽 C-端常用的分析法有(　　)

A. 羧肽酶法　　B. 异硫氰酸苯酯法

C. 2,4-二硝基氟苯法　　D. 丹磺酰氯法

29. 有一五肽部分水解得到苷-缬肽、半胱-丝肽、缬-半胱肽和丙氨酸，此五肽与 2,4-二硝基氟苯反应后彻底水解，得到 DNP-丙氨酸，该五肽为(　　)

A. 丙-半胱-丝-苷-缬肽　　B. 苷-缬-半胱-丝-丙肽

C. 丙-苷-缬-半胱-丝肽　　D. 丙-半胱-丝-缬-苷肽

30. 某化合物 a 的分子式为 $C_5H_{11}O_2N$，具有旋光性，用氢氧化钠处理生成 b 和 c，b 也有旋光性，b 既溶于酸也溶于碱，并与亚硝酸反应放出氮气，c 无旋光性，但能发生碘仿反应，那么：a 可能的构造式为(　　)

A. $H_3CHC(NHCH_3)—COOCH_3$　　B. $H_2NH_2C—COOCH(CH_3)CH_3$

C. $CH_3CH(H_3C)—CONHCH_2CH_3$　　D. $CH_3CH(H_2N)—COOCH_2CH_3$

三、完成下列反应方程式

1. $H_3CHC(CH_3)—CH(NH_3^+)COO^- \xrightarrow{HCl}$ (　　　　)

2. $H_3CHC(CH_3)—CH(NH_3^+)COO^- \xrightarrow{NaOH}$ (　　　　)

3. $C_6H_5—CH_2CH(NH_2)COOH \xrightarrow{HNO_2}$ (　　　　) + (　　　　)

4. $\underset{\displaystyle CH_3}{H_3CHC}-\underset{\displaystyle NH_2}{CHCOOH} \xrightarrow[\triangle]{Ba(OH)_2}$ (　　　　) + (　　　　)

5. $\underset{\displaystyle NH_2}{H_3CHC}-CONH-\underset{\displaystyle CH_2-CH(CH_3)_2}{CH}-CONHCH_2COOH \xrightarrow{H^+, H_2O}$ (　　　　)

+ (　　　　) + (　　　　)

6. $H_3C-\underset{\displaystyle NH_2}{CH}-COOH + C_6H_5-CH_2-O-\underset{\displaystyle \| \atop O}{C}-Cl \longrightarrow$ (　　　　)

7. $NH_2CH_2CH_2CH_2CH_2COOH \xrightarrow{\triangle}$ (　　　　)

8. 丙氨酸 $\xrightarrow{\triangle}$ (　　　　)

9. $\underset{\displaystyle NH_2 \cdot HCl}{CH_2COOH} + SOCl_2 \xrightarrow{\triangle}$ (　　　　)

10. $\underset{\displaystyle NH_2}{CH_3CHCOOC_2H_5} + H_2O \xrightarrow[\triangle]{HCl}$ (　　　　)

四、完成下列转化(无机试剂任选)

1. 由β-烷氧基乙醇合成丝氨酸

2. 由丙酸合成α-氨基丙酸

3. 由丙醇合成α-氨基丁酸

4. 由乙醇合成β-氨基丁酸

五、用简单的化学方法区别下列各组化合物

1. $H_3C-\underset{\displaystyle NH_2}{CH}-COOH$、$H_2NCH_2CH_2COOH$、$C_6H_5NH_2$

2. 天门冬氨酸和顺丁烯二酸

3. 谷氨酸和β-氨基戊二酸

4. $H_3C-\underset{\overset{|}{{}^{+}NH_2CH_3}}{CH}-COOH^-$ 、$HOOCH_2C-\underset{\overset{|}{{}^{+}NH_3}}{CH}-COOH^-$ 、 $\underset{\overset{|}{{}^{+}NH_3}}{CH_2}-CH_2COO^-$ 、

$H_2NH_2CH_2CH_2C-\underset{\overset{|}{{}^{+}NH_3}}{CH}-COO^-$

5. 蛋白质和淀粉

六、推导结构

1. 化合物 A 的分子式为 $C_3H_7O_2N$。A 有旋光性,可与 NaOH 溶液或 HCl 溶液作用生成盐,可与醇生成酯,当与 HNO_2 作用时放出氮气。试写出 A 的结构式。

2. 一个有光学活性的化合物A，分子式为$C_5H_{10}O_3N_2$，用亚硝酸处理再经酸性水解得到α-羟基乙酸和丙氨酸，写出A的结构式。

3. 一个氨基酸的衍生物$C_5H_{10}O_3N_2$(A)与NaOH水溶液共热放出氨，并生成$C_3H_5(NH_2)(COOH)_2$的钠盐，若把A进行Hofmann降解反应，则生成α,γ-二氨基丁酸，推测A的结构式。

4. 化合物A($C_7H_{13}O_4N_3$)在甲醛存在下滴定消耗一当量的NaOH。A用HNO_2处理时放出一当量N_2而生成$C_7H_{12}O_5N_2$(B)，B和稀NaOH煮沸后生成乳酸和甘氨酸。试写出A、B的可能结构式。

参考答案